기초 영양학

김미자 · 고영은 · 김지영 · 노정숙 ·
서은희 · 유경옥 · 황혜정

창지사

머리말

최근 세계 여러 나라는 경제성장 및 국제무역의 자유화 경향으로 식생활 패턴에 많은 변화를 가져왔으며, 우리 국민의 질병양상도 크게 변화되어 비만, 당뇨, 심순환계 질환, 암 등의 잘못된 식생활에서 비롯되는 성인병이 증가하고 있다. 또한, 인터넷이나 대중매체의 올바르지 못한 정보의 확산으로 피해를 입는 사례도 늘어가고 있다.

일반인들이 식생활과 건강에 대한 관심이 날로 증대되어 있으므로, 영양소와 관계된 질병을 이해하고, 질병을 예방하여 건강을 유지하는 데 필요한 영양소의 종류와 작용 등을 올바른 식생활에서 이용할 수 있도록 하는 필요성이 대두되었다.

영양학은 섭취한 음식을 체내 소화관에서 음식의 소화·흡수과정을 통해 세포내에서 대사되고 신체가 정상기능을 할 수 있도록 영양소를 공급하는 학문이다. 영양소는 탄수화물, 지질, 단백질, 비타민, 무기질, 수분으로 분류되며, 영양과 건강을 증진하는 데 기초가 되는 학문으로 영양소의 특성, 체내 대사 및 작용, 결핍증과 급원식품 등을 제시하였다.

이 책은 영양학을 전공하기 위한 학생들, 영양학 지식을 필요로 하는 다양한 분야, 특히 간호과, 전공의, 영양 관련 종사자나 일반인도 쉽게 이해할 수 있도록 영양학의 기초지식을 상세하게 수록하였다. 한편, 영양학은 생명과학으로 분류되어 빠른 속도로 연구되고 발전되고 있으며, 인간의 생활이 변화하고 가공식품이 개발되면서, 이 식품들의 영양학적인 해석과 지식 없이는 마음 놓고 섭취할 수 없는 시대에 직면하고 있다.

영양학 전공자들이 일반인과의 커뮤니케이션 기술을 습득하여 보다 효율적인 정보를 전달하고 상담해야 하는 필요성을 인지하였으므로, 전공자들이 기본적으로 알아야 할 과학적 진리를 요약하여 제시하였고, 시대적 변화를 반영하여 최신의 새로운 정보와 연구결과를 수집하여 게재하고자 노력하였다.

이 책을 출간할 수 있도록 많은 도움을 주신 여러 교수님과 창지사 사장님을 비롯한 관계자 여러분께 진심으로 감사를 드린다.

2017. 10.
대표 저자 김 미 자

차 례

제 4 장 지질의 분류

제 5 장 단백질

제 6 장 에너지 대사

제 7 장 지용성 비타민

제 8 장 수용성 비타민

제 9 장 다량무기질

제 10 장 미량무기질

제 11 장 물

제 1 장

영양과 건강

1. 영양소
2. 식생활과 건강
3. 식생활의 기초

1 영양소

1) 영양소(Nutrient)

1948년 발족한 영양관련 국제기구인 세계보건기구(WHO: World Health Organization) 주체로 개최된 국제회의(1964)에서 건강은 "신체적, 정신적 그리고 사회적으로 완전하게 양호한 상태를 의미하며 단순히 질병이 없거나 허약하지 않은 것을 뜻하는 것은 아니다."라고 정의하였다.

영양은 체내에서 인체가 생명을 유지하며 성장, 발육, 장기조직의 정상적 기능 유지, 에너지 생성을 위해 외부로부터 음식물을 공급받아 소화, 흡수, 대사되는 과정이며 영양소는 이 과정에 이용되는 물질로 체내에서 합성되기도 하지만 대부분 식품섭취를 통해서 얻을 수 있다.

인체에서 합성할 수 없거나 합성을 하더라도 충분하게 합성을 못해 성장 부진, 질병 유발, 기능장애 등 각종 부작용을 일으킬 수 있으므로 정상적인 성장과 기능을 위해서 식품으로부터 영양소를 공급받아야 한다. 이를 필수영양소라 하며 탄수화물, 단백질, 지방, 비타민, 무기질, 물 6가지가 해당된다.

(1) 탄수화물(carbohydrate)

탄수화물은 주로 탄소(C), 수소(H), 산소(O)로 구성되어 있으며 체세포에 에너지를 공급해 주는 가장 중요한 에너지원이며, 대부분의 형태는 포도당이다. 충분한 탄수화물의 섭취가 되지 않을 경우, 포도당 부족으로 우선 저장된 글리코겐(glycogen)이 포도당으로 분해되어 뇌와 신경계 에너지로 사용되지만 이런 상황이 지속되다 보면 체단백질의 분해를 막을 수 없게 된다.

적절한 탄수화물의 섭취는 체내 단백질이 포도당 합성에 쓰이는 것을 막을 수 있으며 지방산화에 필수적이다. 탄수화물 섭취가 부족하게 되면 지방분해가 일어난다. 지방분해 과정에서 생성된 아세틸 CoA(acetyl CoA)가 완전 연소되기 위해서는 포도당 신생합성의 기질인 옥살로아세트산(oxaloacetate)이 필요하다. 하지만 탄수화물 섭취가 부족하게 되면 아세틸 CoA의 불완전 연소로 인해 혈액과 조직에 케톤체(ketone body)가 축적되어 케톤증(ketosis)이 유발된다. 케톤증 예방을 위해서는 하루에 최소 50~100g의 탄수화물 섭취가 요구된다.

일부 복합탄수화물 중에는 체내에 셀룰레이스(cellulase)가 없어 소화되지 않고 영양소로 이용되지는 않지만 혈중 콜레스테롤 저하, 포도당 흡수 지연, 변비, 게실증 예방 등의 효과가 있는 식이섬유소가 있다. 가용성 식이섬유소인 펙틴(pectin), 검(gum), 해조다당류 등과 불용성 식이섬유소인 셀룰로오스(cellulose), 헤미셀룰로오스(hemicellulose), 키틴(chitin) 등이 있다.

(2) 단백질(protein)

단백질은 아미노산이 결합되어 만들어진 물질로 탄소(53%), 수소(7%), 산소(23%) 외에 질소(N, 16%), 유황(1%), 소량의 인(P), 철(Fe) 등을 포함하고 있으며, 식품에는 20여 종의 아미노산이 존재한다.

이 중 질소는 반드시 식품으로부터 공급받아야 한다. 아미노산 중에는 인체에서 합성될 수 없거나 합성되더라도 양이 불충분하여 반드시 식품에서 섭취하도록 권장되는 아미노산을 필수아미노산이라 한다. 리신(lysine), 루신(leucine), 이소류신(isoleucine), 발린(valine), 메티오닌(methionine), 페닐알라닌(phenylalanine), 트립토판(tryptophan), 트레오닌(threonine), 히스티딘(histidine) 9가지가 필수아미노산에 해당된다.

단백질은 신체구성의 주요 기본단위이며 생체 내 여러 대사 반응을 촉매하는 효소, 호르몬, 근육과 뼈, 혈액, 면역체계 등의 중요한 성분을 이루고 있다.

(3) 지질(lipid)

지질은 구조상 주로 탄소와 수소로 이루어져 있으며 탄수화물보다 산소가 적게 함유되어 있으므로 더 많은 에너지를 낼 수 있다. 1분자의 글리세롤과 3분자의 지방산으로 구성된 중성지질이 기본구조이다. 탄소와 탄소 사이가 단일결합으로만 이루어진 지방산을 포화지방산이라 하고 이중결합이 하나이면 단일불포화지방산

(MUFA: Monounsaturated Fatty Acid), 두 개 이상이면 다가불포화지방산(PUFA: Polyunsaturated Fatty Acid)이라고 한다.

어떤 종류의 불포화지방산은 체내에서 합성되지 못하기 때문에 필수지방산(essential fatty acid)이라고 불리며 부족하면 결핍증을 나타낸다.

(4) 비타민

비타민은 신체기관을 정상적으로 돌아가게 하기 위한 필수 영양소이지만, 체내에서 합성되지 않는 비타민도 있어 외부로부터 섭취하지 않으면 생명을 유지할 수 없다. 에너지를 생성하는 에너지 대사과정에서 조효소로 작용하며, 비타민 자체가 에너지를 생산하지는 않는다. 비타민은 지용성 비타민과 수용성 비타민으로 나눌 수 있으며, 수용성 비타민은 체내에 저장되지 않고 쉽게 배설되는 반면, 지용성 비타민은 체내에서 축적되므로 과잉 섭취 시 독성을 유발할 수 있다.

(5) 무기질

탄소원자를 구조의 기본골격으로 가지는 화합물인 유기화합물 영양소들은 복잡한 구조인 반면, 무기질은 간단한 무기원소로만 이루어져 있기 때문에 조리 시 파괴되지 않으나 흡수율은 낮다. 무기질은 에너지 대사과정의 활성화, 전해질 균형, 근육수축과 이완, 신경자극의 전달, 골격성장 등 여러 생리기능을 조절하여 생명유지에 절대적으로 중요한 기능을 하지만 에너지를 내지는 않는다.

하루 필요량이 100mg 이상인 무기질을 다량무기질(macro mineral)이라 하며, 칼슘(Ca), 칼륨(K), 나트륨(Na), 염소(Cl), 마그네슘(Mg) 등이 있고, 그 이하를 미량무기질(micro mineral)이라 하고 철분(Fe), 아연(Zn), 구리(Cu), 요오드(I) 등이 있다.

(6) 물

물은 우리 몸을 구성하는 영양소 중 가장 많은 부분을 차지하며(신체의 60% 구성) 생명유지에 필수적이다. 우리 몸의 체수분은 크게 세포 내액(ICF: Intracellular Fluid, 총 체액량의 1/3, 20%)과 세포외액(ECF: Extracellular Fluid, 총 체액량의 2/3, 40%)으로 구분된다.

물은 인체 온도 조절, 영양소와 노폐물의 운반, 용매, 조직과 연골에서의 윤활유, 삼투압 조절 등의 역할을 수행한다. 체내 수분은 2%가 손실되면 갈증을 느끼고 10%가 손실되면 탈수 증세가 나타나며, 20%가 손실되면 생명이 위험해진다. 하루에 필요한 물의 충분섭취량은 남녀 성인기준 1,900~2,600mL 수준이다.

2) 영양상태 평가

영양평가는 영양불량 위험이 있는 환자를 신속히 선별하여 적절한 치료를 받도록 하기 위한 것으로 신체계측에 의한 판정, 생화학적 상태 판정, 임상적 상태 판정, 식사섭취조사법이 있다.

(1) 신체계측법(Anthropometric methods: A)

신체지수를 산출하여 기준치와 비교하여 평가한다.

신장, 체중, 삼두근 피부 두께, 상완위 둘레, 체지방, 체중 감소 등

(2) 생화학적 방법(Biochemical methods: B)

혈액이나 소변, 조직 등을 채취하여 분석하는 방법으로 객관적, 정량적 평가를 할 수 있다. 혈청알부민, 소변, 대변, 총 림프구 수 등

(3) 임상적 방법(Clinical methods: C)

임상징후를 시각적으로 진단하는 방법이다. 영양불량은 만성적 단계에서 발견되므로 초기 단계를 알아내기 어렵고, 여러 요인들이 관련되어 있을 수 있으므로 한 가지 영양소가 불량하다고 판정하는 것은 어렵다. 눈, 모발, 피부, 손톱, 혀 등에 나타나는 신체징후

(4) 식사섭취조사(Dietary assessment: D)

24시간 회상법, 식사기록법, 식품빈도조사법 등이 있다.

① 24시간 회상법(24-hour recall)

조사 전일에 섭취한 모든 음식의 종류와 양을 회상하여 기록하는 방법이다.

- 장점: 조사대상자에게 부담이 적고 경비와 시간이 적게 든다.
- 단점: 개인의 일상적인 영양조사에는 적합하지 않다. 기억력에 의존한다.

② 식사 기록법(Food diary, food record)

식품섭취를 실제로 측정(실측량기록법)하거나 눈대중으로 추정치(추정량 기록법)를 일기식으로 적는 방법이며, 주로 3, 5, 7일 동안 조사한다.

- 장점: 식이조사 방법 중 가장 정확하다.
- 단점: 실측 기록법은 대상자의 부담이 증가하여 조사일수가 많아지면 섭취량이 감소하는 경향이 있다.

③ 식품섭취빈도 조사법(Food frequency questionnaire)

열거된 식품의 섭취 빈도수를 조사한 방법이다.

- 장점: 비교적 시간이 적게 들어 빠르게 수행할 수 있으므로 영양학적 연구에 많이 사용된다.
- 단점: 빈도조사지에 따라 차이가 많으므로 연구목적과 대상에 맞는 개발·검증이 필요하며, 분석 시 조사 집단이 많이 섭취하는 식품에 대한 일반적 자료가 필요하다.

[24시간 회상법 조사 설문지 예]

대상자 (No.)	이 름:		조사일: 년	월	일
식사	음식명	눈대중량	식품명	중량(g)	식품 Code
아침	콩밥	1그릇	쌀 완두콩	40 15	
간식 (건강보조식품, 영양제 등 포함)					
점심					
간식					
저녁					
간식					

3) 국민영양조사

국민영양조사는 1969년 이래 매년 실시하여 우리나라 국민의 영양섭취량 실태를 보고하였으며, 국민건강·영양조사는 1995년 제정된 「국민건강증진법」 제16조에 근거하여 시행하는 전국 규모의 건강 및 영양조사이다.

1988년부터 국민건강·영양조사로 확대되면서 2005년까지 3년마다 실시하다가 2007년 보건수요정책에 맞추어 매년 시행되고 있다. 국민건강영양조사(KNHANES: Korea National Health and Nutrition Examination Survey)는 국민의 건강행태, 만성질환 유병현황, 식품 및 영양섭취실태에 관한 법정조사이며, 현재까지 제1기(1998), 제2기(2001), 제3기(2005), 제4기(2007~2009), 제5기(2010~2012), 제6기(2013~2015) 조사를 완료하였다.

(1) 영양소 섭취기준에 대한 섭취비율

국민건강영양조사 제6기 3차년도(2015) 결과에 따르면 에너지 섭취량은 증가하는 경향이고, 여자보다는 남자가 뚜렷하였다(그림 1-1). 에너지 섭취량에 대한 지방 급원비율도 1998년(17.9%)에 비해 2015년(21.8%)에 3.9%가 증가하였다(그림 1-2).

2015년 필요추정량 대비 에너지 섭취비율은 전체 101.2%, 남자는 107.0%, 여자는 95.5%로 조사되었다. 권장섭취량 대비 전체 섭취비율은 단백질(157.6%), 인(154%), 철(168.2%), 티아민(183.2%)은 150% 이상으로 높았고, 칼슘 섭취량(69.7%)은 낮았다. 칼슘은 전 연령대에서 섭취가 부족했고, 12~18세(54.6%)와 65세 이상(57.2%)의 권장섭취량에 대한 섭취비율은 60% 미만으로 아주 낮았다. 비타민 A(111.6%), 리보플라빈(109.1%), 니아신(114.9%), 비타민 C(103.4%) 섭취량은 권장섭취량의 100~115% 범위였다. 나트륨은 충분섭취량의 약 3배(277.4%)를 섭취하였고, 목표섭취량과 비교할 때는 약 2배(202.2%)를 섭취하는 것으로 나타났다. 나트륨은 연령, 소득, 거주지역과 상관없이 모든 군에서 충분섭취량뿐만 아니라 목표섭취량 기준을 초과하는 양을 섭취하는 것으로 조사되었다(그림 1-3).

만 65세 이상은 에너지(94.1%), 칼슘(57.2%), 칼륨(74.6%), 리보플라빈(75%), 니아신(84.5%) 섭취가 부족했음에도 불구하고, 나트륨은 목표섭취량의 약 1.5배(156.3%)를 섭취했다.

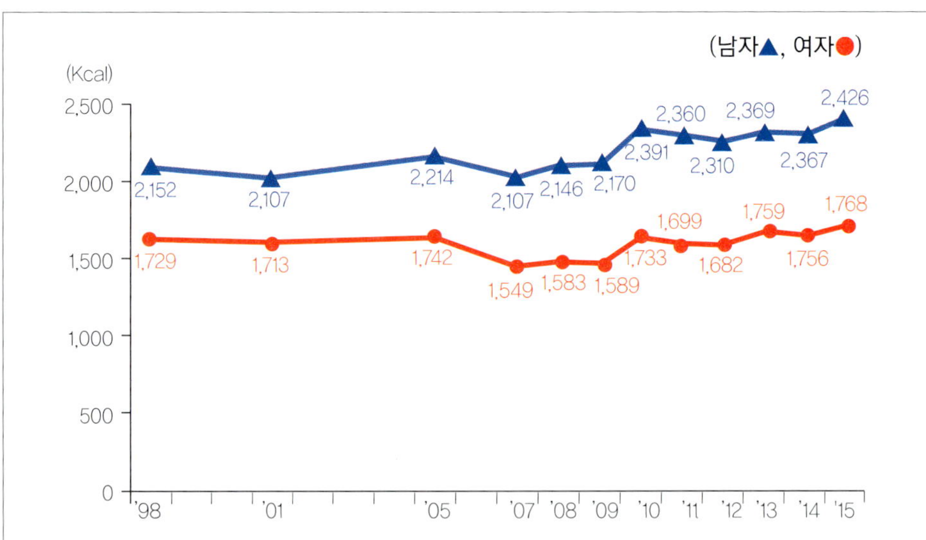

※ 2005년 추계인구로 연령표준화, 만 1세 이상

[그림 1-1] 에너지 섭취량 추이

출처: 보건복지부(2015). 국민건강통계

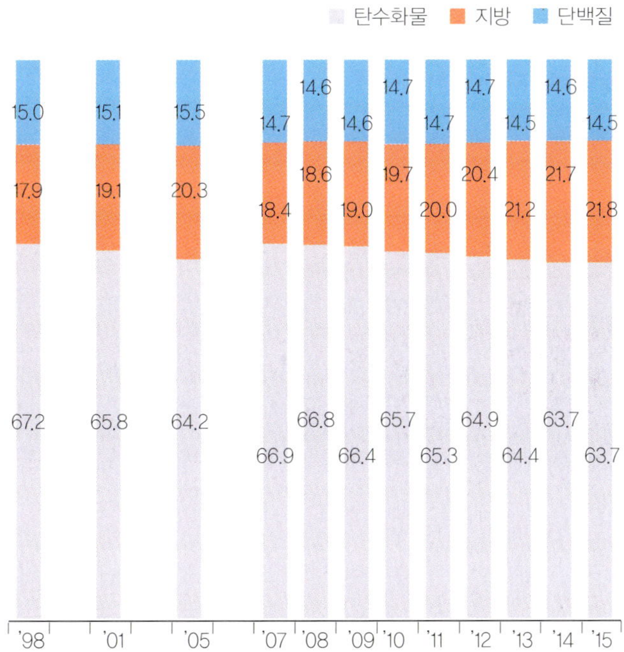

[그림 1-2] 영양소별 에너지 섭취 분율 추이

출처: 보건복지부(2015). 국민건강통계

※ 영양소 섭취기준에 대한 섭취 비율: 영양소 섭취기준에 대한 개인별 영양소 섭취량 백분율의 평균값, 만 1세 이상

※ 영양소 섭취기준: 2010 한국인 영양소 섭취기준 개정판(한국영양학회, 2010); 에너지, 필요추정량; 나트륨, 칼륨, 충분섭취량; 기타, 권장섭취량

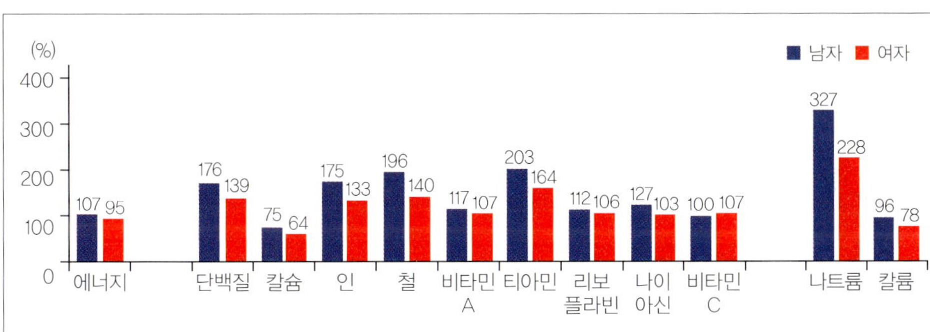

[그림 1-3] 영양소별 에너지 섭취 비율

출처: 보건복지부(2015). 국민건강통계

(2) 영양 부족 및 과잉

국민건강영양조사 제6기 3차년도(2015) 결과에 따르면 영양소 섭취기준 미만 섭취자 분율은 전년대비 유사하였다. 칼슘 평균필요량 미만 섭취자 분율은 70.3%(여자 74.9%, 남자 65.7%), 12~18세(84.3%)와 65세 이상(81.4%)에서 특히 높았다. 소득 수준이 낮을수록 칼슘 평균필요량 미만으로 섭취하는 사람이 더 많았으나, 연령, 소득 수준, 거주 지역 상관없이 모든 군에서 50% 이상 부족하게 섭취하는 것으로 나타났다.

칼슘 외에도 비타민 C(57.6%), 비타민 A(45.3%), 리보플라빈(40.9%), 니아신(31.6%)은 평균필요량 미만 섭취자 분율이 높았으며, 여자는 남자에 비해 비타민 C(남자 58.6%, 여자 56.6%)를 제외한 모든 영양소에서 부족섭취 분율이 높았다. 특히, 65세 이상은 지방(65.1%), 칼슘(81.4%), 비타민 A(59.1%), 리보플라빈(65.7%), 니아신(53.7%), 비타민 C(59.2%)의 영양소 섭취기준 미만 섭취자 분율이 50% 이상으로 매우 부족하게 섭취하는 것으로 나타났다. 나트륨 목표섭취량 이상 섭취자 분율(만 9세 이상)은 79.7%, 30~49세(86.2%)가 가장 높게 나타났다. 에너지 섭취량이 필요추정량의 125% 이상인 에너지 과잉 섭취자 분율은 23.3%였으며, 남자(27.4%)가 여자(19.2%)보다 1.4배 이상으로 높았다.

영양섭취 부족자 분율(에너지 섭취량이 필요추정량의 75% 미만이면서 칼슘, 철, 비타민 A, 리보플라빈의 섭취량이 평균필요량 미만인 분율)은 여자(11.5%)가 남자(5.5%)의 2배 수준이었고, 12~18세(16.7%), 19~29세(13.1%)가 특히 높았다. 에너지/지방과잉 섭취자 분율(9.7%)은 19~29세(16.8%)가 가장 높았다. 만 19~29세는 영양섭취 부족과 과잉 분율이 모두 높은 경향이었다.

위 결과는 1일 간의 섭취량 조사로 산출한 값이므로 개인의 일상적인 섭취 수준의 평가에는 적합하지 않고 영양 부족 또는 과잉의 문제를 갖고 있는 집단을 과대 산출하게 될 위험성이 있다. 하지만 문제 영양소 및 영양 취약 집단을 추정할 수 있다.

2 식생활과 건강

1) 한국인 사망원인 통계

2014년 한국인 사망원인 통계에 의하면 사망원인이 악성신생물, 심장질환, 뇌혈관질환, 고의적 자해, 폐렴, 당뇨 등의 순으로 나타났다[표 1-1]. 2004년 암으로 인한 사망률(26.7%), 심장질환으로 인한 사망률(5.2%)에 비해 2014년(10년 사이) 각각 40.6%, 14.1%로 크게 증가한 것으로 미루어 식생활과 밀접한 관련이 있는 만성질병의 위험이 증가한 것으로 보인다. 우리나라는 영양 부족으로 인한 건강 문제와 영양 과잉으로 인한 건강문제가 공존하고 있으며 에너지와 지방 과잉 섭취 비율은 증가하는 추세인 반면, 칼슘, 철, 리보플라빈 등을 평균필요량 미만으로 섭취하는 비율은 여전히 높았다.

특히 암 발생률은 1999년 10만 명당 214.2명, 2005년 301.9명, 2010 415.9명, 2014년 427.6명으로 증가추세를 보이고 있다. 따라서 최근의 식생활 및 건강상태를 반영한 새로운 영양소 섭취기준을 제정하여 식생활 관련 질병문제를 예방 관리할 필요성이 높아지고 있다.

[표 1-1] 2014년 전국 사망원인 통계

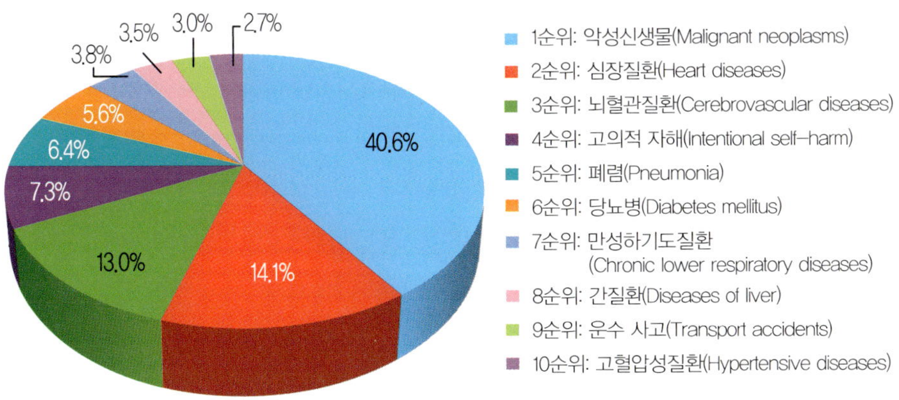

출처: 통계청(2015). 2014년 사망원인 통계

2) 한국인 영양소 섭취기준(KDRIs: Dietary Reference Intakes for Koreans)

(1) 역사

영양소 섭취기준은 국민의 건강증진 및 질병예방을 목적으로 에너지 및 각 영양소의 적정섭취량을 나타낸 것이다. 처음에는 영양결핍 예방을 위해 1962년 국제연합식량농업기구(FAO) 한국협회에서 한국인 영양권장량을 발표하여 1967년과 1975년 개정하였으며, 1985년과 1989년 개정(한국인구보건연구원), 1995년과 2000년 한국영양학회에서 영양권장량을 발표하였다.

현대사회에서 영양 부족으로 인한 건강문제와 더불어 에너지 과잉 섭취, 동물성 지방 섭취, 트랜스지방 섭취, 나트륨 섭취 증가 등으로 인한 만성질환이 주요 문제로 대두되면서 만성질환의 예방을 함께 고려하는 것이 바람직하다는 견지로 2005년 한국영양학회에서 새로운 개념의 영양소 섭취기준을 제정하여 발표하게 되었다. 2010년에 「국민영양관리법」 공포에 따라 보건복지부에서 영양소 섭취기준 제정 업무를 담당하게 되었고, 2013년 한국영양학회에 위탁하여 '2015 한국인 영양소 섭취기준'을 제정 발표하였다.

(2) 한국인 영양소 섭취기준의 구성

한국인 영양소 섭취기준(KDRIs)은 질병이 없는 대부분의 한국 사람들을 최적의 건강상태로 유지하고 질병 예방에 도움이 될 수 있도록 제시한 기준으로 각 영양소의 평균필요량(EAR: Estimated Average Requirement), 권장섭취량(RNI: Recommended Nutrient Intake), 충분섭취량(AI: Adequate Intake), 상한섭취량(UL: Tolerable Upper Intake Level) 4가지를 포함하고 있다.

과학적 근거가 충분할 경우는 평균필요량과 권장섭취량을 제정하였으며, 과학적 근거가 불충분할 경우는 충분섭취량을, 과잉섭취로 인한 유해성에 대한 과학적 근거가 있을 경우는 상한섭취량을 제정하였기 때문에 영양소에 따라서 섭취기준이 차이가 있다.

① 평균필요량

평균필요량은 대상 집단을 구성하는 건강한 사람들의 일일 영양소 필요량의 중앙값으로부터 산출한 수치이다. 필요량을 측정하기 위해서는 영양소 섭취량에 민감하게 반응하는 기능적 지표가 존재해야 하며 영양상태 판정 평가기준이 있어야 한다. 기능적 지표가 모든 영양소에 알려져 있지 않으므로 일부영양소에 평균필요량이 설정되었다.

② 권장섭취량

권장섭취량은 인구집단의 97~98%에 해당하는 사람들의 필요량을 충족시키는 수준을 나타내며 평균필요량에 표준편차나 변이계수(평균필요량의 표준편차에 대한 충분한 자료가 없을 경우 변이계수를 10%로 가정)의 2배를 더한 값이다.

③ 충분섭취량

충분섭취량은 영양소 필요량을 추정할 수 있는 과학적 근거가 부족하거나 필요량의 중앙값과 표준편차를 구하기가 어려워 권장섭취량을 제시할 수 없을 경우 건강한 사람들의 건강 유지하에 충분한 양을 제시한 수치이다. 건강한 사람들의 영양소 섭취량의 중앙값을 기준으로 하였으므로 대상 집단의 영양소 필요량을 얼마만큼 충족시키는 것인지가 확실하지 않다.

④ 상한섭취량

상한섭취량은 인체에 해로운 영향이 나타나지 않는 최대 영양소 섭취 수준이다. 과량섭취 시 유해한 영향이 있을 경우 설정할 수 있다. 상한섭취량을 초과하여 섭취하면 유해 영향의 위험이 증가하므로 상한섭취량은 권장하는 수치가 아니며 목표로 하는 수치도 아니다.

상한섭취량은 인체에 유해한 영향을 미치지 않는 최대용량(최대무해용량, NOAEL: No Observed Adverse Effect Level)과 유해한 영향이 나타나는 최저용량(최저유해용량, LOAEL: Lowest Observed Adverse Effect Level)을 도출한 후 불확실계수(UF: Uncertainty Factor, 개인의 감수성 차이 등)를 감안해서 설정되었다.

나트륨 과잉 섭취 유해영향의 과학적 근거가 부족하여 상한섭취량을 정하기 어려워서 건강문제가 발생할 위험이 있는 영양소에 대해서 목표섭취량(intake goals)이 설정되었다.

$$상한섭취량 = \frac{최대무해용량\ 또는\ 최저유해용량}{불확실계수(UF)}$$

⑤ 에너지 적정비율

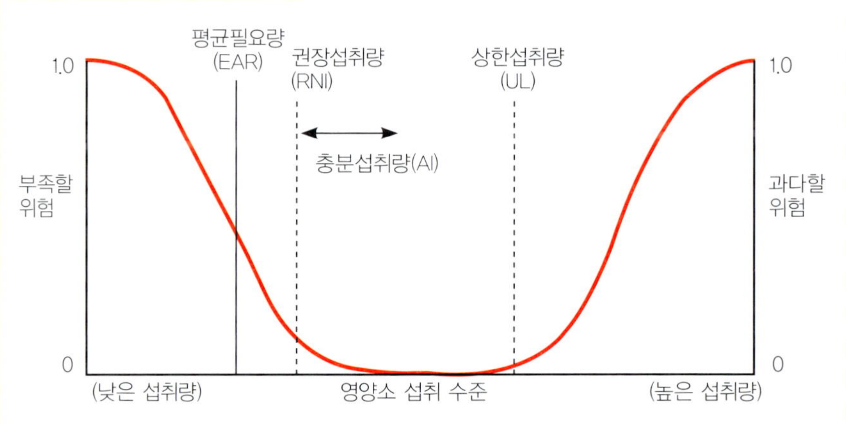

- 평균필요량: 건강한 사람들의 일일 필요량의 중앙값으로부터 산출한 수치이며 인체필요량에 대한 과학적 근거가 충분한 경우 제정
- 권장섭취량: 약 97~98%에 해당하는 사람들의 영양소 필요량을 충족시키는 섭취 수준으로, 평균필요량에 표준편차 또는 변이계수의 2배를 더하여 산출
- 충분섭취량: 영양소의 필요량을 추정하기 위한 과학적 근거가 부족할 경우, 대상 인구집단의 건강을 유지하는 데 충분한 양을 설정
- 상한섭취량: 인체에 유해한 영향이 나타나지 않는 최대 영양소 섭취기준으로, 과량을 섭취할 때 유해영향이 나타날 수 있다는 과학적 근거가 있을 때 설정

[그림 1-4] 영양소 섭취기준의 종류

출처: 보건복지부(2015). 한국인 영양소 섭취기준

에너지를 공급하는 탄수화물, 지방은 적정섭취를 정할 수 있는 과학적 근거가 충분하지 않아 평균필요량이나 상한섭취량을 설정하지 못하였지만 에너지 섭취 비율과 건강 관련성으로 인해 탄수화물, 지방, 단백질은 에너지 적정비율을 제시하였다.

다량영양소(탄수화물, 단백질, 지방)의 에너지 적정범위는 비타민과 무기질 등 다른 영양소를 충분히 섭취하면서 만성질환이나 영양불균형을 예방할 수 있는 에너지 섭취 비율을 근거로 하여 제시하였다[부록].

3 식생활의 기초

1) 국민 공통 식생활 지침 제정

2016년 보건복지부는 농림축산식품부, 식품의약품안전처와 공동으로 분산된 지침을 종합하여 국민의 건강하고 균형 잡힌 식생활 가이드라인 「국민 공통 식생활 지침」을 제정·발표하였다. 2014년 국민건강통계 자료를 바탕으로 바람직한 식생활을 위한 기본적인 수칙을 제시한 것으로, 균형 있는 영양소 섭취, 올바른 식습관 및 한국형 식생활, 식생활 안전 등을 종합적으로 고려한 지침이다.

국민 공통 식생활 지침

(1) 쌀·잡곡, 채소, 과일, 우유·유제품, 육류, 생선, 달걀, 콩류 등 다양한 식품을 섭취하자.
(2) 아침밥을 꼭 먹자.
(3) 과식을 피하고 활동량을 늘리자.
(4) 덜 짜게, 덜 달게, 덜 기름지게 먹자.
(5) 단 음료 대신 물을 충분히 마시자.
(6) 술자리를 피하자.
(7) 음식은 위생적으로, 필요한 만큼만 마련하자.
(8) 우리 식재료를 활용한 식생활을 즐기자.
(9) 가족과 함께하는 식사 횟수를 늘리자.

보건복지부, 농림축산식품부, 식품의약품안전처(2016)

(1) 쌀·잡곡, 채소, 과일, 우유·유제품, 육류, 생선, 달걀, 콩류 등 다양한 식품을 섭취하자

① 곡류 섭취의 감소와 육류 섭취의 증가

[그림 1-5] 곡류 1일 섭취량(g/일, 1인)

출처: 보건복지부(2014). 국민건강통계; 보건복지부, 농림축산식품부, 식품의약품안전처(2016)

[그림 1-6] 육류 1일 섭취량(g/일, 1인)

출처: 보건복지부(2014). 국민건강통계; 보건복지부, 농림축산식품부, 식품의약품안전처(2016)

② 칼슘 섭취 부족

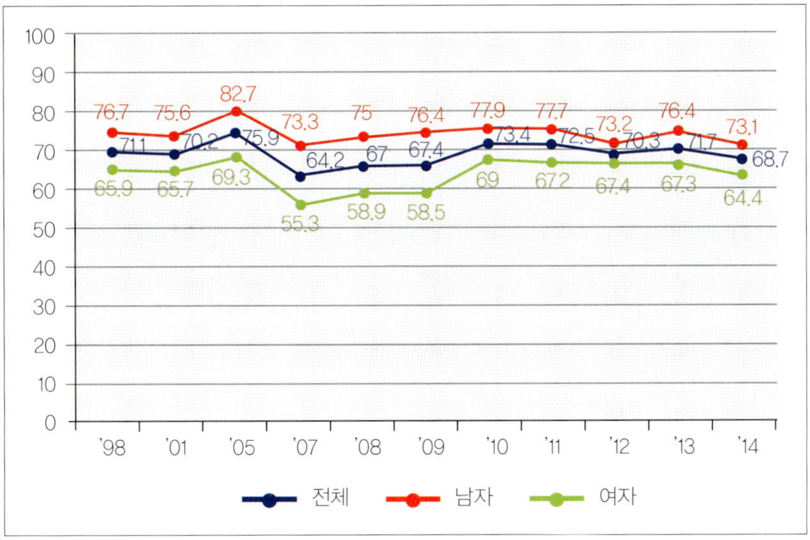

[그림 1-7] 연도별 영양소 섭취기준 대비 섭취 분율(%)

출처: 보건복지부(2014). 국민건강통계; 보건복지부, 농림축산식품부, 식품의약품안전처(2016)

③ 채소·과일 섭취부족

[그림 1-8] 연도별 과일 및 채소 1일 500g 이상 섭취자 분율(%)

출처: 보건복지부(2014). 국민건강통계; 보건복지부, 농림축산식품부, 식품의약품안전처(2016)

(2) 아침밥을 꼭 먹자

① 아침 결식률이 계속 증가 19~29세에 가장 높게 조사됨

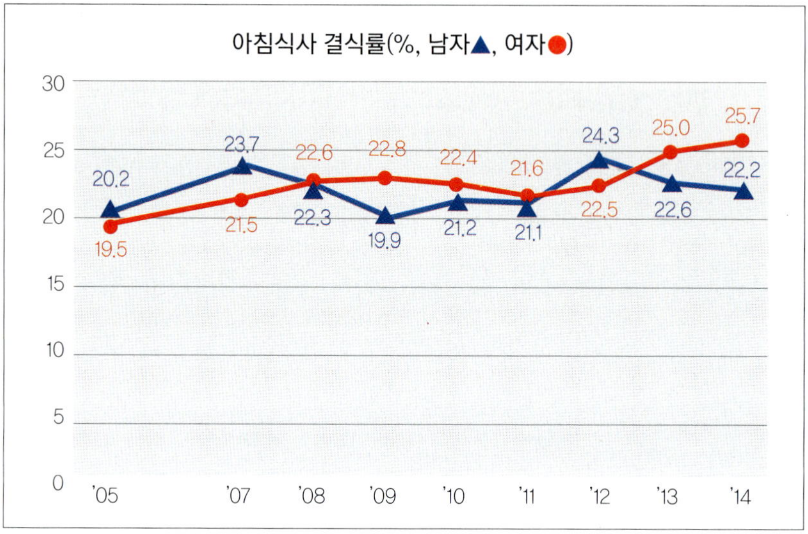

* 아침식사 결식률: 조사 1일 전 아침식사를 결식한 분율

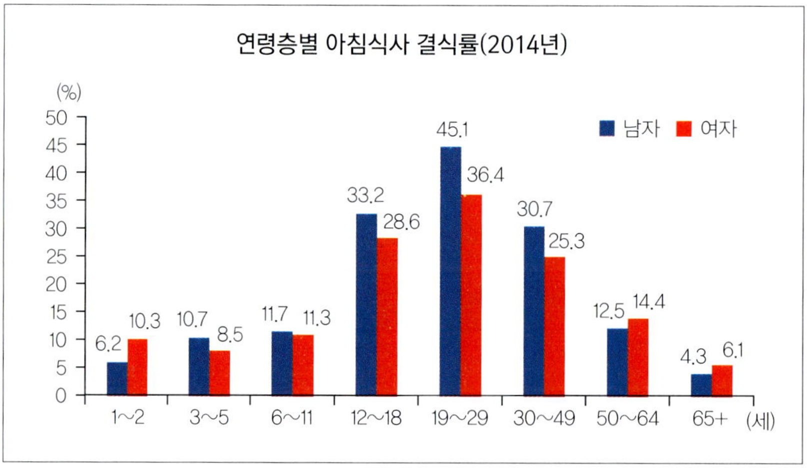

[그림 1-9] 아침 결식률과 연령층별 아침식사 결식률

출처: 보건복지부(2014). 국민건강통계; 보건복지부, 농림축산식품부, 식품의약품안전처(2016)

(3) 과식을 피하고 활동량을 늘리자

① 에너지 섭취량은 큰 변화가 없는데 지방섭취량은 꾸준하게 증가되고 있으며 신체 활동이 지속적으로 감소

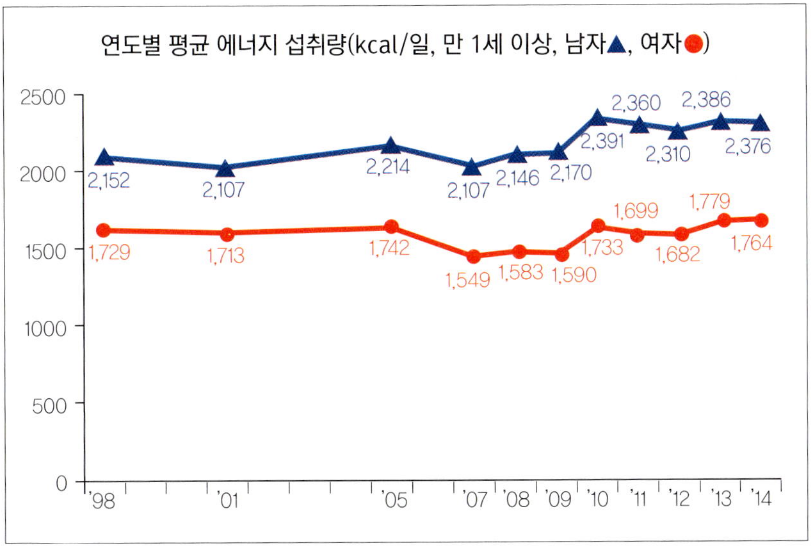

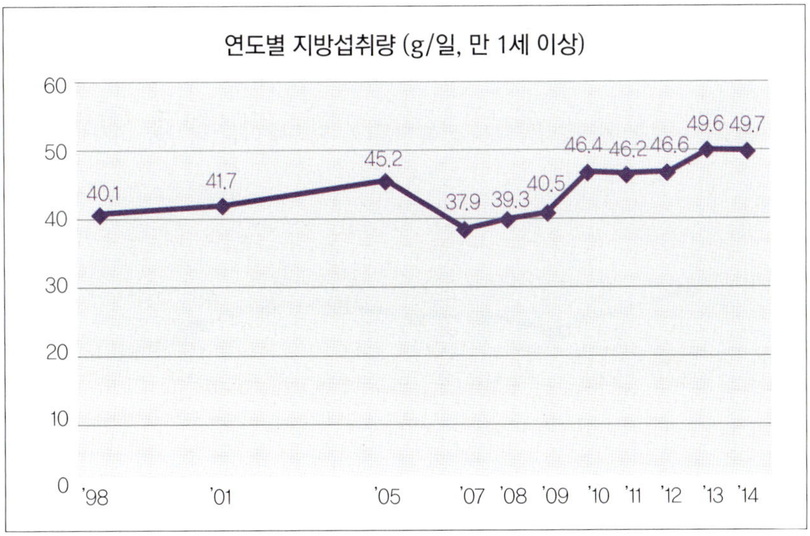

[그림 1-10] 연도별 평균 에너지 섭취량과 지방섭취량

출처: 보건복지부(2014). 국민건강통계; 보건복지부, 농림축산식품부, 식품의약품안전처(2016)

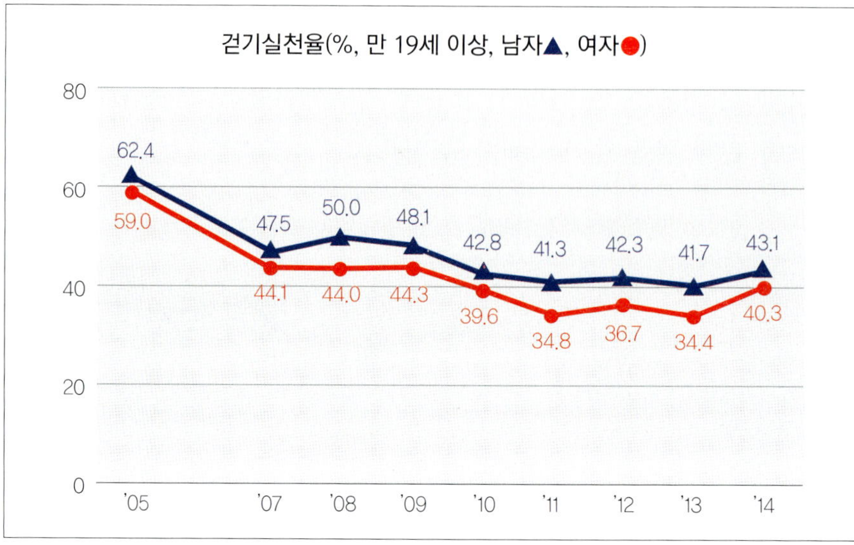

* 걷기실천율: 최근 1주일 동안 걷기를 1회 10분 이상, 1일 총 30분 이상 주 5일 이상 실천한 분율

[그림 1-11] 걷기 실천율

출처: 보건복지부(2014). 국민건강통계; 보건복지부, 농림축산식품부, 식품의약품안전처(2016)

(4) 덜 짜게, 덜 달게, 덜 기름지게 먹자

① 나트륨 목표섭취량(2,000mg)보다 남자 2.2배, 여자는 1.6배 섭취하고 있음

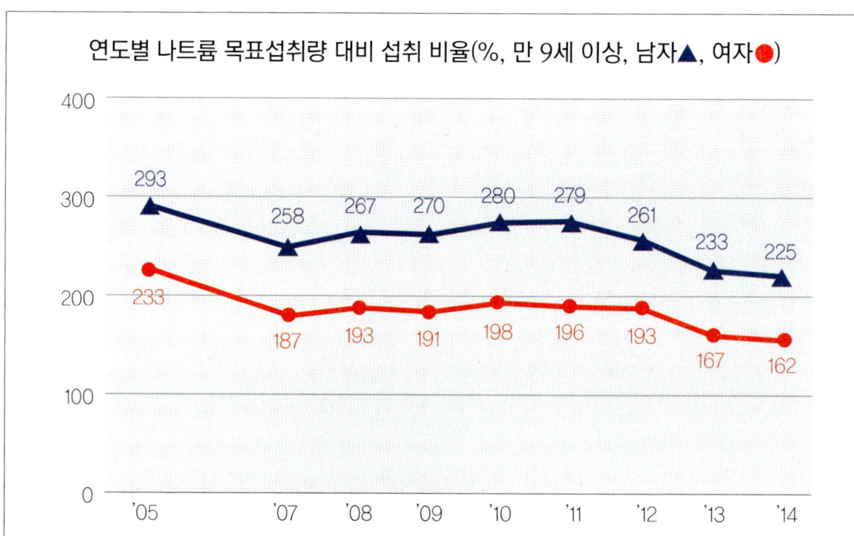

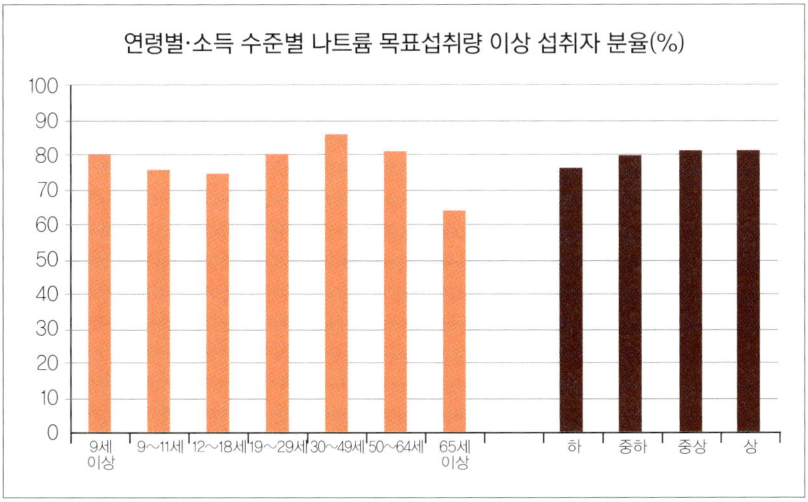

[그림 1-12] 연도별 나트륨 목표섭취량 대비 섭취 비율과
연령별·소득 수준별 나트륨 목표섭취량 이상 섭취자 분율

출처: 보건복지부(2014). 국민건강통계; 보건복지부, 농림축산식품부, 식품의약품안전처(2016)

② 에너지, 지방 과잉 섭취자 분율 증가 추세

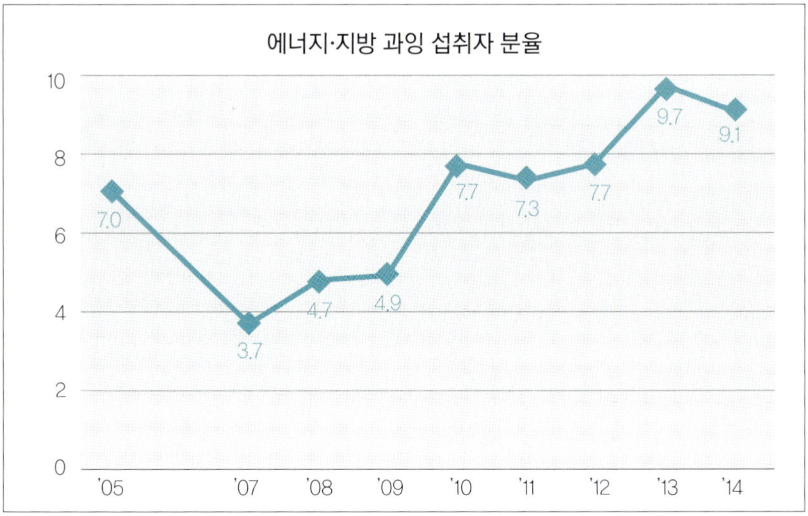

* 에너지·지방 과잉 섭취자 분율: 에너지 섭취량이 필요추정량(또는 영양권장량)의 125% 이상이면서 지방 섭취량이 에너지 적정 비율을 초과한 분율

[그림 1-13] 에너지·지방 과잉 섭취자 분율

③ 당류 섭취량 증가

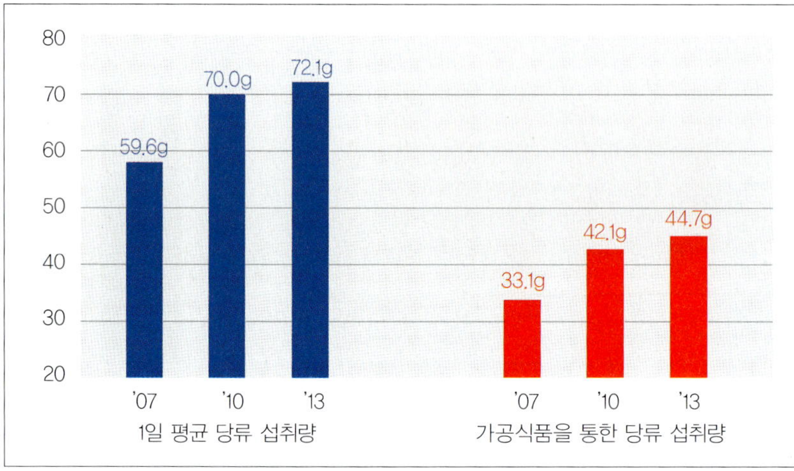

[그림 1-14] 1일 평균 당류 섭취량과 가공식품을 통한 당류 섭취량

출처: 식품의약품안전처(2016)

(5) 단 음료 대신 물을 충분히 마시자

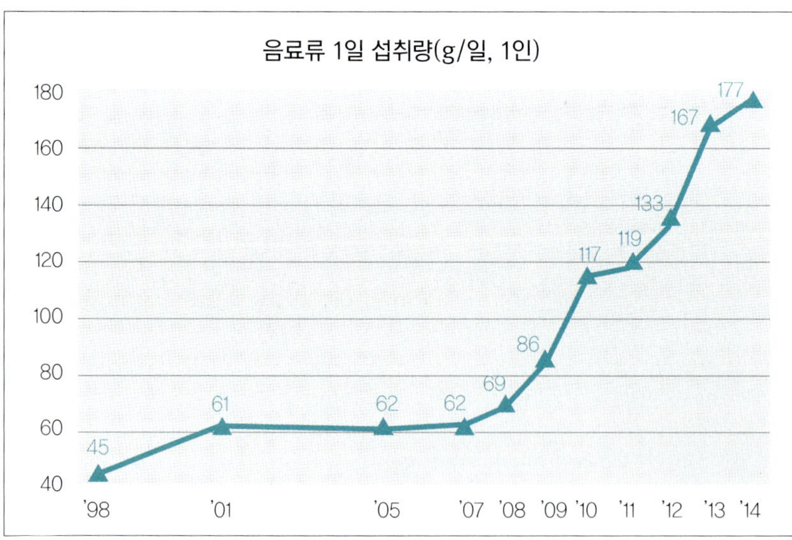

[그림 1-15] 음료류 1일 섭취량

출처: 보건복지부(2014). 국민건강통계; 보건복지부, 농림축산식품부, 식품의약품안전처(2016)

(6) 술자리를 피하자

① 주류섭취 증가, 고위험 음주율 증가 추세

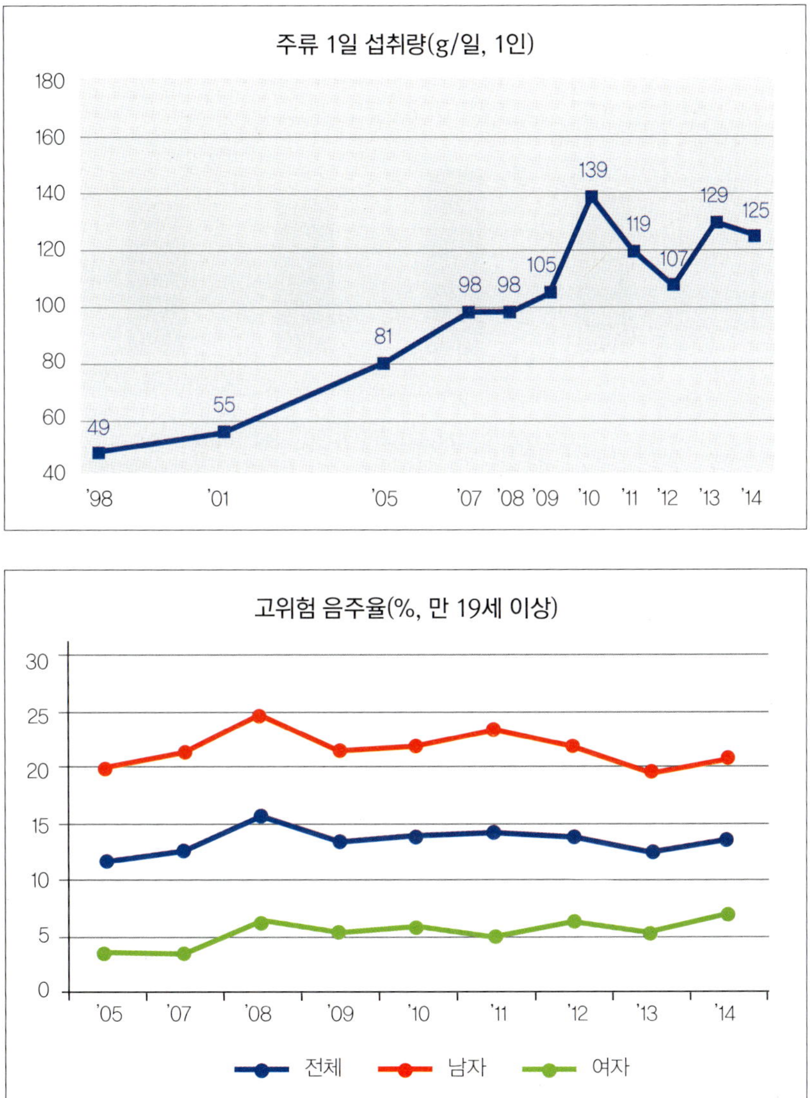

* 고위험 음주율: 1회 평균 음주량이 7잔(여자 5잔) 이상이며, 주 2회 이상 음주하는 분율(%)

[그림 1-16] 주류 1일 섭취량과 고위험 음주율

출처: 보건복지부(2014). 국민건강통계; 보건복지부, 농림축산식품부, 식품의약품안전처(2016)

(7) 음식은 위생적으로, 필요한 만큼만 마련하자

① 음식물 쓰레기 줄이기 실천율 감소와 식중독 발생 건수 및 환자 수의 급증

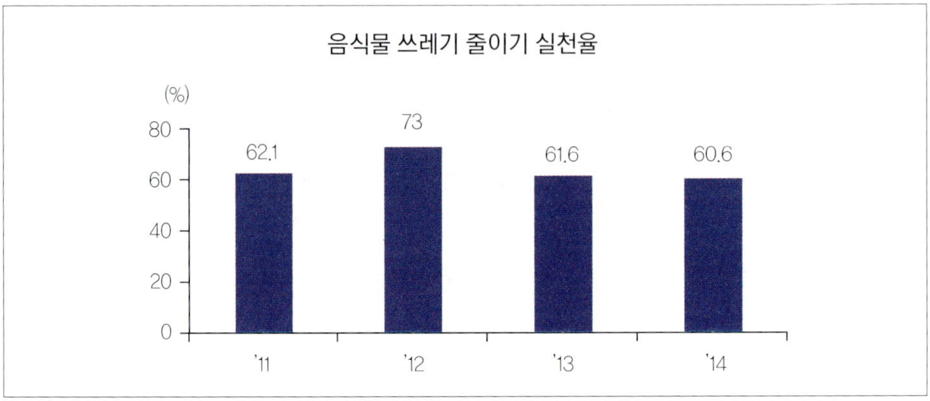

출처: 농림수산식품부(2015). 국민 식생활실태조사 보고서(2011~2013); 보건복지부, 농림축산식품부, 식품의약품안전처(2016). 2014년 국민 식생활 실태조사 결과 및 개선방안.

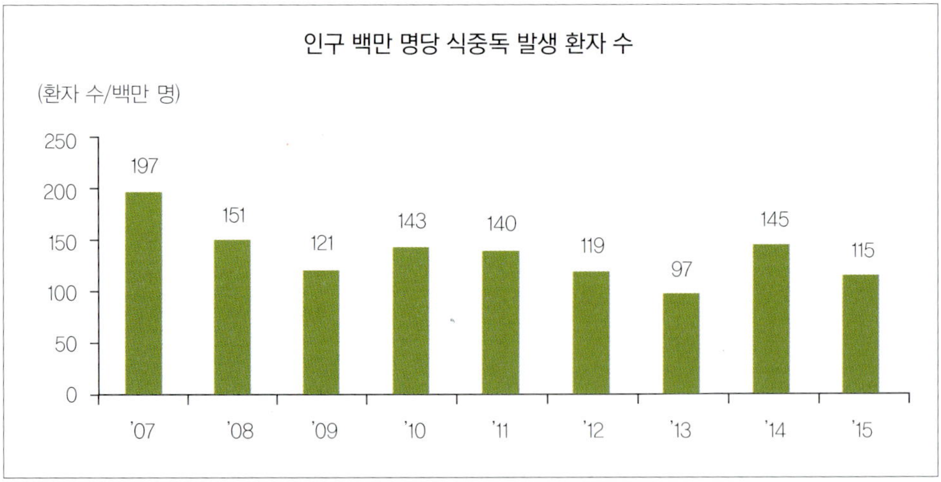

출처: 식품의약품안전처(2015). 식중독통계; 보건복지부, 농림축산식품부, 식품의약품안전처(2016)

[그림 1-17] 음식물 쓰레기 줄이기 실천율과 식중독 발생 환자 수

(8) 우리 식재료를 활용한 식생활을 즐기자

① 식량자급률이 낮고 우리 식재료에 대한 관심도 낮음

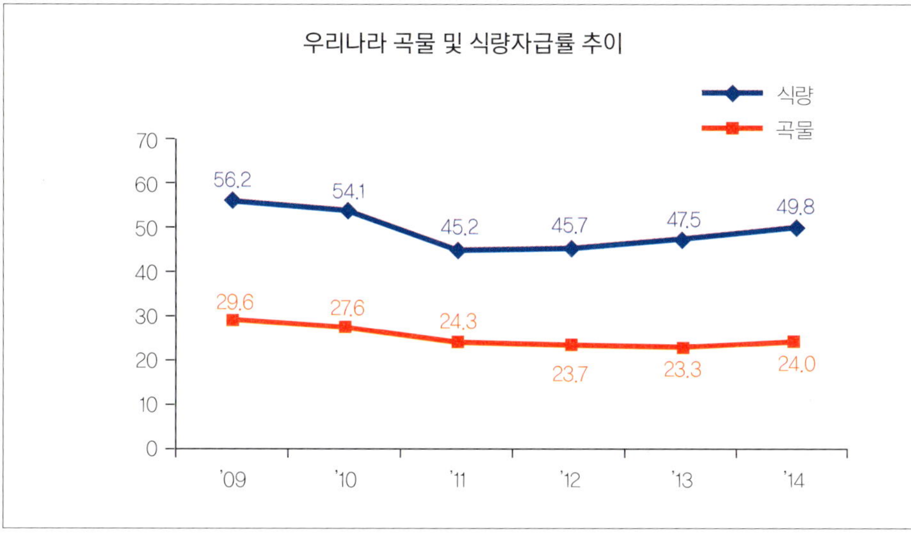

출처: 농림축산식품부,(2015); 보건복지부, 농림축산식품부, 식품의약품안전처(2016)

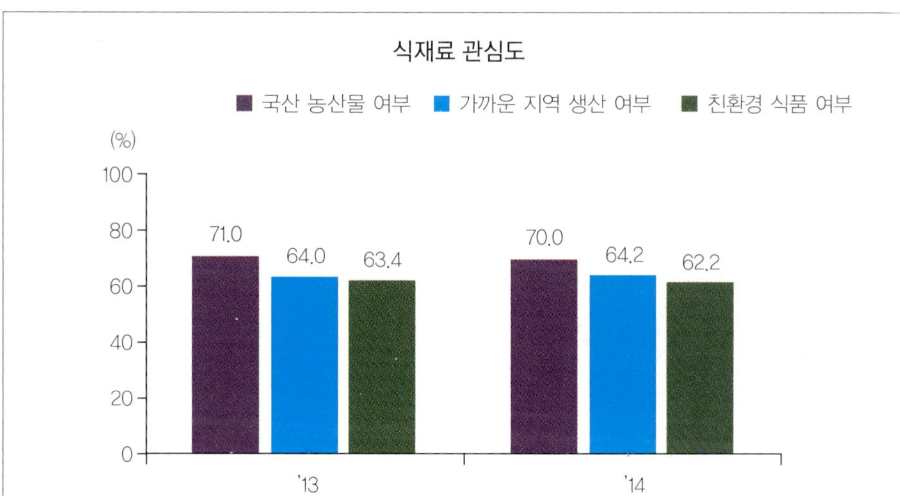

출처: 농림축산식품부(2015). 한국농촌경제연구원. 식품소비행태조사 통계분석보고서; 보건복지부, 농림축산식품부, 식품의약품안전처(2016)

[그림 1-18] 우리나라 곡물 및 식량자급률 추이와 식재료 관심도

(9) 가족과 함께하는 식사 횟수를 늘리자

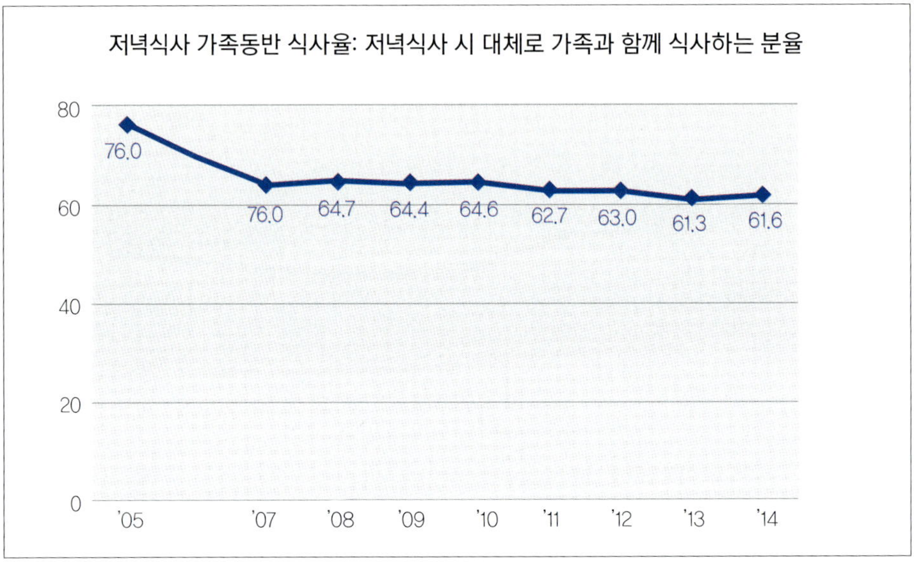

[그림 1-19] 저녁식사 가족동반 식사율

출처: 보건복지부(2014). 국민건강통계; 보건복지부, 농림축산식품부, 식품의약품안전처(2016)

2) 우리나라 식사 구성안

식사 구성안은 일반인이 복잡하게 계산하지 않고도 식품군별 대표적인 식품과 권장식사 패턴의 섭취 횟수를 이용하여 건강한 식사를 실제에 적용할 수 있도록 식사의 기본 구성개념을 설명한 것이다. 일반인이 식단을 구성하거나 평가하는 일은 어려운 일이므로 일반인이 복잡한 영양가 계산을 하지 않고도 한국인 영양소 섭취기준을 충족할 수 있도록 하루에 어떤 음식을 얼마만큼 먹어야 하는지를 알 수 있도록 한 것이다.

식사 구성안의 1인 1단위는 섭취해야 하는 양이 아니고 한국 사람들의 식생활 습관을 고려하여 사람들이 섭취한다고 생각되는 양으로부터 계산된 것이므로 정확하게 조절해야 하는 환자의 식사요법을 위한 식품교환단위와는 다른 개념이다.

(1) 식품의 분류

균형 잡힌 식생활을 위한 영양소를 6가지 식품군으로 분류하였다.

① 곡류 ② 고기·생선·달걀·콩류 ③ 채소류 ④ 과일류 ⑤ 우유·유제품 ⑥ 유지·당류

[표 1-2] 곡류의 주요 식품, 1인 1회 분량 및 1회 분량에 해당되는 횟수

	품목	식품명	1회 분량(g)[1]	횟수[2]
곡류 (300kcal)	곡류	백미, 보리, 찹쌀, 현미, 조, 수수, 기장, 팥	90	1
		옥수수	70	0.3
		쌀밥	210	1
	면류	국수(말린 것)	90	1
		국수(생면)	210	1
		당면	30	0.3
		라면 사리	120	1
	떡류	가래떡/백설기	150	1
		떡(팥소, 시루떡)	150	1
	빵류	식빵	35	0.3
		빵(잼빵, 팥빵 등)	80	1
		빵(기타)	80	1
	시리얼류	시리얼	30	0.3
	감자류	감자	140	0.3
		고구마	70	0.3
	기타	묵	200	0.3
		밤	60	0.3
		밀가루, 전분, 빵가루, 부침가루, 튀김가루, 믹스	30	0.3
	과자류	과자(비스킷, 쿠키)	30	0.3
		과자(스낵)	30	0.3

1) 1회 섭취하는 가식부 분량
2) 곡류 300kcal에 해당하는 분량을 1회라고 간주하였을 때, 해당 1회 분량에 해당하는 횟수

출처: 한국영양학회(2015). 한국인 영양소 섭취기준

[표 1-3] 고기·생선·달걀·콩류의 주요 식품 1인 1회 분량 및 1회 분량에 해당하는 횟수

	품목	식품명	1회 분량(g)[1]	횟수[2]
고기·생선·달걀·콩류 (100kcal)	육류	쇠고기(한우, 수입우)	60	1
		돼지고기, 돼지고기(삼겹살)	60	1
		닭고기	60	1
		오리고기	60	1
		햄, 소시지, 베이컨, 통조림햄	30	1
	어패류	고등어, 명태/동태, 조기, 꽁치, 갈치, 다랑어(참치)	60	1
		바지락, 게, 굴	80	1
		오징어, 새우, 낙지	80	1
		멸치자건품, 오징어(말린 것), 새우자건품 뱅어포(말린 것), 명태(말린 것)	15	1
		다랑어(참치통조림)	60	1
		어묵, 게맛살	30	1
		어류젓	40	1
	난류	달걀, 메추리알	60	1
	콩류	대두, 완두콩, 강낭콩	20	1
		두부	80	1
		순두부	200	1
		두유	200	1
	견과류	땅콩, 아몬드, 호두, 잣, 해바라기씨, 호박씨	10	0.3

1) 1회 섭취하는 가식부 분량
2) 고기·생선·달걀·콩류 100kcal에 해당하는 분량을 1회라고 간주하였을 때, 해당 1회 분량에 해당하는 횟수

출처: 한국영양학회(2015). 한국인 영양소 섭취기준

[표 1-4] 채소류의 주요 식품, 1인 1회 분량 및 1회 분량에 해당하는 횟수

	품목	식품명	1회 분량(g)[1]	횟수[2]
채소류 (15kcal)	채소류	파, 양파, 당근, 풋고추, 무, 애호박, 오이, 콩나물, 시금치, 상추, 배추, 양배추, 깻잎, 피망, 부추, 토마토, 쑥갓, 무청, 붉은 고추, 숙주나물, 고사리, 미나리	70	1
		배추김치, 깍두기, 단무지, 열무김치, 총각김치	40	1
		우엉	40	1
		마늘, 생강	10	1
	해조류	미역, 다시마	30	1
		김	2	1
	버섯류	느타리버섯, 표고버섯, 양송이버섯, 팽이버섯	30	1

1) 1회 섭취하는 가식부 분량
2) 채소류 15kcal에 해당하는 분량을 1회라고 간주했을 때, 해당 1회 분량에 해당하는 횟수

출처: 한국영양학회(2015). 한국인 영양소 섭취기준

[표 1-5] 과일류의 주요 식품, 1인 1회 분량 및 1회 분량에 해당하는 횟수

	품목	식품명	1회 분량(g)[1]	횟수[2]
과일류 (50kcal)	과일류	수박, 참외, 딸기	150	1
		사과, 귤, 배, 바나나, 감, 포도, 복숭아, 오렌지, 키위, 파인애플	100	1
		건포도, 대추(말린 것)	15	1
	주스류	과일 음료	100	1

1) 1회 섭취하는 가식부 분량
2) 과일류 50kcal에 해당하는 분량을 1회라고 간주했을 때, 해당 1회 분량에 해당하는 횟수

출처: 한국영양학회(2015). 한국인 영양소 섭취기준

[표 1-6] 우유·유제품의 주요 식품, 1인 1회 분량 및 1회 분량에 해당하는 횟수

	품목	식품명	1회 분량(g)[1]	횟수[2]
우유·유제품 (125kcal)	우유	우유	200	1
	유제품	치즈	20	0.3
		호상 요구르트	100	1
		액상 요구르트	150	1
		아이스크림	100	1

1) 1회 섭취하는 가식부 분량
2) 우유·유제품 125kcal에 해당하는 분량을 1회라고 간주했을 때, 해당 1회 분량에 해당하는 횟수

출처: 한국영양학회(2015). 한국인 영양소 섭취기준

[표 1-7] 유지·당류의 주요 식품, 1인 1회 분량 및 1회 분량에 해당하는 횟수

	품목	식품명	1회 분량(g)[1]	횟수[2]
유지·당류 (45kcal)	유지류	참기름, 콩기름, 커피크림, 들기름, 유채씨기름/채종유, 흰깨, 들깨, 버터, 포도씨유, 마요네즈	5	1
		커피믹스	12	1
	당류	설탕, 물엿/조청, 꿀	10	1

1) 1회 섭취하는 가식부 분량
2) 유지·당류 45kcal에 해당하는 분량을 1회라고 간주하였을 때, 해당 1회 분량에 해당하는 횟수

출처: 한국영양학회(2015). 한국인 영양소 섭취기준

(2) 권장패턴

복잡하게 영양가를 계산하지 않고 영양소 섭취기준을 잘 만족시킬 수 있는 방법이다. 1일 에너지 필요량에 따라 식품군별 섭취횟수를 제시하였으므로 개인의 하루 필요열량을 알면 식품군별 섭취횟수를 확인하여 식단을 작성할 수 있으며 하루에 필요한 영양소 섭취량을 만족시킬 수 있다. 개인의 성별, 연령별 기준으로 권장식사패턴을 다양하게 사용할 수 있다. 영유아·청소년의 성장기를 고려하여

하루 우유 2컵을 섭취하는 형태(권장식사패턴 A: 1,000~2,800kcal)와 하루 우유 1컵을 섭취하는 형태(권장식사패턴 B: 1,000~2,700kcal)를 제시하였다.

[표 1-8] 생애주기별 권장식사패턴 A(우유·유제품 2회 권장)

A 타입						
열량(kcal)	곡류	고기·생선·달걀·콩류	채소류	과일류	우유·유제품	유지·당류
1,000	1	1.5	4	1	2	3
1,100	1.5	1.5	4	1	2	3
1,200	1.5	2	5	1	2	3
1,300	1.5	2	6	1	2	4
1,400	2	2	6	1	2	4
1,500	2	2.5	6	1	2	5
1,600	2.5	2.5	6	1	2	5
1,700	2.5	3	6	1	2	5
1,800	3	3	6	1	2	5
1,900	3	3.5	7	1	2	5
2,000	3	3.5	7	2	2	6
2,100	3	4	8	2	2	6
2,200	3.5	4	8	2	2	6
2,300	3.5	5	8	2	2	6
2,400	3.5	5	8	3	2	6
2,500	3.5	5.5	8	3	2	7
2,600	3.5	5.5	8	4	2	8
2,700	4	5.5	8	4	2	8
2,800	4	6	8	4	2	8

출처: 한국영양학회(2015). 한국인 영양소 섭취기준

[표 1-9] 생애주기별 권장식사패턴 B(우유·유제품 1회 권장)

B 타입						
열량(kcal)	곡류	고기·생선·달걀·콩류	채소류	과일류	우유·유제품	유지·당류
1,000	1.5	1.5	5	1	1	2
1,100	1.5	2	5	1	1	3
1,200	2	2	5	1	1	3
1,300	2	2	6	1	1	4
1,400	2.5	2	6	1	1	4
1,500	2.5	2.5	6	1	1	4
1,600	3	2.5	6	1	1	4
1,700	3	3.5	6	1	1	4
1,800	3	3.5	7	2	1	4
1,900	3	4	8	2	1	4
2,000	3.5	4	8	2	1	4
2,100	3.5	4.5	8	2	1	5
2,200	3.5	5	8	2	1	6
2,300	4	5	8	2	1	6
2,400	4	5	8	3	1	6
2,500	4	5	8	4	1	7
2,600	4	6	9	4	1	7
2,700	4	6.5	9	4	1	8

출처: 한국영양학회(2015). 한국인 영양소 섭취기준

[표 1-10] 성별·연령별 기준에너지

연령	에너지 필요추정량 2015 한국인 영양소 섭취기준		기준에너지 2015 한국인 영양소 섭취기준	
	남자	여자	남자	여자
1~2세	1,000	1,000	1,000A	1,000A
3~5세	1,400	1,400	1,400A	1,400A
6~8세	1,700	1,500	1,900A	1,700A
9~11세	2,100	1,800		
12~14세	2,500	2,000	2,600A	2,000A
15~18세	2,700	2,000		
19~29세	2,600	2,100	2,400B	1,900B
30~49세	2,400	1,900		
50~64세	2,200	1,800		
65세 이상	2,000	1,600	2,000B	1,600B
	2,000	1,600		

출처: 한국영양학회(2015). 한국인 영양소 섭취기준

[표 1-11] 19~64세 여성 권장식단 작성의 예(1,900kcal, B 타입)

메뉴	분량(회)	아침	점심	저녁	간식
		쌀밥 달걀국 땅콩멸치볶음 애호박나물 깍두기	보리밥 팽이버섯된장국 소불고기 콩나물무침 오이소박이	떡국 갈치카레구이 꽈리고추볶음 배추겉절이 양배추샐러드	우유 토마토 귤 포도
곡류	3	쌀밥 210g (1)	보리밥 210g (1)	가래떡 150g (1)	
고기·생선·달걀·콩류	4	달걀 30g (0.5) 건멸치(소) 15g (1) 땅콩 6g (0.2)	소고기 60g (1)	소고기 18g (0.3) 갈치 60g (1)	
채소류	8	애호박 70g (1) 깍두기 40g (1)	팽이버섯 15g (0.5) 양파 35g (0.5) 콩나물 70g (1) 오이 70g (1)	꽈리고추 35g (0.5) 배추 35g (0.5) 양배추 70g (1)	토마토 70g (1)
과일류	2				귤 100g (1) 포도 100g (1)
우유·유제품류	1				우유 200mL (1)

[그림 1-20] 식품구성자전거

출처: 한국영양학회(2015). 한국인 영양소 섭취기준

(3) 식품구성자전거

식품구성자전거는 6가지 식품군 중 과잉 섭취에 주의해야 하는 유지·당류를 제외하고 5가지 식품군을 매일 필요한 만큼 골고루 균형 있는 식사를 해야 한다는 것을 의미하고 있다. 앞바퀴는 매일 충분한 수분을 섭취해야 하는 것을 나타내고 있으며 자전거에 앉아 있는 사람은 매일 신체 활동을 해서 건강을 유지하고 비만을 예방해야 함을 의미하고 있다. 뒷바퀴는 매일 곡류 2~4회, 매일 고기·생선·달걀·콩류 3~4회, 매 끼니 채소류 2가지 이상, 과일류는 매일 1~2개, 우유·유제품은 매일 1~2잔 섭취를 권하고 있다. 유지 당류는 조리 시에 조금씩 사용을 권장하여 2015년 개정에서는 제외하였다(그림 1-20).

(4) 미국의 식사 구성안

2005년 식품피라미드가 고안된 이후 2010년(Dietaryguidelines for Americans) 개정하여 마이 플레이트를 제안하였다. 과일군, 채소군, 곡류군, 단백질식품군, 유제품군을 포함한 5가지 군으로 구분하여 건강한 음식과 음료를 선택하여 식사하

출처: 한국영양학회(2015). 한국인 영양소 섭취기준

도록 실제 접시 형태의 그림으로 나타내었다(그림 1-21).

My Plate가 의미하는 것은 다음과 같다.

- 모든 음식과 음료의 선택에서 다양성, 적절한 양 및 영양에 중점을 둔다.
- 포화지방, 나트륨 및 설탕이 적은 식품 및 음료를 선택하도록 한다.
- 적은 변화로 시작하여 좀 더 건강한 식습관을 만들도록 한다.
  - 과일과 채소로 플레이트의 절반을 채우기
  - 곡류의 반을 전곡류로 채우기
  - 저지방 또는 무지방 유제품 선택하기
  - 다양한 단백질 섭취
  - 적당한 양을 섭취하기
- 모든 사람의 건강한 식생활을 지원한다.

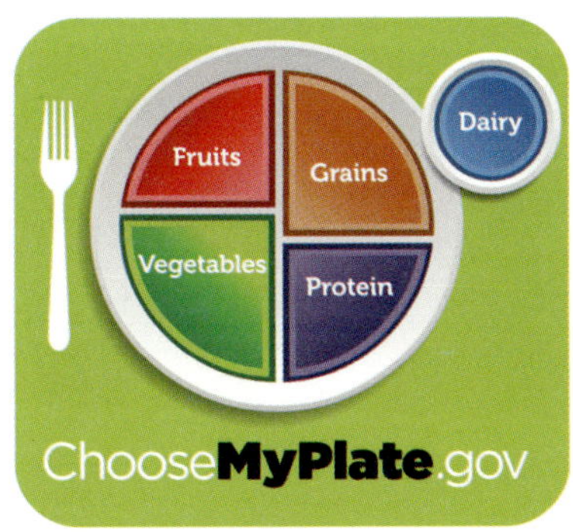

[그림1-21] 미국의 마이피라미드와 마이플레이트

출처: https://www.choosemyplate.gov/brief-history-usda-food-guides

(5) 일본 농림수산청의 식사밸런스 가이드

식사밸런스 가이드 팽이는 주식, 부채, 주채, 우유·유제품, 과일로 구분되어 있으며 물, 차, 과자·기호음료, 운동의 중요성에 대해서도 언급되어 있다. 바람직한 식사의 조합과 양을 알기 쉽게 팽이모양의 Japanese Foodguide Spinning Top을 개발하여 일반인들이 쉽게 이용할 수 있게 하였다(그림 1-22).

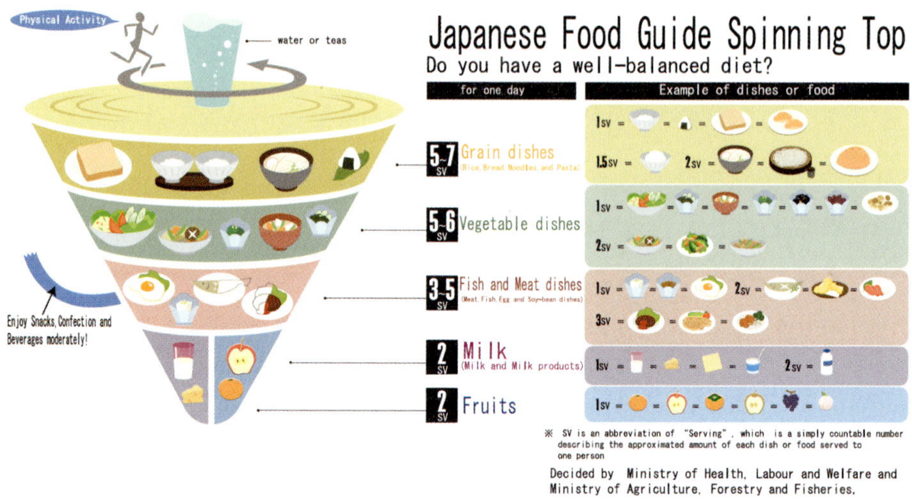

[그림 1-22] 일본의 식사밸런스가이드 팽이(2005)

출처: http://www.maff.go.jp/e/pdf/shokuiku.pdf

3) 식품교환법(Food Exchange System)

1950년경 미국영양사협회(American Dietetic Association)는 식품분석표를 이용하지 않고 영양가를 간단히 계산할 수 있는 식품교환법을 고안했으며, 식품교환법은 당뇨병 환자를 비롯하여 다른 환자에게도 많이 활용되었다.

이에 우리나라 대한영양사협회에서도 미국의 식품교환법을 우리나라의 식품 사정에 맞도록 보완·개정하여 1981년에 발표하였고, 2010년 마지막 개정에 이르게 되었다.

단백질, 탄수화물, 지방, 에너지 조성이 비슷한 식품끼리 묶어서 곡류군, 어육류군, 채소군, 지방군, 우유군, 과일군 등 6가지 식품군으로 나누어 편의상 동일 식품군 내에서 같은 교환단위끼리 상호 교환이 가능하도록 계산하여 제시해 놓은 것이다. 처음에는 당뇨병학회에서 당뇨 환자를 위해 고안하였으나 일상생활에서도 쉽게 이용 가능한 자료이다.

영양소 함량에 대한 계산을 따로 하지 않아도 1단위(1교환단위)당 주요 영양소가 거의 비슷하므로 에너지와 3대 영양소의 산출이 쉽고, 다양한 대치식품을 효과적으로 이용할 수 있으며 에너지 조절된 탄수화물, 단백질, 지방의 비율을 일정하게 유지하면서 균형 있는 분배가 쉬운 장점이 있다. 하지만 식품에 대해 동물성인지 식물성인지 구분하지 않고 식품의 주요 영양소에 따라 구분하여서 탄수화물, 단백질, 지방 이외의 다른 영양소 함량의 차이는 있다.

[표 1-12] 식품교환표

식품군		교환단위	영양소(g)			열량
			당질	단백질	지방	(kcal)
곡류군		밥 70g 1/3공기(소), 떡 50g, 식빵 35g(1쪽), 삶은 국수 90g(1/2공기), 옥수수 생것 70g(1/2개), 감자 140g 1개(중), 고구마 70g 1/2개(중)	23	2		100
어육류군	저지방군	소·돼지·닭고기(순살) 40g(완자 2개), 조기 50g(1토막), 대하 50g, 조갯살 70g 1/3컵(소), 멸치 15g 1/4컵(소)		8	2	50
	중지방군	햄 40g, 달걀 55g 1개(중), 메추리알 40g(5개), 검정콩 20g, 두부 80g(1/5모), 순두부 200g(1/2봉지), 고등어, 꽁치, 갈치, 민어, 장어, 삼치 50g 각각 1토막(소)		8	5	75
	고지방군	갈비(삼겹살) 40g, 닭고기(껍질 포함) 40g, 치즈 30g(1.5장), 고등어, 꽁치 통조림 50g 1/3컵(소)		8	8	100
채소군		당근 70g 1/3개(대), 시금치 70g 1/3컵(익힘), 배추 70g, 배추김치 50g, 오이 70g 1/3개(중), 가지 70g, 깻잎 40g, 무 70g, 미역, 파래, 톳 생것 각각 70g, 김 2g 1장	3	2		20
지방군		땅콩 8g 8개(1큰술), 잣 8g 50알(1큰술), 마요네즈, 옥수수기름, 참기름, 들기름 각각 5g(1작은술)			5	45
우유군	일반우유	우유 200mL, 두유 200mL, 전지분유 25g(5큰술)	10	6	7	125
	저지방 우유	저지방우유(2%) 200mL	10	6	2	80
과일군		사과 80g 1/3개(중), 배 110g 1/4개(대), 귤 120g, 바나나 50g 1/2개(중), 단감 50g 1/3개(중), 딸기 150g 7개(중), 수박 150g 1쪽(중), 사과, 오렌지(무가당), 토마토, 파인애플 주스 각각 100g 1/2컵(소)	12			50

출처: 대한영양사협회(2010). 식품교환표

4) 식단 작성 순서

(1) 1단계

식품교환표를 이용한 식단 작성의 방법은 다음과 같다.

총 에너지와 당질, 지질, 단백질의 필요량을 산정한다. 에너지 구성비는 2015년 한국인 영양소 섭취기준에 의한 당질 55~65% : 단백질 7~20% : 지질 15~30%의 비율에 따른다.

> 예) 총 에너지 2,100kcal(19~29세, 여)의 에너지 구성 비율(60%: 20%: 20%)
> 당질량: 2,100 × 0.6 / 4 = 315g
> 단백질량: 2,100 × 0.2 / 4 = 105g
> 지방량: 2,100 × 0.2 / 9 = 47g

(2) 2단계

식품군별 단위 수를 결정한다.

1일 식품교환단위 수는 우유군, 채소군, 과일군 → 곡류군 → 어육류군 → 지방군 순으로 결정한다.

① 개인의 기호와 식성을 참조하여 우유군, 채소군, 과일군의 단위 수를 결정한다.

> 예) 우유군: 1교환단위(일반우유) / 채소군: 8교환단위 / 과일군: 2교환단위

② 우유군, 채소군, 과일군의 당질, 단백질, 지질의 양을 계산한다.

③ 곡류군 교환단위를 결정한다. 우유군(10g), 채소군(24g), 과일군(24g)의 당질 함량을 315g에서 뺀다(315−58g). 곡류 1교환단위 당질 함량 23g으로 나누어서(257g/23) 곡류의 교환단위(11)를 결정한다.

④ 어육류군 교환단위 수를 결정한다. 우유군(6g), 채소군(16g), 곡류군(22g)의 단백질 함량을 105g에서 뺀 다음 어육류 1교환단위 단백질양 8g으로 나누어서(61g/8) 어육류군의 교환단위 수(7.6)를 결정한다.

⑤ 우유군(7g), 어육류군(26g)의 지방함량을 47g에서 뺀 다음 지방 1교환 단위의 지방량 5g으로 나누어서(14g/5) 지방 교환단위 수(2.8)를 결정한다.

(3) 3단계

끼니별 교환단위 수를 배분한다.

(4) 4단계

식품교환표를 활용하여 기호와 질병에 따라 식품의 종류를 선택한다.

(5) 5단계

조리법을 정해서 식단을 완성한다.

[표 1-13] 2,100kcal(19~29세, 여) 작성 예

식품교환군		교환 단위 수	당질(g)	단백질(g)	지방(g)	에너지(kcal)
우유군	일반우유	1	10	6	7	125
채소군		8	3×8=24	2×8=16		20×8=160
과일군		2	12×2=24 (315−58=257)			50×2=100
곡류군		11	257/23	2×11=22 (105−44=61)		100×11=1100
어육류군	저지방	4		8×4=32	2×4=8	50×5=250
	중지방	3.6		8×3.6=28.8	5×3.6=18 (47−33=14)	75×2.8=210
지방군		2.8			14/5	45×2.8=126
			315	105	47	2071

제 2 장

소화와 흡수

1. 소화
2. 소화과정
3. 소화기관의 기능 및 영양소별 흡수과정

1 소화

분자상태가 큰 음식물은 섭취 시 대부분 그 상태로 인체 내에 흡수되지 못하므로 흡수되기 쉬운 작은 상태로 쪼개어 체내에 유입시킨다. 이것을 소화라 하며 이런 과정을 소화작용(digestion)이라 한다.

2 소화과정

인체 내 소화과정은 2가지로 구분할 수 있다. 첫째는 기계적 소화과정이며, 둘째는 화학적 가수분해 작용이다. 기계적 소화과정이라 함은 구강 내에서의 저작운동이나 소화관에서의 운동을 말하며, 화학적 가수분해 작용은 소화효소에 의한 작용을 말한다.

3 소화기관의 기능 및 영양소별 흡수과정

소화기관(digestive system)이란 구강에서부터 식도를 거쳐 위, 소장(십이지장, 공장, 회장), 대장(결장, 맹장, 직장), 항문까지 약 9m 길이의 기관을 말하며, 이외에 타액선과 소화관에 연결되어 소화액을 제공하는 간과 췌장도 소화와 관련 있는 기관이라 말한다.

음식물은 이러한 소화기관을 거쳐 작은 입자로 분해하여 영양소로 만들어 세포내로 흡수된다.

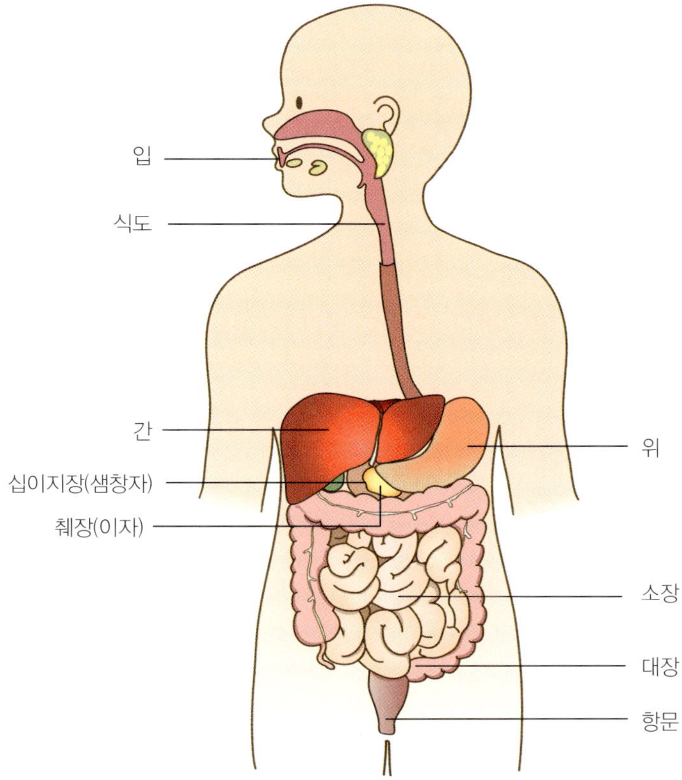

[그림 2-1] 소화기관의 종류

출처: 서울대학교병원 신체기관정보

1) 소화기관의 기본 기능

① 소화(digestion): 거대분자의 음식물을 잘게 부수어 흡수되기 쉬운 상태로 만드는 과정

② 흡수(absorption): 소화된 영양소의 최종분해산물이 소화관 내 점막을 통해 체내로 유입되는 과정

③ 운동(motility): 소화와 흡수를 위해 분쇄하고 혼합한 후 운반하는 과정

④ 분비(secretion): 소화와 흡수를 돕기 위해 소화액이나 호르몬을 방출하는 과정

2) 소화기관별 세부 기능

(1) 구강과 식도

구강과 식도는 음식물을 처음으로 받아들이는 기관이며 치아의 저작(mastication) 운동을 통해 음식물을 잘게 부수고 구강 내에서 분비되는 타액과 혼합되어 식도로 이동하기 쉽게 한다. 이런 이동작용을 **연하작용**이라 하며 구강에서 연하작용에 의해 식도로 밀려 내려온 음식물은 식도 내에서 연동운동에 의해 위로 이동하게 된다.

연동운동은 소화관의 모든 부위에서 일어나며 소화관 내 음식물의 이동 시 일어나는 현상으로 구강에서 항문 방향으로 진행되며 구토 시에는 역방향으로 나타난다.

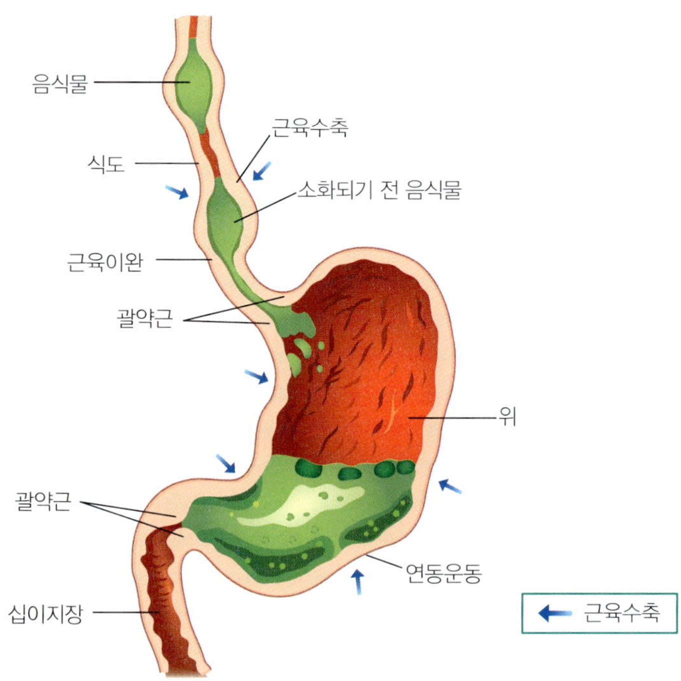

[그림 2-2] 식도에서의 연하작용과 연동운동

(2) 위

식도와 소장(십이지장) 사이에 커다랗게 오른쪽으로 처진 듯한 J자 주머니 모양의 기관으로 왼쪽 위의 복강 내 위치하며 최대 용량은 약 1,500cc 정도이다.

위는 위저부와 위체부, 소장 쪽에 위치하는 유문 세 부위로 크게 나눈다.

위로 들어온 음식물은 위에서 분비되는 분비물(염산: 벽세포 자극에 의해 분비)과 연동운동에 의해 혼합되어 죽과 같은 모양으로 되는데 이를 미즙(chyme)이라 하며 강산성을 띠고 있다.

식도의 말단과 위의 위저부 위쪽에는 **하부식도괄약근**이 있어 음식물을 위로 보내는 동시에 위에서 역류를 막아주는 기능을 하며, 유문과 십이지장 사이에는 **유문괄약근**이 있어 위에서 분해된 음식물을 소장으로 내려보내는 기능을 한다.

[표 2-1] 위 내 세포별 분비물질과 기능

세포명	분포위치	분비물질	기능
목점액세포	위 전체, 위선 입구	알칼리 점액	위액으로부터 점막상피세포 보호 중탄산염을 함유하는 형태로 점막장벽 형성
벽세포	근위부 점막	염산 내인자물질	펩시노겐 활성화로 단백질 분해 비타민 B_{12}(코발라민: cobalamin) 흡수 촉진
주세포	근위부 점막	펩시노겐	단백질 분해
G세포	원위부	가스트린	벽세포와 주세포를 자극하여 위산 분비 촉진, 소장과 대장의 운동 자극
장크롬친화세포	위선	히스타민	벽세포 자극하여 위산 분비
D세포	위선	소마토스타틴	벽세포와 G세포에서의 위액 분비 억제

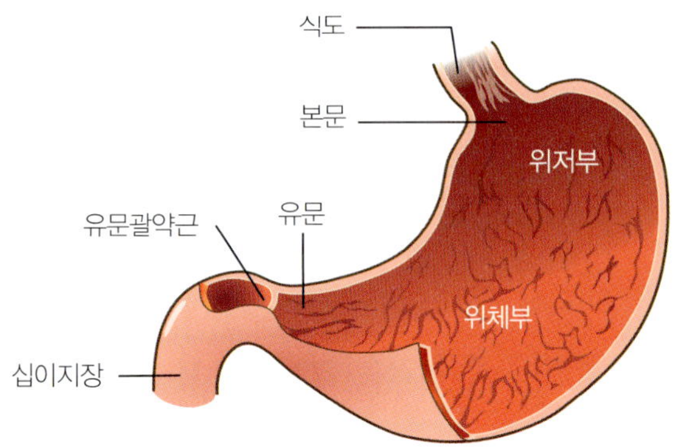

[그림 2-3] 위의 내부 구조

세 상(phase)으로 구분되어 조절되는 위의 운동성과 분비

1. 뇌상(cephalic phase): 미주신경을 통한 반사기전에 의한 운동성
2. 위상(gastric phase): 위 내에 채워진 음식물로 늘어난 위벽에서 발생하는 내인성 또는 신경반사작용으로 분비된 위액과 미즙 내 단백질에 의해 G세포로부터 분비되는 가스트린 호르몬(염산과 펩시노겐 분비 촉진)에 의한 운동성
3. 장상(intestinal phase): 뇌상과 위상의 활동을 억제하여 소장으로 미즙이 들어가면 **세크레틴**(secretin), **콜레시스토키닌**(CCK: cholecystokinin), **위억제펩티드**(GIP: Gastrin Inhibitory Peptide) 호르몬의 분비로 위의 운동성을 억제

[표 2-2] 세 상(phase)에서 분비되는 호르몬들의 기능

호르몬	분비장소	분비기능
가스트린(gastrin)	위의 G-세포	위산 분비 촉진, 소장과 대장의 운동 자극
콜레시스토키닌(CCK: cholecystokinin)	소장	세크레틴의 작용 촉진, 췌장의 소화효소 분비 촉진, 담낭 수축 자극
세크레틴(secretin)		위산분비와 위 수축 억제, 췌장과 간의 중탄산염 분비 촉진, CCK 작용 촉진
위억제펩티드 (GIP: gastrin inhibitory peptide)		인슐린 분비 촉진

(3) 췌장(이자)

췌장(이자)은 위의 유문부 바로 아래에 위치하며 중탄산염과 소화효소를 함유하고 있는 수용성 액체인 췌장액을 분비한다.

중탄산염은 위에서부터 내려온 산성의 미즙을 소장 내에서 중화시켜 소화에 도움을 준다. 이외에 소화효소인 췌장 아밀라아제는 탄수화물의 소화를 도와주며 췌장 리파아제는 지방의 소화를 돕는다.

(4) 간

간의 위치는 횡격막과 위, 십이지장, 횡행결장 등에 접해 있으며 두 개의 분리된 엽으로 이루어져 있고 성인의 경우, 크기는 약 1.2kg 정도이다.

① 간의 기능

첫째, 담즙분비기능이다.

중탄산염과 담즙산염으로 이루어진 담즙을 간에서 합성하고 농축시켜 담낭에 저장하였다가 소장으로 보낸다. 담즙의 분비량은 약 1L/1일이며, 담즙 내 중탄산염은 산성인 미즙을 중화시키는 데 영향을 주며 담즙산염은 지방의 소화와 흡수에 도움을 준다.

과량의 빌리루빈과 콜레스테롤이 장기간 분비되면 간에서 담석이 생길 수도 있고 이러한 담석은 크기에 따라서 담즙의 흐름을 방해하기도 한다.

둘째, 영양소의 대사작용과 저장기능이다.

간은 혈중 내 포도당 농도를 조절하고 글리코겐과 지방, 일부 비타민을 저장한다.

셋째, 해독작용과 노폐물 배출작용이다.

알코올, 호르몬, 약, 기타 이물질들은 간에서 해독되어 파괴되며 빌리루빈은 담즙으로 분비되어 대변과 함께 배출되고 콜레스테롤은 담즙으로 분비되어 소량은 배출되고 나머지 대부분은 소장에서 재흡수된다.

넷째, 혈장 내 단백질의 합성작용이다.

간에서 합성되는 단백질이 정상적으로 생산되지 못하면 알부민의 경우 체액의 불균형을 초래하며 피브리노겐은 혈액응고, 기타 다른 단백질들은 호르몬 운반체 역할에 악영향을 끼치게 된다.

(5) 소장

소장의 굵기는 약 2.5~3cm이며 길이는 6~7m 정도로 대장보다 길이가 약 3배 이상 된다. 그러나 굵기가 대장보다 작아 소장이라 부르며 위치와 길이에 따라 십이지장과 공장, 회장 세 부분으로 나눈다.

십이지장은 25cm 정도의 길이로 위의 하단 유문괄약근 다음, 소장의 맨 앞부분에 위치하고 있으며 소화액이 가장 많이 모이는 곳이다.

공장과 회장은 소장의 대부분을 차지하는데 이 둘의 길이는 305cm 정도로 길고 복강 내에서 꼬여 있는 상태로 존재한다.

소장의 주요 기능은 음식물의 소화와 흡수에 중요한 영향을 미치며 위에서 내려온 산성의 미즙이 십이지장에서 알칼리 점액과 함께 섞여 중화되고 이자액과 쓸개즙의 여러 소화효소에 의해 장점막에 흡수되어 최적의 상태로 바뀐다. 이때 위 배출시간이 빠르거나 산도가 강한 미즙을 중화시키는 점액물질의 분비 능력에 따라 이상이 생길 경우 십이지장 궤양이 발생할 수 있다.

소장에서는 분절운동과 연동운동을 통해 소장 내 내용물을 섞어 이동시켜주는데, 십이지장은 길이가 짧고 원활한 연동운동으로 흡수는 일어나지 않는다. 그러나 칼슘과 철분은 십이지장에서 거의 흡수되고 공장을 거쳐 회장에서는 소화되고 흡수된 나머지를 대장으로 밀어낸다.

소장 점막은 주름이 잡힌 모양으로 내벽을 싸고 있고 주름의 표면은 융모(villi)로 덮여 있다. 혈관과 림프관이 있는 부위를 둘러싸고 있는 융모는 세포의 표면적을 넓혀주는 역할을 함으로써 소화된 내용물의 흡수율을 증가시키게 된다.

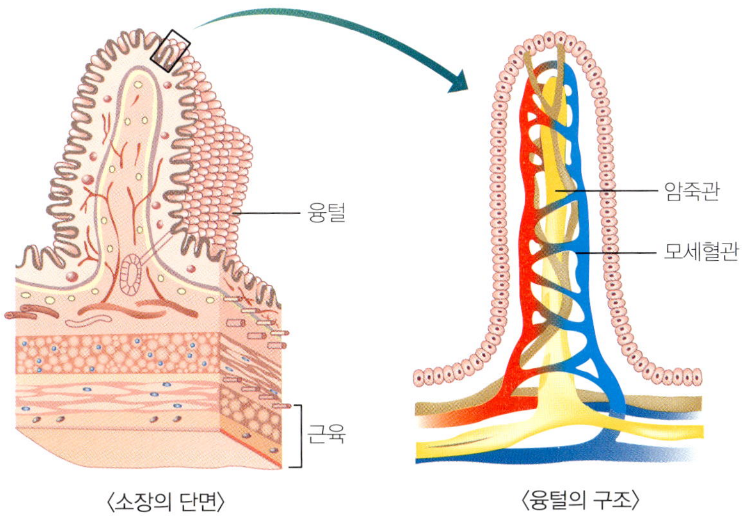

[그림 2-4] 소장의 단면구조와 융모의 구조

① 소장에서의 영양소의 종류에 따른 소화와 흡수

가. 탄수화물의 소화와 흡수

섭취된 음식물 중 탄수화물은 구강 내 타액 아밀라아제에 의해 분해가 시작되나 음식물이 입안에 머무는 시간이 짧아 영향력이 크지는 않다. 그러나 음식물과 함께 위로 보내진 타액 아밀라아제는 지속적으로 위에서 소화작용에 관여하며 소장에서 분비되는 췌장 아밀라아제에 의해 복합탄수화물을 이당류와 삼당류로 분해시키고 말타아제(maltase), 수크라아제(sucrase), 락타아제(lactase)의 효소에 의해 단당류로 분해되어 이차 능동운반에 의해 세포 내로 운반된다.

나. 단백질의 소화와 흡수

음식물 내 단백질을 소화하는 효소가 구강 내에서는 존재하지 않아 소화가 이루어지지 않고 그대로 위로 내려보내진다. 그러나 위에서는 펩신이라는 단백질 분해효소의 분비로 단백질의 소화가 시작되며 소장에서는 단백질 분해효소인 프로테아제에 의해 좀 더 작은 단백질이나 펩티드 또는 아미노산으로 분해되어 세포 안으로 흡수된다. 흡수방법은 탄수화물과 마찬가지로 이차 능동운반기전에 의해 이루어진다.

다. 지방의 소화와 흡수

지방은 위와 소장의 연동운동과 분절운동에 의해 크기가 작아지고 간과 담낭에서 생성된 담즙산염에 의해 소장에서 소화가 시작된다.

담즙산염은 물에 잘 녹지 않아 소장 내에서 다른 콜레스테롤과 함께 미셀(micelle) 구조로 이루어져 있고 담즙산염은 유화기능이 있어 지방을 흩어지게 한다. 이때 췌장 리파아제에 의해 유리지방산과 모노글리세리드로 분해되고 미셀(micelle)과 함께 운반되어 소장 점막세포의 표면으로 이동된다. 이동 후 유리지방산과 모노글리세리드는 세포 내에서 다시 지방으로 재합성되어 유미미립(chylomicron)을 형성하는데 유미미립은 80%의 지방과 기타 콜레스테롤, 인지질, 지용성 비타민으로 구성되고 겉면은 수용성 인지질과 단백질로 둘러싸이게 된다.

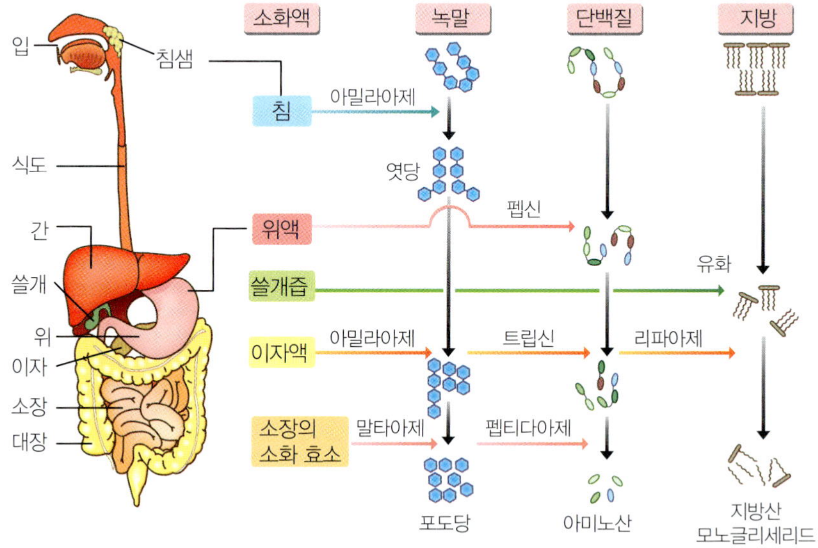

[그림 2-5] 영양소의 소화와 흡수

라. 콜레스테롤의 흡수

소장 내 담즙산염과 함께 미셀을 형성하여 소장의 점막세포 안으로 이동하고 점막세포 내에서 지방과 함께 유미미립을 형성한 후 림프관을 통해 혈액 내로 유입된다.

마. 비타민의 흡수

수용성 비타민은 소장 내 융모의 모세혈관으로 흡수되고 지용성 비타민은 담즙산염과 함께 미셀을 이루어 콜레스테롤과 같이 지방과 유미미립을 형성한 후 림프관을 통해 혈액 내로 유입된다. 이처럼 대부분의 비타민은 소장에서 흡수되나 비타민 B_{12}는 위의 벽세포에서 분비되는 내인자와 결합하여 회장에서 흡수된다.

바. 물과 무기질의 흡수

소장 내 점막세포는 물에 대한 투과성이 매우 커서 섭취한 물의 95%는 소장에서 흡수된다. 미즙 내 가장 많은 양의 Na^+의 흡수 또한 소장 상부에서 능동적 이동에 의해 흡수된다. Na^+의 균형 유지를 위해 Cl^-는 회장과 결장에서 능동적으로 흡수되고 K^+는 수동적으로 대부분 흡수되고 일부는 분비되기도 한다.

(6) 대장

대장은 복부 가운데에 위치하며 소장에서 항문까지 약 150cm 길이로 되어 있는 파이프 관모양의 장기로 복강 내 한 바퀴를 돌듯이 위치하고 있으나 길이와 꼬임은 소장보다 짧고 덜 꼬여 있는 소화기관의 마지막 장기이다.

대장의 구성은 결장(맹장, 상행결장, 횡행결장, 하행결장, S상결장)과 직장, 항문으로 이루어져 있다.

대장의 기능은 소장에서 흡수되고 남은 영양소와 수분 및 전해질을 흡수하는 것이며 셀룰로오스와 펙틴 같은 일부 식이섬유를 소화시켜 가스(수소, 메탄, 탄산가스)를 발생시키고 유기산(낙산 등)을 만들어 결장 내 점막세포의 에너지원으로 사용할 수 있도록 하며 이러한 발효와 분해과정의 산물로 대변을 형성한다. 또한, 특정 박테리아에 의해 비타민 K를 합성하기도 한다.

대장에서는 위나 소장보다 이동속도가 느리나 분절운동과 연동운동에 따라 대변이 직장으로 이동하고 직장 내 근육의 수축과 항문 내 근육의 이완에 의해 변의를 느끼고 배변활동이 일어난다.

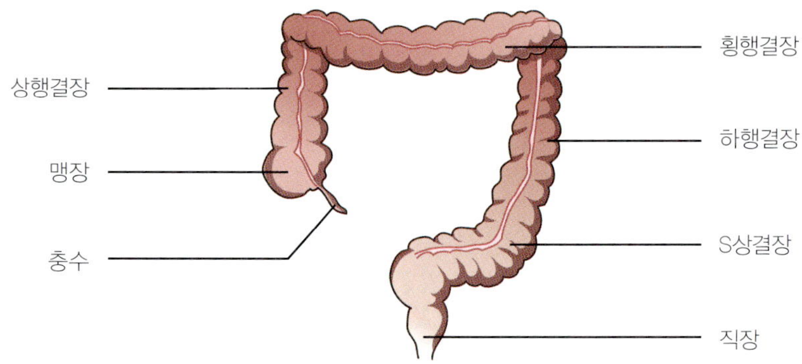

[그림 2-6] 대장의 구조

제 3 장

탄수화물

1. 탄수화물의 분류
2. 탄수화물의 체내 기능
3. 탄수화물의 소화와 흡수
4. 탄수화물의 대사
5. 탄수화물 섭취와 건강
6. 탄수화물의 영양소 섭취기준

탄수화물은 탄소(C), 수소(H), 산소(O)가 1:2:1로 구성되며, 1g당 4kcal의 열량을 낸다. 여분의 당은 간과 근육의 글리코겐, 지방조직의 지방으로 저장된다. 식물의 광합성 작용에 의해 합성된 전분이 탄수화물의 주를 이루며, 밥, 빵, 감자 등을 통해 섭취할 수 있다.

1 탄수화물의 분류

탄수화물은 체내에서 소화되어 흡수될 수 있는 단당류(monosaccharides), 두 개의 단당류가 결합한 이당류(disaccharides), 3~10개의 단당류가 결합한 올리고당류(oligosaccahrides), 마지막으로 다수의 단당류가 결합한 다당류(polysaccharides)가 있다.

1) 단당류(monosaccharides)

탄수화물을 가수분해하면, 더 이상 분해되지 않는 단당류(monosaccharides)가 된다. [그림 3-1]에 대표적인 단당류인 포도당(glucose), 과당(fructose), 갈락토오스(galactose), 리보오스(ribose), 디옥시리보오스(deoxyribose)를 나타내었다. 이중 포도당, 과당, 갈락토오스는 탄소수가 6개인 육탄당으로 $C_6H_{12}O_6$의 분자식을 가진다. 리보오스와 디옥시리보오스는 대표적인 오탄당으로 핵산(DNA, RNA)의 구성 성분이다. 자연계에 존재하는 단당류는 주로 사슬형태와 고리형태로 존재하며, 체내에서는 주로 고리형태로 존재한다. 또한 광학활성도에 따라 D-형과 L-형의 두 가지 형태가 존재하며, 체내에서는 D-형이 대사되고, 대사되지 않는 L-형은 에너지를 내지 않는 대체감미료로 사용된다(그림 3-1).

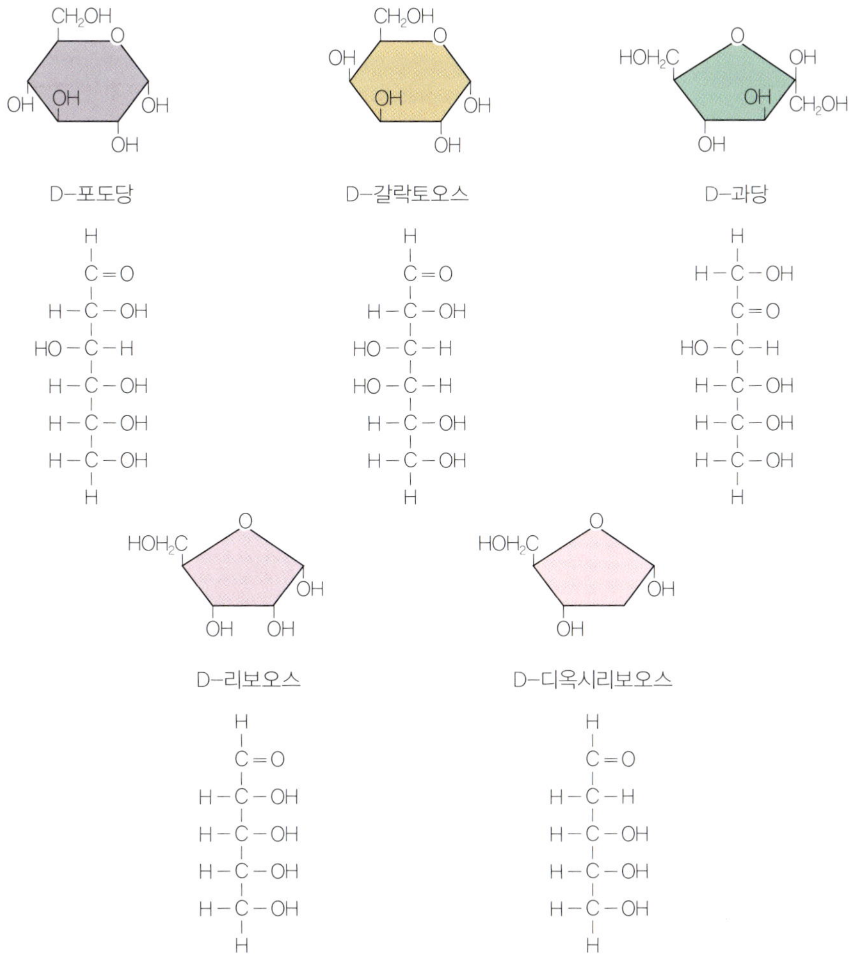

[그림 3-1] 단당류의 구조

뇌와 적혈구의 에너지원이며 혈당의 급원인 포도당(glucose)은 알데히드기를 가진 알도오스(aldose) 형태를 띠며, 체내 탄수화물 대사의 중심 물질로 주요 에너지 급원이다. 과당(fructose)은 케톤기를 가진 케토오스(ketose)로 과일, 벌꿀 등에 존재하며 단당류 중 가장 단맛이 강하며, 다음으로 포도당, 갈락토오스 순이다. 갈락토오스(galactose)는 주로 포도당과 결합하여 유당으로 존재하며, 특히, 뇌와 신경조직의 당단백질과 당지질의 구성성분으로 영유아의 두뇌발달에 중요하다(표 3-1).

[표 3-1] 단당류의 특징

분류	형태	특징
육탄당	포도당	• 알도오스 • 당대사의 중심물질 • 과일즙, 전분, 꿀 등의 가수분해 산물
	과당	• 케토오스 • 단당류 중 단맛이 가장 강함 • 과일, 채소, 꿀, 고과당 옥수수시럽 등에 존재
	갈락토오스	• 알도오스 • 포도당과 결합하여 유당으로 존재 • 뇌와 신경조직의 구성성분
오탄당	리보오스	• 알도오스 • RNA의 구성성분
	디옥시리보오스	• 알도오스 • DNA의 구성성분

2) 이당류(disaccharides)

단당류 2개가 글리코시드(glycoside) 결합하여 이루어진 당을 이당류라고 하며, 자연계에 주로 존재하는 이당류에는 맥아당(maltose), 서당(sucrose), 유당(lactose)이 있다(그림 3-2).

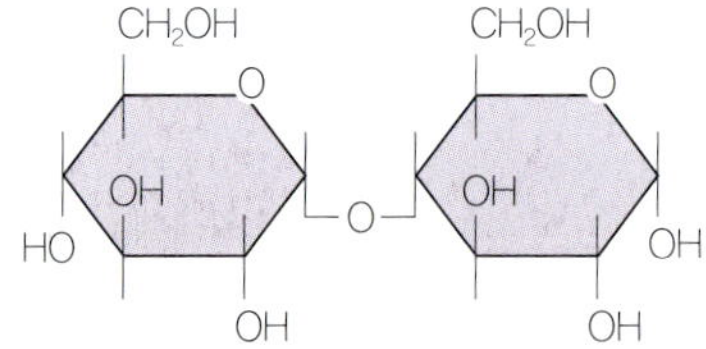
맥아당: 포도당 + 포도당
(α-1,4 결합)

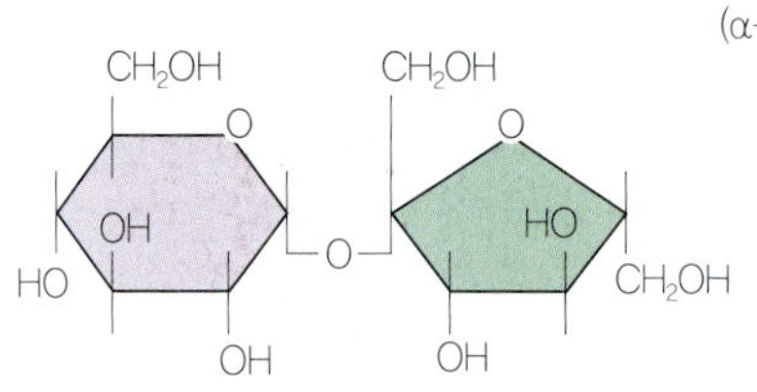
서당: 포도당 + 과당
(α-1,2 결합)

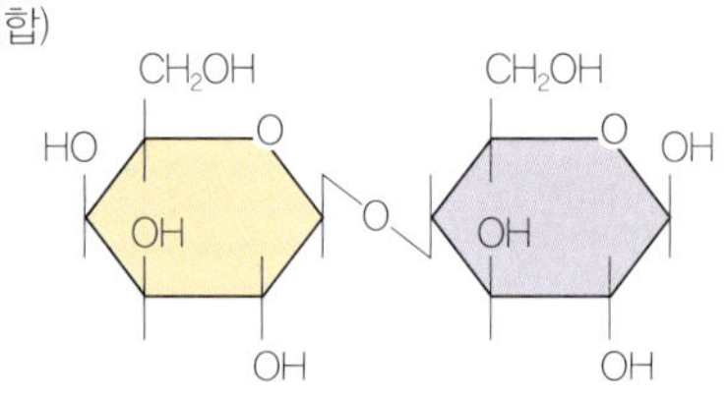
유당: 갈락토오스 + 포도당
(β-1,4 결합)

[그림 3-2] 이당류의 구조

서당(sucrose)은 과일, 채소, 설탕에 존재하며 포도당과 과당이 α−1,2 결합하여 이루어진 비환원당이다. 맥아당(maltose)은 엿기름에 존재하며 두 개의 포도당이 α−1,4 결합하여 이루어진 환원당이다. 유당(lactose)은 포도당과 갈락토오스가 β−1,4 결합하여 이루어진 환원당으로 유당분해효소인 락타아제(lactase)의 활성이 저하되거나 부족하여 소화가 안 되는 유당불내증을 유발하기도 한다(표 3-2).

[표 3-2] 이당류의 특징

이당류	특징
서당	• 포도당 + 과당(α−1,2 결합) • 비환원당 • 과일, 채소, 설탕 등에 존재
맥아당	• 포도당 + 포도당(α−1,4 결합) • 환원당 • 엿기름에 존재
유당	• 포도당 + 갈락토오스(β−1,4 결합) • 환원당 • 유즙에 존재

3) 올리고당(oligosaccharides)

3~10개의 단당류가 결합한 당을 올리고당(oligosaccharides)이라 하며 라피노오스(raffinose), 스타키오스(stachyose), 프락토올리고당(fructooligosaccharides), 이소말토올리고당(isomaltooligosaccharides), 갈락토올리고당(galactooligosaccharides) 등이 속한다.

라피노오스는 갈락토오스−포도당−과당이 결합하여 이루어진 올리고당이며, 스타키오스는 갈락토오스−갈락토오스−포도당−과당이 결합하여 이루어진 올리고당으로 이들 올리고당은 콩, 팥, 밀기울, 통곡에 함유되어 있다.

올리고당은 이를 분해할 수 있는 체내 소화효소가 없어 소화·흡수되지 않으므로 에너지를 생성하지 않아 다이어트 효과가 있다. 또한 단맛을 내며 소화되지 않은 상태로 장까지 이동하여 장내 유익균의 먹이가 되어 정장작용을 한다. 이러한 올리고당의 여러 기능들로 인해, 올리고당은 기능성 식품소재로 사용되기도 한다.

4) 다당류(polysaccharides)

단당류가 10개 이상에서 수천 개 모인 탄수화물을 다당류(polysaccharides)라 하며, 다당류는 그 원료에 따라 식물성 다당류인 녹말과 식이섬유소, 동물성 다당류인 글리코겐으로 나뉜다.

(1) 식물성 다당류

식물성 다당류는 소화 유무에 따라 소화성 다당류인 전분과 난소화성 다당류인 식이섬유소로 나뉜다.

전분은 저장성 다당류로 결합 형태에 따라 아밀로오스(amylose)와 아밀로펙틴(amylopectin)으로 나뉜다(그림 3-3). 아밀로오스는 α-1,4 결합으로만 연결된 긴 사슬형태를 이루는 반면, 아밀로펙틴은 α-1,4 결합의 사슬구조 중간중간에 α-1,6 결합이 존재하여 긴 사슬 중간중간에 가지를 가진 구조를 띤다. 곡류, 감자 등 식품에 아밀로오스와 아밀로펙틴은 1:4의 비율로 주로 존재하며, α-아밀라아제(α-amylase)에 의해 가수분해되는 소화성 다당류이다.

식이섬유소는 식물의 뿌리나 열매에 존재하는 저장성 다당류인 전분과 달리, 식물의 세포벽에 존재하며, β-1,4 결합을 하고 있어 α-아밀라아제(α-amylase)에 의해 가수분해되지 않는 난소화성 다당류이다. 체내에서 소화가 안 되므로 비만, 변비, 게실증 등을 예방하는 데 효과가 있다. 식이섬유소는 물에 용해되는 수용성 섬유소와 물에 용해되지 않는 불용성 섬유소로 나뉠 수 있다(표 3-3). 펙틴, 검 등과 같은 수용성 섬유소는 물에 쉽게 용해되어 팽창하므로 만복감을 주며, 소장에서의 영양소(당, 콜레스테롤, 무기질 등) 흡수를 억제하여 혈당 상승을 지연시키고, 혈중 콜레스테롤 농도를 감소시키는 효과가 있다.

셀룰로오스, 헤미셀룰로오스, 리그닌 등의 불용성 섬유소는 변의 용적과 배변 속도를 증가시켜 변비에 효능이 있는 것으로 알려져 있다.

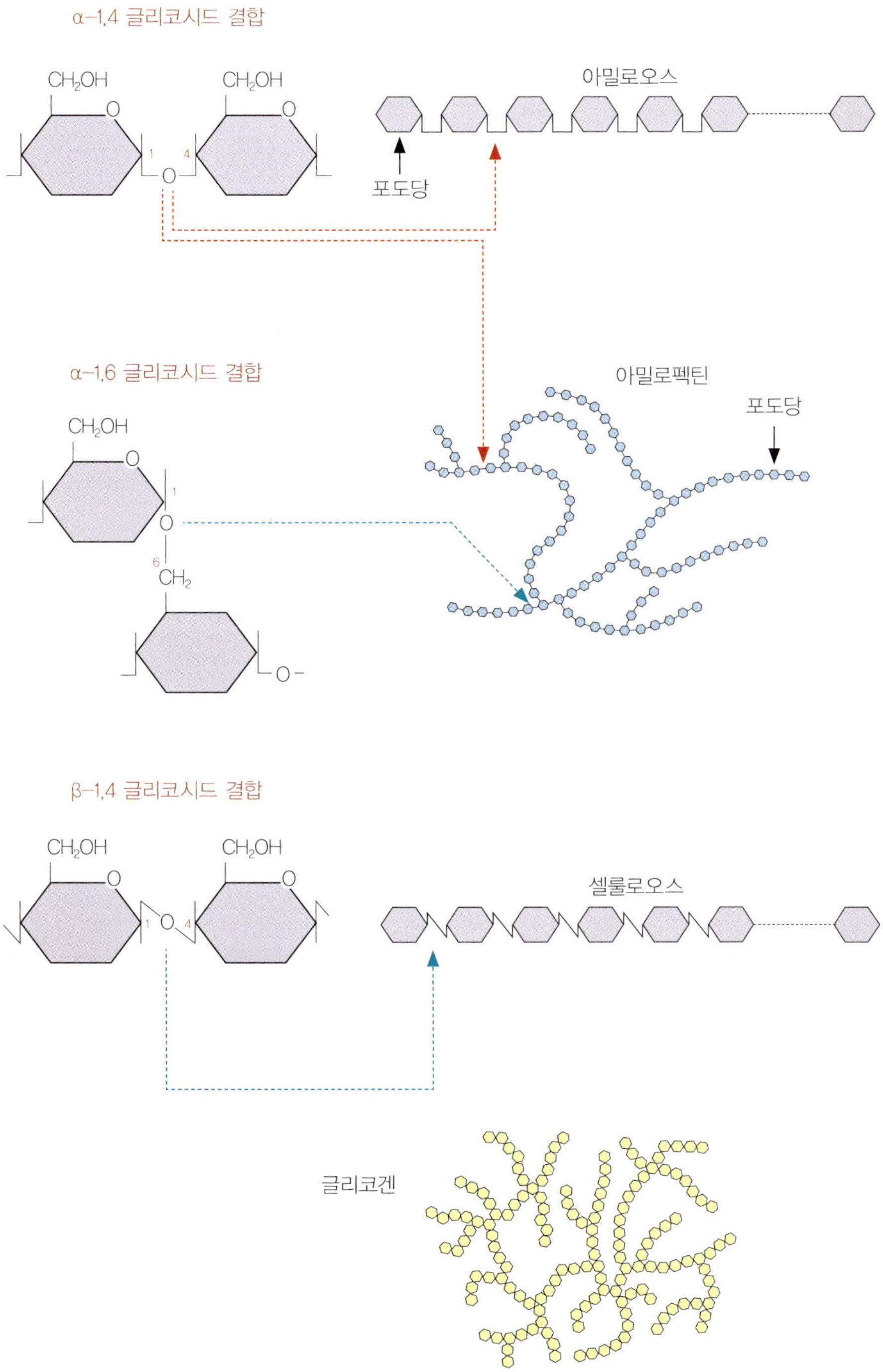
α-1,4 글리코시드 결합
CH2OH
O
CH2OH
O
1
4
O
아밀로오스
포도당
α-1,6 글리코시드 결합
CH2OH
O
1
O
6
CH2
O-
아밀로펙틴
포도당
β-1,4 글리코시드 결합
CH2OH
O
CH2OH
O
1
O
4
셀룰로오스
글리코겐

[그림 3-3] 다당류의 구조

[표 3-3] 수용성 섬유소와 불용성 섬유소

분류		급원식품	기능
수용성	펙틴, 검	두류, 보리, 귀리, 과실류, 근채류	• 만복감 • 혈당상승 지연 • 혈청 콜레스테롤 감소
	뮤실리지, 헤미셀룰로오스 일부	보리, 귀리, 두류	
	해조다당류	해조류	
불용성	셀룰로오스	통밀, 현미, 보리, 두류 등의 곡류와 채소류의 세포벽	• 변의 용적 증가 • 배변속도 증가 • 변비 예방
	헤미셀룰로오스		
	리그닌		

(2) 동물성 다당류

동물성 다당류인 글리코겐(glycogen)은 간과 근육에 저장된다. 글리코겐의 구조는 아밀로펙틴과 같이 가지가 많은 구조로 되어 있다(그림 3-3). 간에 저장된 글리코겐은 혈당이 저하되었을 때 포도당 신생합성과정에 의해 포도당을 합성하여 혈당조절에 관여한다.

2 탄수화물의 체내 기능

탄수화물은 단당류로 분해·흡수된 후, 문맥을 거쳐 간으로 운반되면 대부분 포도당으로 전환되어 대사되므로, 탄수화물의 체내 기능은 포도당의 체내 기능을 의미한다.

1) 열량 공급

탄수화물은 1g당 4kcal의 열량을 공급한다. 특히, 뇌, 적혈구, 신경세포는 포도당을 주 에너지원으로 이용하므로 이들 세포의 기능을 유지하기 위해서는 일정량 이상의 포도당 섭취는 필수이다. 여분의 당은 간과 근육에 글리코겐으로 저장되거나 지방조직에 지방으로 저장된다.

2) 단맛 제공

탄수화물은 그 종류에 따라 단맛의 종류나 강도가 다르다. 예를 들어 설탕의 당도를 '1'이라 할 때, 과당 '1.7', 포도당 '0.7', 맥아당 '0.4', 유당 '0.2'로 나타났다. 그뿐만 아니라 탄수화물은 식품의 물성을 변화시키는 성질이 있어 음료수, 사탕, 잼 등의 식품 제조, 가공에도 이용된다.

3) 단백질 절약작용

탄수화물 섭취 부족으로 혈당이 감소하면 혈당을 일정하게 유지하기 위해 당신생합성과정이 일어나는데, 간과 신장에서 단백질 등으로부터 당신생합성과정이 진행된다. 즉, 장기간의 금식이나 기아상태로 인해 체단백질이 손실됨으로써 급격한 체중감소가 초래된다. 따라서 탄수화물을 충분히 섭취함으로써 단백질이 당신생합성과정에 사용되지 않으므로 단백질을 절약하는 효과가 있다.

4) 케톤증 예방

기아, 조절되지 않는 당뇨병 환자, 저탄수화물식을 했을 때 체내에서는 포도당 신생합성 과정이 활발히 진행된다. 또한 혈당감소로 인해 인슐린 분비가 감소하면서 지방이 분해되어 다량의 아세틸 CoA가 생성된다. 이렇게 생성된 아세틸 CoA는 옥살로아세트산과 반응하여, TCA 회로로 들어가 에너지를 생성하게 된다. 그러나, 옥살로아세트산은 혈당 감소로 인해 포도당 신생합성과정에 사용됨으로써 아세틸 CoA와 반응해야 하는 옥살로아세트산이 부족하여 아세틸 CoA가 TCA 회로로 들어갈 수 없게 된다. TCA 회로로 들어갈 수 없는 아세틸 CoA는 아세토아세트산, β-히드록시부티르산, 아세톤과 같은 케톤체를 다량 생성하여 케톤증을 유발한다(그림 3-4).

이렇게 생성된 체톤체들은 뇌, 근육, 심장 등의 에너지원으로 사용되며 케톤체 농도 상승에 의해 혈액의 pH가 낮아지는 산혈증이 나타나고 호흡에서 아세톤 냄새가 나며 호흡곤란, 대사이상, 혼수상태에 빠지게 된다. 케톤증을 예방하기 위해서는 최소 100g/일 이상의 탄수화물 섭취가 필요하다.

케톤체 대사

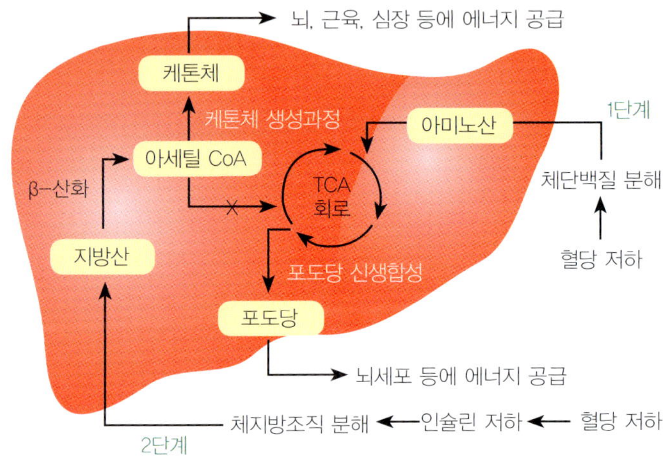

케톤체 생성

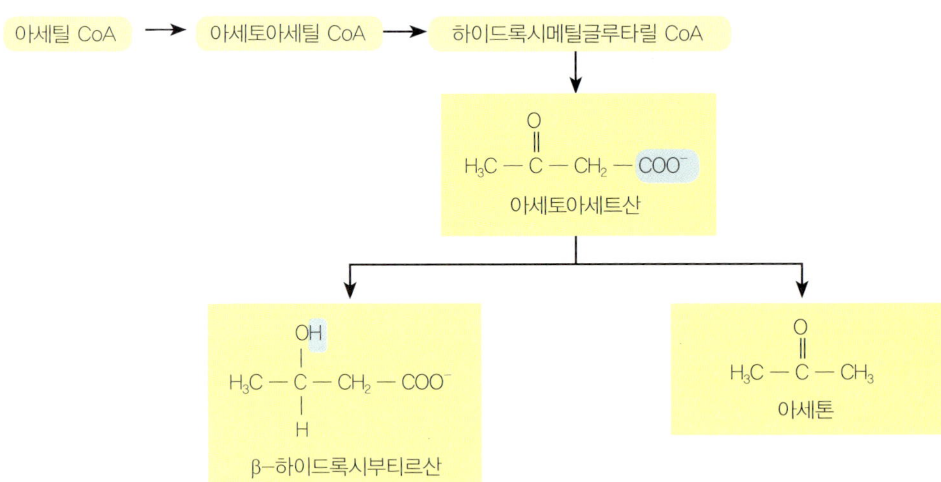

[그림 3-4] 케톤체 대사와 생성

3 탄수화물의 소화와 흡수

1) 탄수화물의 소화

탄수화물을 섭취하면 처음 입에서 타액과 섞이면서 타액 중의 프티알린(ptyalin)에 의해 덱스트린(dextrin)과 맥아당(maltose)으로 분해된다. 식도를 거쳐 위로 들어온 탄수화물은 위산에 의해 pH가 저하되어 아밀라아제가 작용하지 못하므로 소화효소에 의한 소화가 정지된다. 십이지장으로 내려온 탄수화물은 췌액과 장액의 아밀라아제가 작용하여 이당류로 분해된다. 이당류는 흡수될 수 없으므로, 소장점막에서 이당류 분해효소인 말타아제(maltase), 수크라아제(sucrase), 락타아제(lactase)가 분비되어 흡수되기 직전에 단당류로 분해되어 흡수된다(그림 3-5).

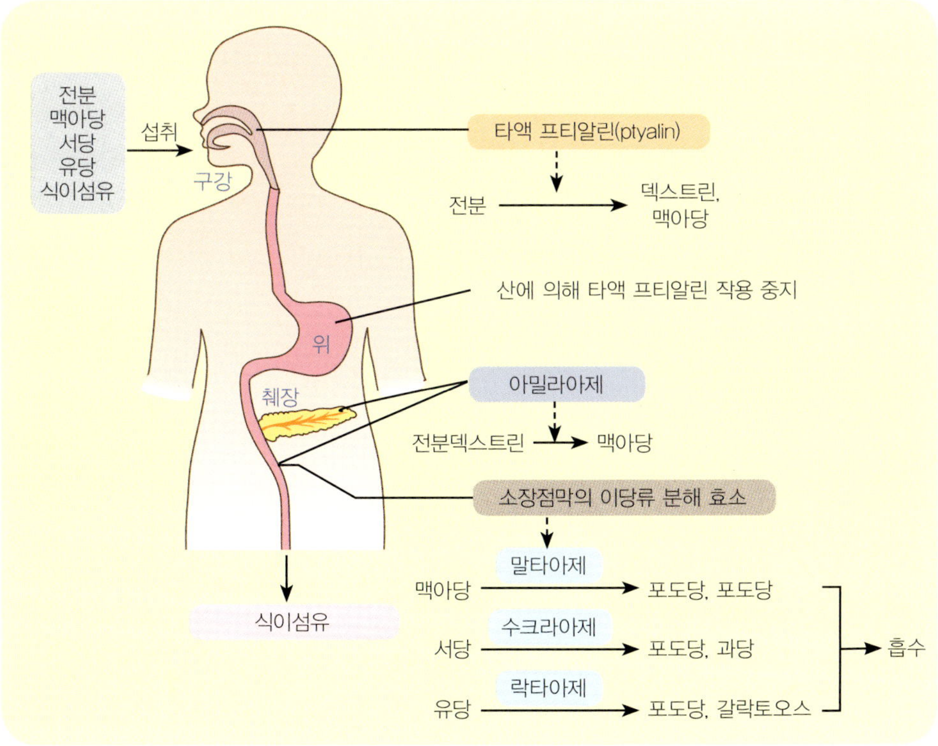

[그림 3-5] 탄수화물의 소화과정

반추동물의 경우 소화효소가 있어 에너지원으로 사용되나, 대부분의 포유류에서는 소화효소가 존재하지 않아 소화되지 않는 난소화성 다당류인 식이섬유소는 포만감을 증가시키고, 소장에서의 다른 영양소의 흡수를 지연시키거나, 소화되지 않은 채 대장까지 도달하여 대변량을 증가시키고 변비를 예방하는 등의 효과를 나타낸다.

2) 탄수화물의 흡수

탄수화물이 완전히 소화되어 단당류가 되면 소장에서 흡수된다. 흡수속도는 당의 종류에 따라 다르며, 육탄당이 오탄당보다 빠르고, 알도오스가 케토오스보다 빨리 흡수된다. 즉, 갈락토오스, 포도당, 과당 순으로 빠르게 흡수된다(그림 3-6).

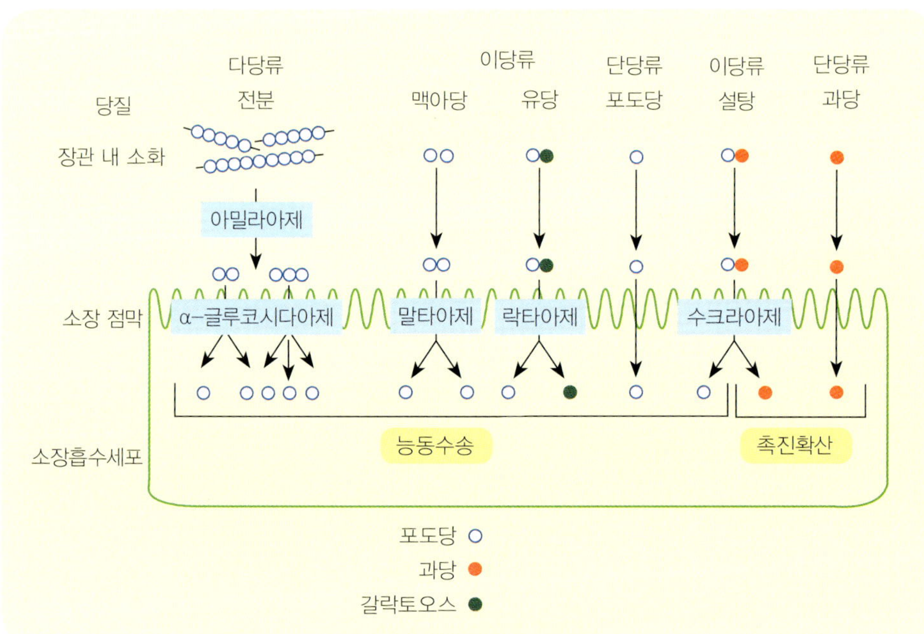

[그림 3-6] 단당류의 흡수

이때, 포도당과 갈락토오스는 나트륨과 함께 능동수송에 의해 흡수되며, 과당은 촉진확산에 의해 흡수된다. 이렇게 흡수된 단당류는 간문맥을 거쳐 간으로 가서 열량원으로 사용되거나 오탄당 인산 경로로 이용된다. 여분의 탄수화물은 간과 근육에 글리코겐으로, 혹은 지방세포의 지방으로 저장된다.

4 탄수화물의 대사

1) 과당과 갈락토오스의 대사

과당은 간에서 과당 1-인산, 과당 6-인산 등을 거쳐 포도당으로 전환되므로 혈당을 공급하거나 열량원으로 이용될 수 있다. 또한, 과당은 인슐린의 도움 없이 세포 내로 유입되므로 당뇨병 환자에게 이용되기도 하는데, 과량 사용 시 인슐린 저항성을 증가시키고, 혈중 중성지방 농도가 증가되거나 고혈압을 유도할 수 있다.

갈락토오스는 간에서 포도당 1-인산이 되어 글리코겐을 합성하거나, 포도당 6-인산을 거쳐 해당과정으로 들어가 포도당과 같은 대사과정을 거친다(그림 3-7).

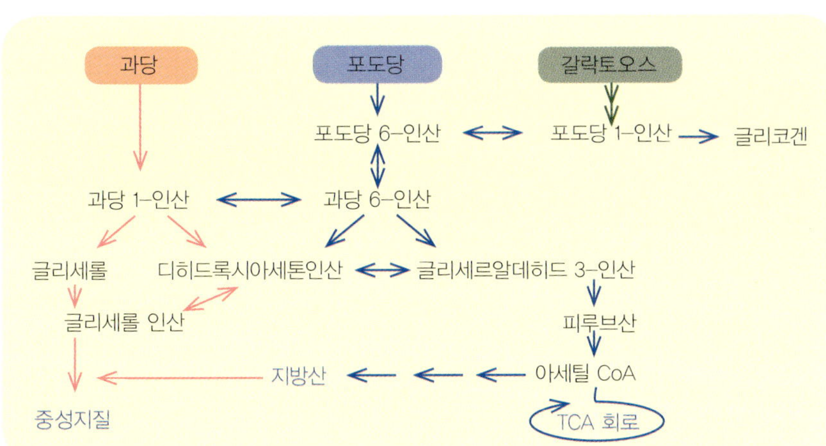

[그림 3-7] 단당류의 대사과정

2) 포도당의 대사

흡수된 과당과 갈락토오스는 간에서 포도당으로 전환되거나 포도당 6-인산으로 전환되어 포도당과 같은 경로로 대사되므로 탄수화물의 대사는 주로 포도당 대사를 의미한다. 포도당의 대사과정은 해당과정, TCA 회로, 전자전달계, 오탄당 인산 경로 등이 있다.

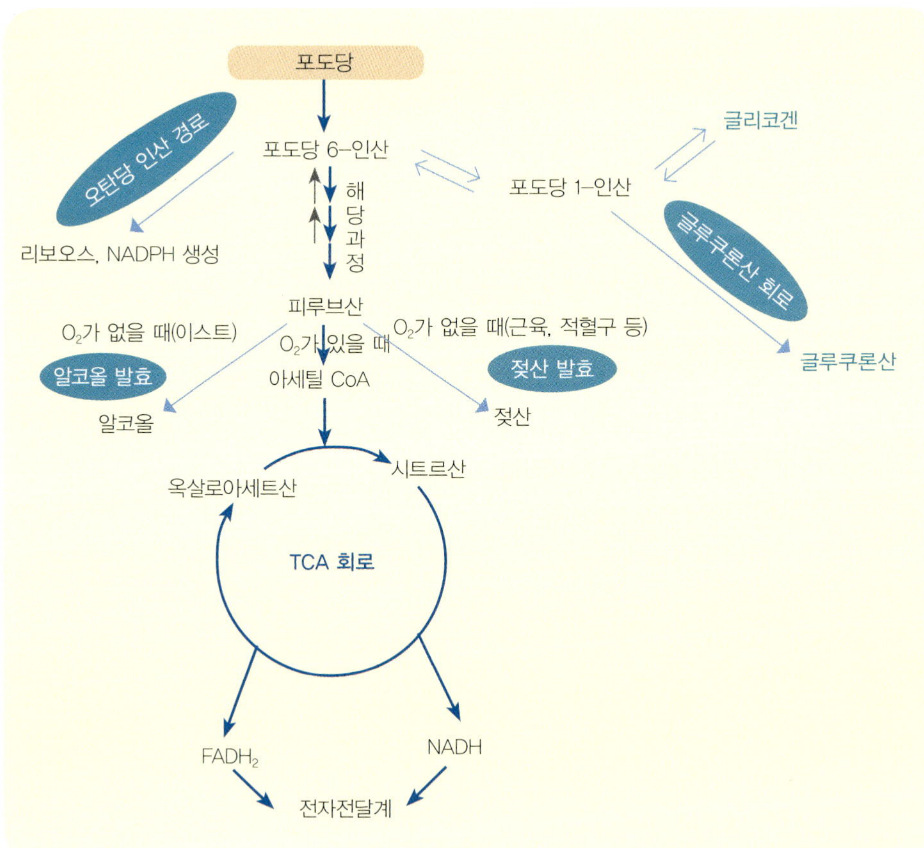

[그림 3-8] 포도당의 대사

해당과정은 산소가 필요 없는 혐기적 반응으로 세포질에서 일어난다. 해당과정 동안 포도당은 10단계의 반응을 거치면서 ATP, NADH, 피루브산을 각각 2분자씩 생성한다. 이렇게 생성된 피루브산은 산소가 없을 때는 젖산 발효를 통해 젖산을 생성하거나, 알코올 발효를 통해 알코올을 생성하는 쪽으로 반응한다. 만약 산소가 충분한 호기적인 환경에서는 미토콘드리아막을 통해 아세틸 CoA가 되어 TCA 회로로 대사된다.

TCA 회로로 들어온 아세틸 CoA는 옥살로아세트산과 반응하여 시트르산을 생성하면서 TCA 회로로 들어간다. TCA 회로를 거치면서 NADH 3분자, $FADH_2$ 2분자, GTP 1분자를 생성하게 된다. 이렇게 생성된 NADH와 $FADH_2$는 전자전달계를 거쳐 각각 2.5, 1.5분자의 ATP를 생성하므로 포도당 1분자는 해당과정, TCA 회로, 전자전달계를 거치면서 30~32개의 ATP를 생성하게 된다(그림 3-8).

그 외의 포도당 대사경로에는 오탄당 인산 경로와 글루쿠론산 회로가 있다. 오탄당 인산 경로는 간, 부신피질, 고환, 유선조직, 적혈구 등의 조직에서 NADPH와 리보오스를 합성하고 지방산과 스테로이드 호르몬, 핵산 합성에 이용된다. 반면 글루쿠론산 회로는 간의 해독작용에 필요한 글루쿠론산을 합성한다.

3) 글리코겐의 합성과 분해

에너지를 생성하고 남은 포도당은 간과 근육에 글리코겐으로 저장된다(표 3-4). 그중 간에 저장된 글리코겐은 신속하게 포도당으로 분해되므로 저혈당 시 혈당을 보충하는 데 사용되지만, 근육에는 당분해효소인 포도당 6-인산 가수분해효소(glucose-6-phosphatase)가 없어 글리코겐으로부터 포도당 생성이 불가능하므로 근육의 글리코겐은 근육 운동에 필요한 열량원으로 사용된다. 간의 글리코겐은 72g 정도로 간 중량의 4% 정도이나, 식후 6%까지 증가하다가 12시간 공복 시 혈당으로 대부분 소모된다. 반면 근육의 글리코겐은 간에 비해 많으며, 운동 시 고갈된다. 마라톤 선수의 경우 시합 전 근육 내 글리코겐 함량을 증가시켜 장시간 운동 시 혐기적 조건하에서도 에너지를 공급할 수 있도록 하여 지구력을 높이는 효과가 있다.

[표 3-4] 정상 성인 남자(체중 70kg)의 글리코겐 저장량

조직	글리코겐 함량(g)
간	72
근육	245
합계	317

글리코겐 합성과 분해반응은 서로 다른 경로를 통해 일어난다(그림 3-9). 즉 글리코겐 합성반응은 포도당으로부터 생성된 포도당-1-인산이 UTP(Uridine Triphosphate)를 사용하여 UDP-포도당을 거쳐 글리코겐 합성효소에 의해 글리코겐을 합성한다. 반면, 글리코겐 분해반응은 글리코겐 가인산분해효소에 의해 포도당-1-인산, 포도당-6-인산을 거쳐 포도당이 생성된다.

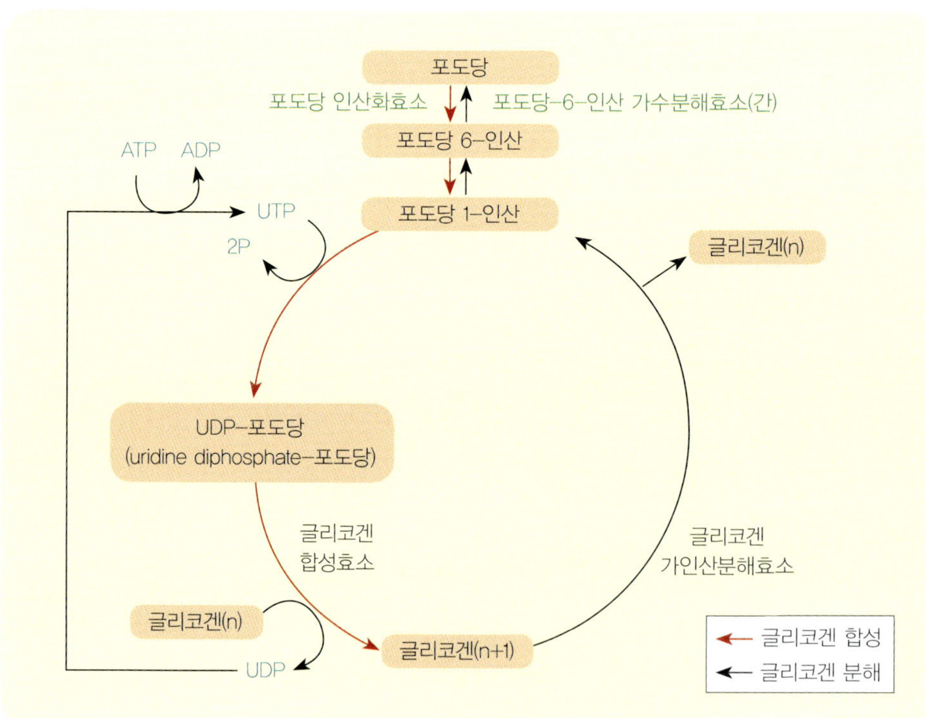

[그림 3-9] 글리코겐의 합성과 분해

4) 포도당 신생합성(gluconeogenesis)

기아나 저탄수화물식 등으로 인해 혈당이 저하되면 인체는 항상성 유지를 위해 간(90%) 또는 신장(10%)에서 당 이외의 물질로부터 포도당을 합성하는 포도당 신생합성과정을 거친다. 특히, 뇌, 중추신경계, 적혈구, 수정체 등은 포도당을 우선으로 사용하거나 포도당만을 에너지원으로 사용하므로 혈당은 일정하게 유지되어야 하며 이를 위해서는 포도당 신생합성과정이 필수이다(그림 3-10).

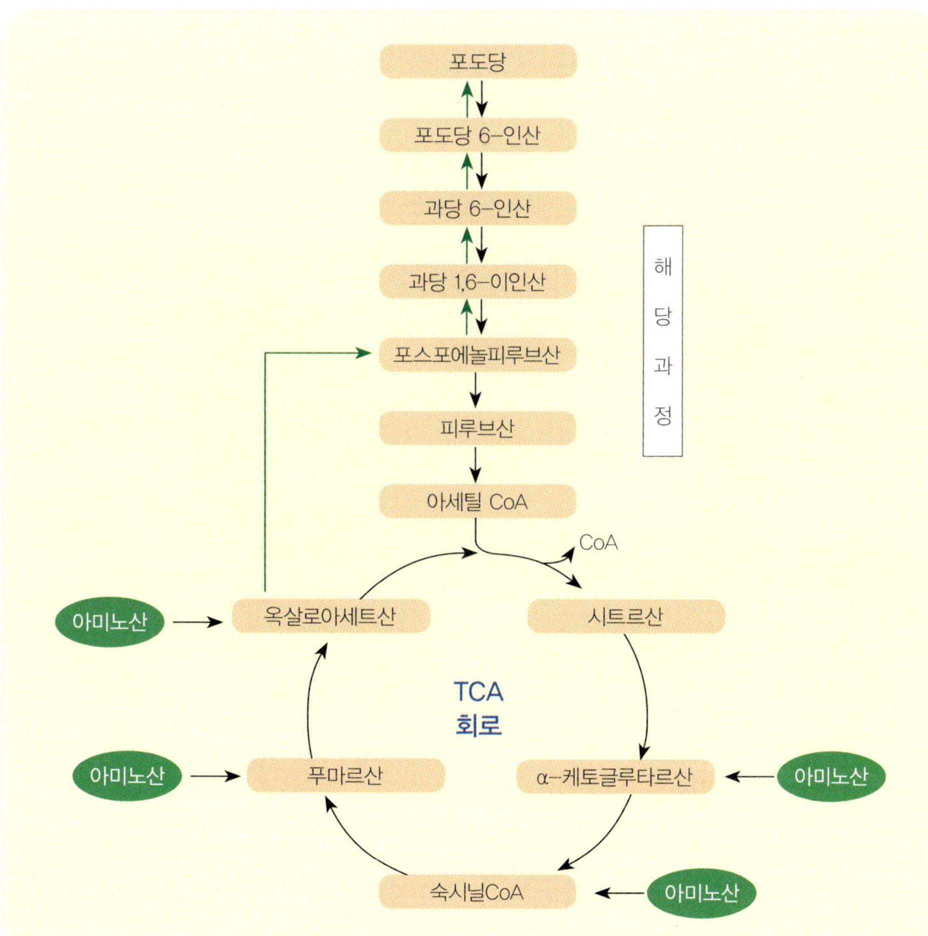

[그림 3-10] 포도당 신생합성 과정

혈당이 저하되면 우선 간의 글리코겐으로부터 포도당 합성이 진행된다. 그러나 간에 저장된 글리코겐 양은 제한적이어서 이것으로 불충분할 때 피루브산, 젖산, 아미노산으로부터 포도당 신생합성과정을 거쳐 혈당을 공급하게 된다.

격심한 운동 중인 근육에는 산소공급이 불충분하여 혐기적인 상태에서 에너지를 생성하게 된다. 또한 미토콘드리아가 없는 적혈구에서도 TCA 회로가 일어날 수 없으므로 해당과정을 통해 생성된 피루브산이 젖산으로 전환된다. 이렇게 생성된 젖산은 혈액을 통해 간으로 이동한 후 포도당 신생합성과정에 의해 포도당으로 전환되고 필요한 조직에 보내지는데, 이를 코리회로(cori cycle)라 한다. TCA 회로와 전자전달계와 같은 호기적인 상태에서는 다량의 에너지를 공급할 수 있는 데 반해, 미토콘드리아가 없거나, 혐기적인 상태에서는 코리회로를 통해 적은 양의 에너지를 신속하게 공급할 수 있다(그림 3-11).

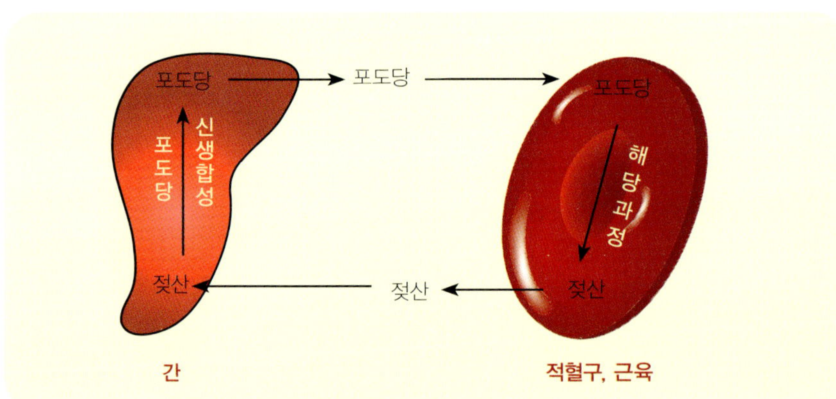

[그림 3-11] 코리회로

한편, 근육에서 대사되는 곁가지아미노산(루신, 이소류신, 발린)의 대사산물로 생성된 아미노기는 피루브산과 결합하여 알라닌을 형성한다. 이렇게 생성된 알라닌은 혈액을 통해 간으로 이동하여 다시 피루브산과 아미노기로 분해된다. 알라닌으로부터 분해된 피루브산은 포도당 신생합성과정을 통해 포도당으로 전환된 후 필요한 조직으로 보내지고, 아미노기는 요소회로를 통해 요소로 전환된 후 신장으로 배설되며, 이 과정을 알라닌 회로라고 한다(그림 3-12).

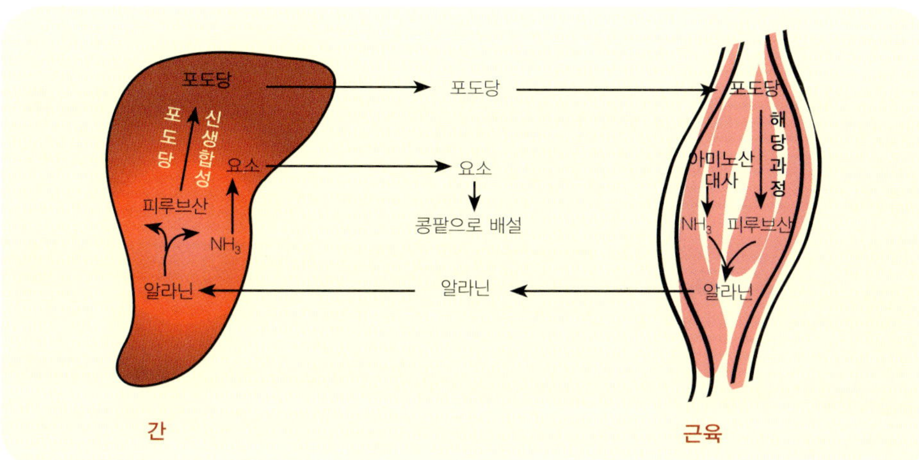

[그림 3-12] 알라닌 회로

5) 혈당 조절

열량공급을 위해 혈당은 항상 70~110mg/dl으로 일정하게 유지되어야 한다. 식후 혈당은 증가하나, 인슐린의 작용에 의해 식후 2시간 후에는 70~110mg/dl으로 유지된다. 조직으로 들어온 포도당은 에너지원으로 사용되거나, 오탄당 인산 경로 등에 이용된다. 이렇게 사용되고 남은 포도당은 간과 근육에 글리코겐으로 저장되거나 지방조직에 지방으로 저장된다. 혈당의 원료가 되는 것으로는 식품으로 섭취하여 소화·흡수된 포도당, 간에서 과당과 갈락토오스로부터 전환된 포도당, 간의 글리코겐으로부터 생성된 포도당, 간과 신장의 단백질로부터 생성된 포도당이 있다. 따라서 기아나 저탄수화물식 등 여러 가지 원인으로 인해, 혈당이 감소되면 이들 포도당 신생합성과정에 의해 혈당이 일정하게 유지되는 것이다.

[표 3-5]에 혈당조절에 관여하는 호르몬들을 나타내었다. 즉 식후 혈당이 높아지면 췌장에서 인슐린이 분비되어 혈당을 간, 근육, 지방조직 등으로 이동시킴으로

써 혈당을 떨어뜨린다. 조직으로 유입된 포도당은 에너지원, 글리코겐 합성, 지방 합성 등에 이용된다. 반면, 공복 시 혈당이 저하되면 글루카곤, 글루코코르티코이드, 갑상선호르몬, 성장호르몬, 에피네프린이 분비되어 포도당 신생합성을 촉진시켜 혈당을 증가시킨다. 이와 같이 호르몬에 의한 혈당조절을 통해 혈당은 항상 70~110mg/dl으로 일정하게 유지되는 것이다.

[표 3-5] 혈당조절호르몬

혈당조절	호르몬	분비기관	작용
혈당 감소	인슐린	췌장	• 혈당을 간, 근육, 지방조직 등으로 유입함으로써 혈당 감소 • 글리코겐, 지방 합성 증가 • 포도당 신생합성 감소
혈당 증가	글루카곤	췌장	• 간의 글리코겐 분해 증가 • 간의 포도당 신생합성 증가
	에피네프린	부신수질	• 간의 글리코겐 분해 증가 • 간의 포도당 신생합성 증가 • 인슐린 분비 감소, 글루카곤 분비 증가
	글루코코르티코이드	부신피질	• 간의 포도당 신생합성 증가 • 근육의 포도당 이용 감소
	갑상선호르몬	갑상선	• 간의 글리코겐 분해 증가 • 간의 포도당 신생합성 증가
	성장호르몬	뇌하수체전엽	• 간의 글리코겐 분해 증가 • 간의 포도당 신생합성 증가

5 탄수화물 섭취와 건강

1) 당뇨병

정상인의 경우 식후 혈당이 상승하면 췌장에서 인슐린이 분비되어 혈당을 감소시켜 식후 2시간 이후에는 정상혈당으로 회복된다. 당뇨병 환자는 어떤 원인에 의해 인슐린이 부족 또는 결핍되었거나, 인슐린의 작용이 충분하지 않아 혈당이 계속 높은 상태로 유지되고, 세포 내 포도당 농도 저하로 포도당 신생합성과정이 일어나 고혈당이 더욱 진행되는 현상이 일어나게 된다.

당뇨병은 제1형 당뇨병, 제2형 당뇨병, 임신성 당뇨병이 있다(표 3-6). 제1형 당뇨병은 인슐린의 결핍 또는 부족에 의해 발생하는 인슐린 의존형 당뇨병(IDDM: Insulin Dependent Diabetes Mellitus)으로 주로 소아청소년기에 발생하므로 일명 소아당뇨병이라 부른다. IDDM의 경우 인슐린이 부족하므로 인슐린 주사가 필수이다.

반면, 제2형 당뇨병은 혈중 인슐린 농도는 정상 또는 증가된 상태이나 인슐린작용이 원활하지 않아 인슐린 저항성이 증가된 상태로 인슐린비의존형당뇨(NIDDM: Non-Insulin Dependent Diabetes Mellitus)이다. NIDDM의 경우 40세 이후 성인에게 주로 발생하므로 성인형 당뇨라 부른다. 제2형 당뇨는 혈당을 저하시키기 위해 혈당강하제, 식사요법, 운동요법을 통해 혈당을 유지하며 필요에 따라 인슐린 주사를 맞기도 한다.

임신 전에는 정상이었으나 임신으로 인한 호르몬의 불균형으로 당뇨가 발생할 때 임신성 당뇨병이라 한다. 임신 22~24주가 되면 경구당부하검사를 실시하여 임신성 당뇨진단을 내리게 된다. 임신성 당뇨진단을 받게 되면 혈당유지를 위한 식사요법을 실시해야 하며, 출산 시 거대아, 기형아를 출산할 수 있다. 출산 이후 산모는 정상으로 돌아오지만 이후 제2형 당뇨에 걸릴 확률이 높아지므로 표준체중과 혈당유지에 관심을 가질 필요가 있다.

[표 3-6] 당뇨병의 종류

분류	제1형 당뇨병	제2형 당뇨병
인슐린 의존 여부	인슐린 의존형 (IDDM: Insulin Dependent Diabetes Mellitus)	인슐린 비의존형 (NIDDM: Non-Insulin Dependent Diabetes Mellitus)
발병 시기	평균 12세	40세 이후
혈중인슐린 농도	낮음	정상 or 높거나 낮음
발병 원인	인슐린 생성 저하, 면역 저하, 감염	인슐린 저항성 증가, 비만
증상	다뇨, 다갈, 다식, 체중 감소	다갈, 피로감, 혈관계합병증
치료법	인슐린 주사, 약물요법, 식사요법, 운동요법	약물요법, 식사요법, 운동요법, 필요시 인슐린 주사

혈당지수(GI: Glycemic Index)란 식품 섭취 후 혈당상승 정도를 나타낸 것으로 혈당지수가 낮을수록 당뇨병 환자에게 좋다(표 3-7). 즉, 백미나 흰 빵에 비해, 잡곡밥이나 전곡류빵을 섭취하는 것이 혈당상승 정도를 감소시킬 수 있으므로 GI가 낮은 식품을 선택하여 섭취하도록 한다.

[표 3-7] 혈당지수

높은 식품군(70 이상)		중간 식품군(56~69)		낮은 식품군(55 이하)	
식품	혈당지수	식품	혈당지수	식품	혈당지수
백미	70~90	현미	50~60	두류(콩)	18
빵(흰 식빵)	70	빵(보리, 귀리빵)	65	빵(전곡류빵)	30~45
빵(프랑스빵)	95	아이스크림	64	저지방요구르트	33
감자	80~100	잡곡플레이크	66	우유	27
콘플레이크	84			바나나	53
수박	70			파인애플	52
				사과	36
				오렌지	43

2) 충치

입안에 서식하는 박테리아는 우리가 섭취한 설탕을 이용하여 산을 생성하는데 이렇게 생성된 산에 의해 충치가 발생한다. 따라서 설탕이나, 설탕을 함유한 식품(꿀, 단 음료, 캐러멜, 사탕 등)을 많이 섭취할수록 충치가 발생할 확률이 높아진다. 충치를 예방하기 위해서 불소가 함유된 치약을 사용하거나, 치아의 불소도포 등의 방법이 있긴 하나, 단 음식을 섭취한 직후 양치질하는 것을 생활화하는 것이 중요하다.

3) 고지혈증

에너지를 생성하고 남은 과잉의 포도당은 지방합성에 사용되므로, 고탄수화물식으로 고지혈증을 유발하기도 한다. 이는 육류를 즐겨 먹지 않는 사람에게서 지방간이나 고지혈증이 발생하는 것으로 알 수 있다. 여분의 탄수화물은 중성지방 합성을 촉진시키므로 고탄수화물식으로 유발되는 고지혈증은 고중성지방혈증이다. 고지혈증 예방을 위해 탄수화물은 총 열량의 60% 전후로 섭취하는 것이 좋으며, 이때 단순당보다는 복합당 형태의 당을 섭취하도록 한다.

4) 유당불내증

유당이 함유된 우유나 유제품 등을 섭취했을 때, 가스참, 복통, 설사 등을 유발하는 것으로 선천적으로 락타아제(lactase)가 결핍되었거나, 퇴화되어 유당이 소화, 흡수되지 못해 생기는 증상이다. 분해되지 못한 유당은 대장 내 박테리아에 의해 발효되어 산과 가스가 생김으로써 가스참, 복통, 설사 등의 증상이 유발되는 것이다. 유당불내증의 경우 우유 섭취를 금하거나, 락타아제가 처리된 우유를 섭취하도록 한다. 치즈, 요구르트 등은 유당함량이 적으므로 섭취가 가능하다. 우유는 유당 이외에도 칼슘, 비타민 B_2, 단백질 등의 영양소가 풍부하므로 우유를 따뜻하게 조금씩 다른 음식과 함께 섭취한 후 증상을 관찰하고, 증상이 완화되면 양을 늘려나가도록 한다.

5) 게실염

장기간 분변량이 적으면 대장의 지름이 감소된다. 지름이 감소된 대장은 배설을 하기 위해 대장 벽에 압력을 가하게 되고 이 압력으로 인해 대장벽에 주머니들이 생기게 되는데 이 주머니를 게실이라 한다. 이는 대부분 식이섬유소를 너무 적게 섭취했을 때 주로 발생한다. 식이섬유소는 분변량을 늘리고 변을 부드럽게 만들기 때문에 게실을 예방할 수 있다. 이렇게 생성된 게실에 변이 끼면 여러 가지 염증을 일으키는데 이것이 게실염이다. 게실염을 방지하기 위해서는 식이섬유소를 충분히 섭취하도록 한다. 만약 게실염이 발생했다면, 치료를 위해 항생제를 복용하고 식이섬유소를 제한하여 박테리아가 성장하지 못하도록 한 후 점차 적응 정도를 관찰하면서 그 양을 늘려가도록 한다.

6 탄수화물의 영양소 섭취기준

1) 섭취실태

2008~2012년 국민건강영양조사에 따르면, 1~2세 탄수화물 평균섭취량이 177.4g/일, 3~5세 평균섭취량이 211.5g/일, 이후 연령이 증가할수록 탄수화물 섭취량이 증가추세를 보이다가 65세 이후로 감소되는 것으로 나타났다. 또한 탄수화물로 섭취하는 평균 에너지 섭취 비율은 65.8%로, 탄수화물 섭취 비율이 증가할수록 대사증후군 발생 비율이 높아지는 것으로 나타났다.

최근 당류의 섭취량이 급격히 증가하여 이를 줄이기 위한 다양한 연구들이 진행되고 있다. 당류란 포도당, 과당, 갈락토오스와 같은 단당류와 맥아당, 서당, 유당과 같은 이당류를 통칭하는 것으로 최근 당류 섭취량이 증가하면서 많은 관심이 집중되고 있다. 2014년에 발표된 우리나라 국민 1일 평균 총 당류 섭취량은 61.4g으로 이는 1일 평균 에너지섭취량의 12.8%에 해당한다. 그 주요 급원으로는 가공식품이 56.8%로 가장 높게 나타났으며 가공식품 중 음료수가 34.3%, 빵·과자·떡류가 15.0%, 설탕 및 기타 당류가 14.5% 순으로 나타났다(그림 3-13).

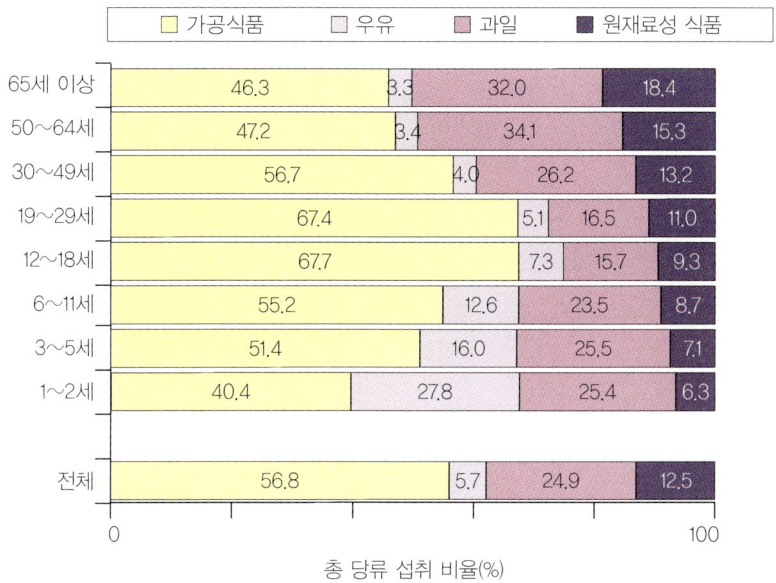

[그림 3-13] 한국인의 총 당류 섭취에 기여하는 식품군 비율

출처: 이행신 외(2014)

2) 섭취기준 및 급원식품

2015년 한국인 영양소 섭취기준은 영아의 경우 충분섭취량을 설정한 것(0.5개월 60g, 6~11개월 90g)을 제외하고, 1세 이상의 전 연령대에서 에너지 적정 비율로 55~65%를 설정하고 있다(표 3-8).

우리나라는 곡류를 주식으로 하는 만큼, 쌀, 보리, 현미 등의 곡류가 주된 탄수화물 급원식품이며, 그 외에 감자, 고구마, 밀가루 등을 많이 섭취하고 있다(표 3-9). 2015년 한국인 영양소 섭취기준에서는 식이섬유소의 충분섭취량을 열량 1,000kcal당 12g으로 설정하고 있으며, 충분한 식이섬유소의 섭취는 심혈관계 질환, 비만, 당뇨병 등의 유병률을 낮추는 데 효과적이다. 반면, 식이섬유소의 과잉 섭취는 다른 영양소의 흡수를 저해하므로 오히려 건강에 좋지 않은 영향을 미칠 수 있으므로 식이섬유소의 과잉 섭취는 피하도록 한다.

[표 3-8] 한국인의 1일 탄수화물 섭취기준

성별	연령(개월)	탄수화물(g/일)			
		평균필요량	권장섭취량	충분섭취량	상한섭취량
영아	0~5			60	
	6~11			90	
성별	연령(세)	에너지 적정 비율(%)			
유아	1~2	55~65			
	3~5	55~65			
남자	6~8	55~65			
	9~11	55~65			
	12~14	55~65			
	15~18	55~65			
	19~29	55~65			
	30~49	55~65			
	50~64	55~65			
	65~74	55~65			
	75 이상	55~65			
여자	6~8	55~65			
	9~11	55~65			
	12~14	55~65			
	15~18	55~65			
	19~29	55~65			
	30~49	55~65			
	50~64	55~65			
	65~74	55~65			
	75 이상	55~65			
임산부		55~65			
수유부		55~65			

출처: 보건복지부, 한국영양학회(2015). 한국인 영양소 섭취기준.

[표 3-9] 가식부 100당 탄수화물 및 식이섬유소 함량

식품명	탄수화물(g)	식이섬유소(g)	식품명	탄수화물(g)	식이섬유소(g)
백미	77.2	0.8	무	3.4	0.6
현미	73.9	3.5	미나리	3.8	0.7
보리	74.4	12.8	오이	3.1	0.7
밀가루(중력분)	76.6	2.7	열무	2.0	1.3
국수	60.1	1.8	양배추	9.5	4.7
식빵	49.7	3.7	상추	4.6	3.7
가래떡	48.8	0.7	시금치	5.1	2.9
인절미	49.7	2.1	브로콜리	6.3	3.1
당면	88.8	1.7	숙주	2.3	1.7
감자	15.1	2.7	애호박	5.1	2.2
고구마	37.2	2.7	양송이버섯	3.7	1.6
토란	15.8	2.8	느타리버섯	6.0	3.8
꿀	79.7	–	표고버섯	8.0	4.9
물엿	83.0	–	팽이버섯	7.5	3.6
설탕	99.9	–	콩나물	3.8	1.6
초콜릿	51.8	–	양파	3.8	1.6
대두(건)	36.9	11.1	연근	17.3	3.3
팥(건)	64.4	–	우엉	15.3	4.6
두부	3.8	2.9	청경채	1.6	1.2
가지	4.4	2.7	토마토	5.9	1.9
고춧잎	8.5	2.8	바나나	21.9	1.9
고구마줄기	3.6	2.2	배	12.3	1.8
고사리	3.8	3.4	포도	16.4	0.4
냉이	8.1	5.3	사과	14.4	2.7
달래	6.1	2.9	수박	7.8	0.2
더덕	21.5	8.1	참외	11.2	2.9
도라지	13.1	4.2	단감	13.7	6.4
당근	7.0	3.1	밀감	9.4	3.3

출처: 농촌진흥청, 국립농업과학원(2017). 국가표준식품성분표(제9개정판)

제 4 장

지질의 분류

1. 지질의 분류
2. 지질의 체내 기능
3. 지질의 소화와 흡수
4. 지질의 운반
5. 지질의 대사
6. 지질의 섭취와 건강

1 지질의 분류

지질(lipid)은 신체 모든 기관 및 세포에서 필요로 하는 필수영양소이다. 지질은 에너지를 생성하고 세포막을 구성하고 지용성 비타민의 용해에 필요한 용매로 작용하며 스테로이드 호르몬을 생성한다. 지질은 탄소, 수소, 산소로 구성된 유기화합물로서 물에 녹지 않고 유기용매에 녹는 물질로서, 상온에서 액체인 지질을 기름(oil)이라 하고, 고체인 지질을 지방(fat)이라고 한다. 지질은 중성지방, 지방산, 인지질, 콜레스테롤 등으로 구분할 수 있다.

1) 중성지방

식품이나 체지방의 98~99%는 단순지질로 대부분이 중성지방의 형태이다. 중성지방은 글리세롤 1분자에 지방산 3분자가 에스터 결합(ester bond)을 한 것으로 글리세롤의 수산기(−OH)와 지방산의 카르복실기(−COOH) 사이에 물 한 분자가 빠짐으로써 형성된다(그림 4-1). 글리세롤 1분자에 지방산 1분자가 결합되어 있을 때 모노글리세리드(MG: Monoglycerides)라고 하고, 지방산 2분자가 결합되어 있는 것은 디글리세리드(DG: Diglycerides)이며, 지방산 3분자가 결합되어 있는 것은 트리글리세리드(TG: Triglycerides)라고 한다. 중성지방(트리글리세리드)은 자연계에 존재하는 대부분의 지질형태이고 디글리세리드나 모노글리세리드는 중성지방이 소화되는 과정에서 생성된다.

중성지방에 결합되어 있는 지방산의 탄소의 길이, 불포화도, 불포화의 위치에 따라 그 중성지방의 융점 및 체내 대사에 미치는 영향이 다르다. 동물성 식품의 중성지방은 주로 실온에서 고체이며, 다량의 포화지방산으로 이루어져 있다. 반면, 팜유와 코코넛유를 제외한 식물성 식품의 지방산은 대부분 단일 불포화지방산과 다가 불포화지방산을 포함하고 있으며 실온에서 액체이다(그림 4-2).

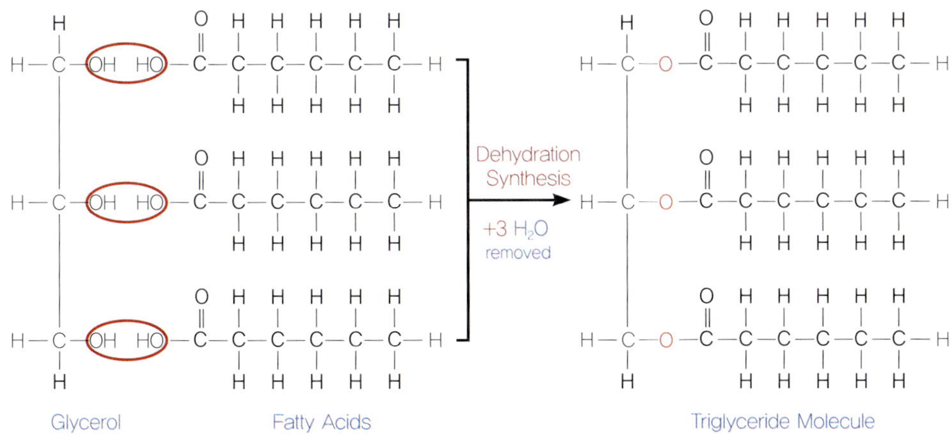

[그림 4-1] 중성지방의 구조

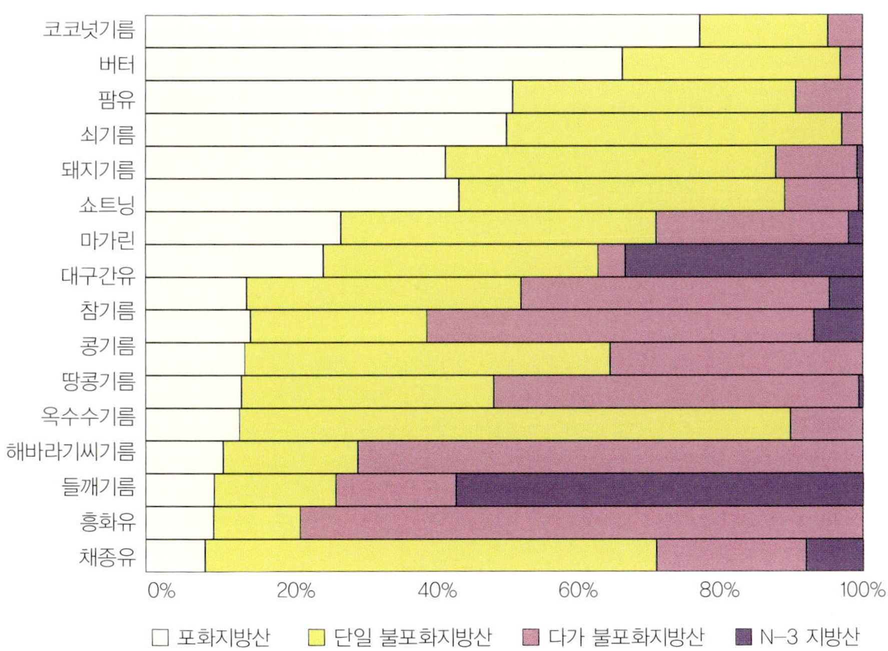

[그림 4-2] 주요 지질의 지방산 조성

2) 지방산

지방산은 중성지방의 구성성분으로서 한쪽 끝은 메틸기(methyl group, $-CH_3$), 다른 한쪽 끝은 카르복실기(carboxylic acid group, $-COOH$), 가운데 부분은 탄화수소(탄소골격에 수소들이 결합)로 이루어져 있다(그림 4-3). 지방산의 카르복실기는 친수성이지만 가운데의 탄화수소와 메틸기 부분은 소수성으로, 사슬 길이가 길어질수록 더 소수성이 된다.

탄소 번호는 카르복실기의 탄소에서 1번으로 시작하여 메틸기의 탄소가 마지막 번호가 된다. 또한 카르복실기 옆의 탄소는 알파 탄소(α탄소, 2번 탄소)이고, 그 옆의 탄소는 베타 탄소(β탄소, 3번 탄소)이며 메틸기의 마지막 탄소가 오메가 탄소(ω탄소, 18번 탄소)이다. 지방산은 탄소사슬의 길이, 사슬 안에 있는 탄소원자의 불포화도, 이중결합의 구조 및 위치 등에 따라 분류할 수 있다.

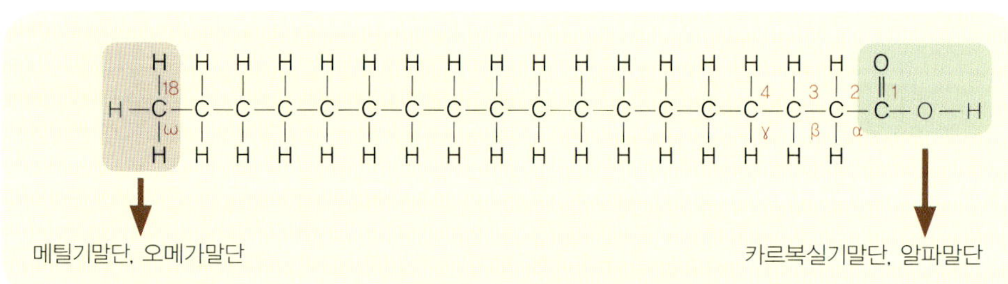

[그림 4-3] 지방산의 구조

(1) 탄소 사슬 길이

자연적으로 존재하는 지방산은 짝수 개의 탄소 수를 가지고 있으며 일반적으로 지방산의 탄소 수는 4~22개이다. 탄소 수가 4~6인 지방산을 짧은사슬지방산(short chain fatty acids), 8~12인 지방산을 중간사슬지방산(medium chain fatty acids), 14 이상인 지방산을 긴사슬지방산(long chain fatty acids)이라고 한다.

(2) 이중결합의 수

지방산은 탄소원자 사이의 결합 형태에 따라 포화지방산과 불포화지방산으로 분류한다.

① 포화지방산

지방산 사슬 내의 탄소와 탄소 사이의 결합이 모두 단일결합(single bond, C-C)으로 이루어진 지방산을 포화지방산(SFA: Saturated Fatty Acid)이라고 한다. 포화지방산에는 팔미트산(16:0), 스테아르산(18:0) 등이 있다. 포화지방산이 많은 지질은 융점이 높아 실온에서 고체이다. 쇠고기나 돼지고기의 흰 지방 부분은 동물성 식품에 포화지방산이 많이 함유되어 있다(그림 4-4).

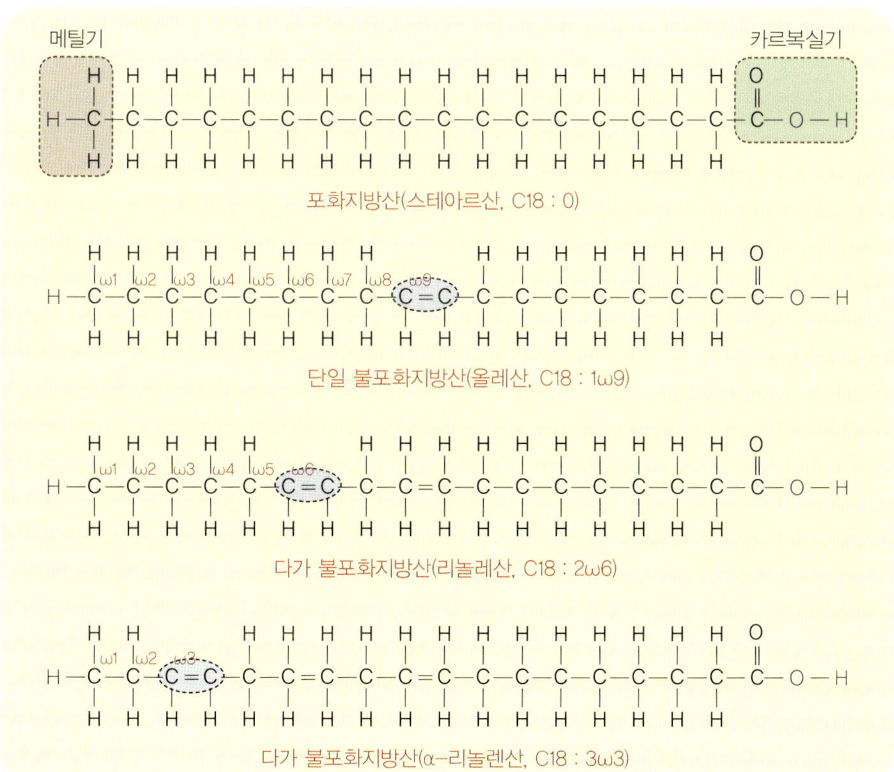

[그림 4-4] 포화지방산과 불포화지방산의 구조

② 불포화지방산

지방산 사슬 내의 탄소와 탄소 사이의 결합이 하나 이상의 이중결합(double bond, C=C)을 가지고 있는 지방산을 불포화지방산(UFA: Unsaturated Fatty Acid)이라고 한다. 한 개의 이중결합을 가진 지방산을 단일 불포화지방산(MUFA: Monounsaturated Fatty Acid)이라고 하고 이중 결합을 두 개 이상 가진 지방산을 다가 불포화지방산(PUFA: Polyunsaturated Fatty Acid)이라고 한다(그림 4-4). 이중결합이 많을수록 융점이 낮아 실온에서 액체상태이다.

(3) 이중결합의 구조

① 시스형

이중결합을 이루는 탄소 2개에 결합된 수소원자 2개가 같은 방향에 있어서 지방산의 탄소 사슬이 이중결합을 중심으로 굽어 있는 모양을 이룬다. 적어도 하나 이상 시스형의 이중결합을 가지고 있는 지방산을 시스지방산이라고 한다. 대부분의 자연식품에 포함된 불포화지방산들은 시스형의 이중결합을 가지고 있어 불포화지방산이 많은 지질은 실온에서 액체이며 대부분 식물성 기름이 이에 속한다.

② 트랜스형

이중결합을 이루는 탄소 2개에 결합된 수소원자 2개가 서로 다른 반대 방향으로 배열되어 있으면 트랜스형의 이중결합이라고 하고, 적어도 하나 이상의 트랜스형의 이중결합을 가지고 있는 지방산을 트랜스지방산이라고 한다. 시스형과는 달리 트랜스지방산의 탄소 사슬은 굽지 않고 똑바른 모양을 이루므로 포화지방산과 비슷한 물리적 성질을 가진다. 트랜스지방산은 심혈관계질환에 좋지 않은 영향을 미친다.

(4) 이중결합의 위치

자연적으로 존재하는 불포화지방산의 첫 번째 이중결합이 메틸 말단에서 몇 번째에 위치하느냐에 따라 지방산을 분류하는 오메가(ω) 분류법이 있다. 메틸 말단에서부터 이중결합이 3, 6, 9번째 탄소에 위치하므로 오메가-3(ω-3, n-3), 오메가−6(ω−6, n−6), 오메가−9(ω−9, n−9) 지방산으로 분류한다(표 4-1). 리놀렌산(linolenic acid), DHA(docosahexaenoic acid), EPA(eicosapentaenoic acid)는 ω−3 지방산이고, 리놀레산(linoleic acid)과 아라키돈산(arachidonic acid)은 ω−6 지방산이다. 올레산(oleic acid)은 ω−9 지방산이다. ω분류는 체내 지방산 대사 연구에 있어 매우 중요하며 건강문제와도 연결되어 있다.

[표 4-1] 오메가 분류법

ω분류	지방산 종류	함유식품
ω−3 지방산	α−리놀렌산(LNA, 18 : 3)	들기름, 카놀라유, 아마씨유
	아이코사펜타에노산(EPA, 20 : 5)	등 푸른 생선
	도코시헥사에노산(DHA, 22 : 6)	등 푸른 생선
ω−6 지방산	리놀레산(18 : 2)	옥수수유, 대두유, 면실유 등 식물성 기름
	아라키돈산(20 : 4)	동물성 기름
ω−9 지방산	올레산(18 : 1)	올리브유

(5) 필수지방산

동물의 체내에서 합성되지 않거나 적은 양이 합성되어 반드시 음식으로 섭취해야 하는 지방산을 필수지방산이라고 한다. 필수지방산 종류에는 리놀레산, 리놀렌산과 아라키돈산이 있다.

3) 인지질

인지질은 중성지방과 같이 한 분자의 글리세롤에 지방산들이 결합되어 있으나 3개의 지방산을 가지고 있는 중성지방과는 다르게 인지질은 두 개의 지방산을 가지고 있다. 세 번째 지방산 대신 인(phosphorus)을 포함한 인산기(PO_4^{3-})와 염기가 결합되어 있는 형태이다. 세포막에서 발견되는 인지질 중 가장 중요한 것은 레시틴이다.

(1) 콜레스테롤

탄소가 4개의 고리 모양을 하고 있는 콜레스테롤은 소수성을 가진 대표적인 스테롤로서 콜레스테롤은 동물성 식품에만 함유되어 있다. 체내에서 유리 콜레스테롤이 발견되기도 하지만 대부분 지방산과 결합되어 있다(그림 4-5).

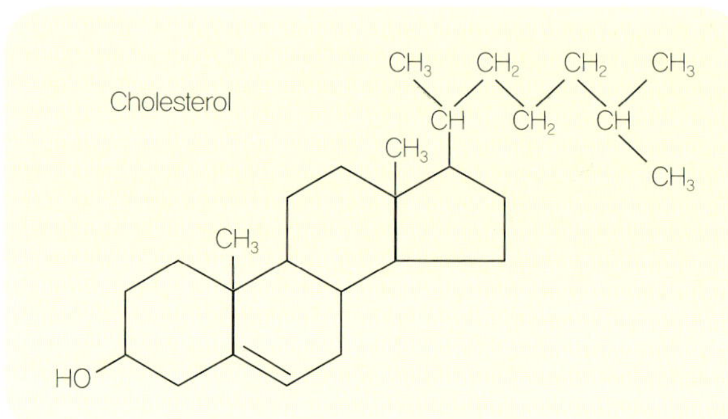

[그림 4-5] 콜레스테롤

2 지질의 체내 기능

1) 중성지방

(1) 농축된 에너지 급원

지질은 1g당 9kcal를 내는 농축된 에너지 급원이다. 그러나 지질이 체내에 저장된 체지방은 이와는 다르게 다른 물질을 소량 포함하고 있으므로 1g당 7.8kcal를 낸다. 피하나 복강 등 지방조직에 저장된 체지방은 효율적인 에너지 저장고로서 체지방 비율은 일반적으로 젊은 남녀의 경우, 각각 평균 15%, 25%로서 여자의 체지방 비율이 더 높다.

(2) 지용성 비타민 흡수

지용성 비타민(비타민 A, D, E, K)은 지질에 용해되어 지질과 함께 흡수된다. 지질 섭취량이 적거나 지질 흡수에 장애가 있으면 지용성 비타민의 흡수도 저하하여 지용성 비타민의 결핍 증세를 보이게 된다.

(3) 체온 조절

일반적으로 체지방조직의 1/2 정도가 피하지방을 구성하고 있다. 피하지방은 외부로 나가는 체온 손실을 줄여주므로 추위에도 체온 저하를 막는 역할을 한다.

(4) 장기 보호

체지방조직의 나머지 1/2은 유방, 자궁, 난소, 정소 등의 생식기관과 심장, 신장, 폐 등 주요 장기를 감싸고 있어서 외부 충격을 완화시켜 중요 장기를 보호한다.

(5) 맛, 향미, 포만감 제공

지질은 음식에 맛과 향미를 주고, 당질이나 단백질에 비해 위를 통과하는 속도가 느려서 위에 오래 머물러 있으므로 포만감을 준다.

2) 인지질

(1) 유화제

인지질은 양성물질로 친수성과 소수성 부분을 모두 포함한다. 극성 머리 부분에 있는 인산기는 친수성이므로 인지질의 외부로 향하면서 물과 상호작용을 한다. 인지질의 꼬리 부분에 있는 두 개의 지방산은 물을 싫어하는 소수성으로 안쪽에 모인다. 이와 같이 인지질은 물과 기름에 잘 섞이므로 유화제로 작용하고 미셀(micelle)을 형성하여(그림 4-6) 지질의 소화, 흡수, 운반 시 중요한 역할을 한다.

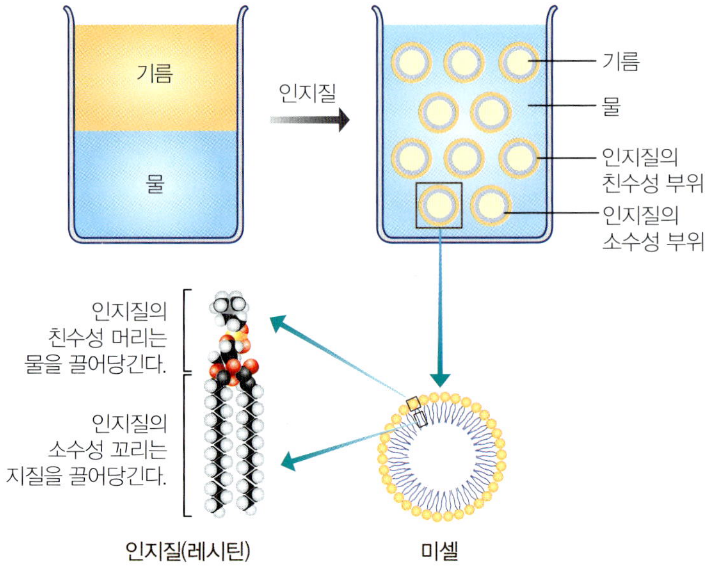

[그림 4-6] 유화제로서의 인지질

(2) 세포막의 구성성분

인지질 가운데 특히 레시틴은 세포막의 주요 구성성분이다(그림 4-7). 세포막은 인지질이 서로 마주 보는 이중층으로 구성되어 있고, 인지질의 친수성 머리 부분은 세포외강과 세포내강을 향하고 있고 소수성 꼬리 부분은 세포막의 내부로 향하고 있어 세포막이 그 기능을 원활히 수행할 수 있다.

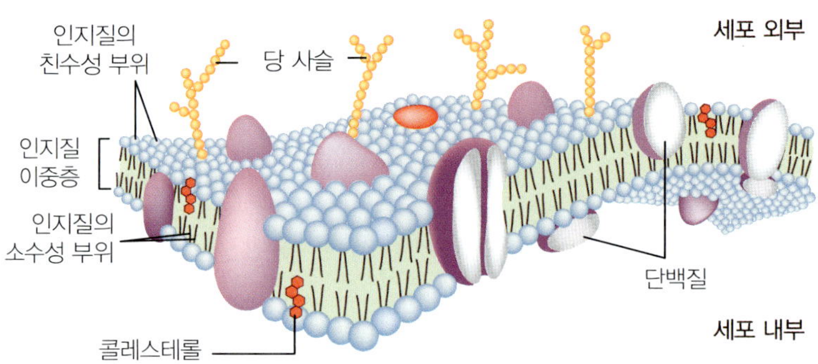

[그림 4-7] 세포막의 구성성분인 인지질과 콜레스테롤

3) 콜레스테롤

(1) 세포막의 구성성분

콜레스테롤은 인지질과 함께 세포막의 구성성분으로 세포막의 유동성을 유지시키는 데 도움을 준다(그림 4-7).

(2) 담즙산 합성

콜레스테롤은 담즙산 합성에 사용된다. 담즙산은 기본적으로 콜레스테롤의 여러 고리구조에 다양한 친수성 분자들이 결합되어 있는 것으로 인지질처럼 양성물질로 작용하여 지질의 소화와 흡수 시 중요한 역할을 한다.

(3) 비타민 D의 전구체 합성

콜레스테롤은 비타민 D의 전구체인 7-디히드로 콜레스테롤을 합성하여 칼슘의 흡수를 돕는다.

(4) 스테로이드 호르몬 합성

콜레스테롤은 스테로이드 호르몬 합성에 필요하다. 스테로이드 호르몬에는 생식과 관련된 프로게스테론(progesterone), 에스트로겐(estrogen), 테스토스테론(testosterone), 에너지 대사와 관련된 글루코코르티코이드(glucocorticoid), 전해질 균형에 필요한 알도스테론(aldosterone)이 있다.

4) 필수지방산

필수지방산은 인체의 성장 및 생명 유지를 위해 필수적이지만 체내에서 합성되지 않으므로 음식으로 반드시 섭취해야 한다. ω-6계 지방산인 리놀레산과 아라키돈산, ω-3계 지방산인 α-리놀렌산이 필수지방산으로 간주되고 있다. 아라키돈산은 체내에서 리놀레산으로부터 합성되지만 그 양이 부족하므로 필수지방산으로 간주한다.

(1) 피부병 예방

필수지방산은 피부의 정상적인 기능에 필수적이며 결핍 시 피부가 건조해지고 벗겨진다.

(2) 세포막의 유동성 부여

세포막은 인지질의 이중층으로 지방산은 세포막의 가운데 부분에 있다. 필수지방산은 세포막을 구성하는 인지질의 2번 탄소에 있으면서 세포막에 적당한 유동성을 부여한다.

(3) 두뇌발달과 시각 기능

뇌조직과 망막에 다량 함유된 DHA는 식품에서 직접 섭취되거나, α−리놀렌산 또는 EPA로부터 합성된다. 뇌의 회백질이나 망막의 구성 지방산 중 50% 이상이 DHA이므로 인지기능, 학습능력 및 시각기능과 관련된다.

(4) 아이코사노이드의 전구체 합성

탄소 수 18개의 지방산인 리놀레산(18:2, ω−6), α−리놀렌산(18:3, ω−3)으로부터 불포화도가 증가하고 사슬의 길이가 길어지면서 ω−6, ω−3 계열의 여러 지방산들이 합성된다. 즉, 리놀레산으로부터 아라키돈산(20:4, ω−6)이 합성되고, α−리놀렌산으로부터 EPA(20:5, ω−3)가 합성된다. 아이코사노이드(eicosanoid)는 탄소 수 20개의 지방산, 즉 아라키돈산이나 EPA가 산화되어 생긴 물질들로서 프로스타글란딘(prostaglandin), 트롬복산(thromboxane), 프로스타사이클린(prostacyclin), 루코트리엔(leukotriene) 등이 있다.

3 지질의 소화와 흡수

1) 지질의 소화

(1) 중성지방의 소화

일상식에서 흔히 섭취하는 지질은 소수성의 긴사슬지방으로 지질 분해효소인 리파아제에 의해 소화가 된다. 그러나 소수성의 긴사슬지방은 수용성의 미즙에 섞이지 않고 덩어리를 이루고 있으므로 소화 작용이 어렵다. 그러므로 소화되기 위해서는 먼저 담즙에 의해 유화되어야 한다.

① 1단계: 담즙에 의한 유화-미셀 형성

십이지장에 지질이 도착하면 콜레시스토키닌(cholecystokinin)이라는 호르몬이 소장에서 분비되고 이 호르몬은 담낭을 수축해 담즙을 십이지장으로 분비시킨다. 담즙성분 중 담즙산과 인지질은 유화제로서 친수기와 소수기를 다 가지는 양성물질로 지방 덩어리를 작은 덩어리로 부서지게 하고 감싸면서 다시 지방이 큰 덩어리로 되는 것을 방해한다. 큰 지방 덩어리를 작은 지방 덩어리로 부수는 과정을 유화라고 하고 작은 지방 덩어리를 미셀이라고 한다. 유화와 미셀 형성은 지방 표면적을 넓혀 더 많은 소화효소가 작용할 수 있게 한다(그림 4-8).

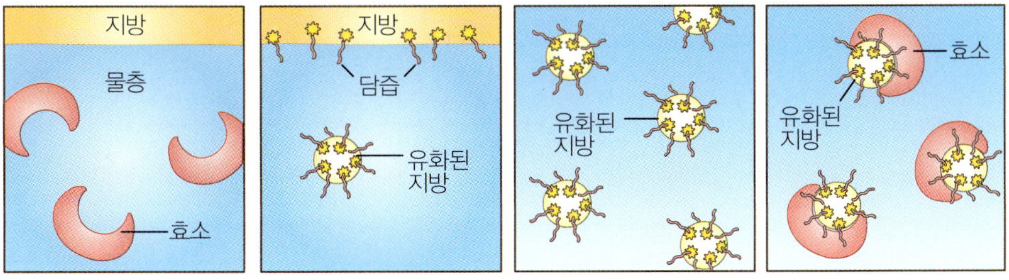

[그림 4-8] 담즙의 유화작용

② 2단계: 췌장 리파아제에 의한 소화

지질을 함유하고 있는 미즙이 십이지장으로 들어오면 소장 상피세포들은 세크레틴(secretin)과 콜레시스토키닌(cholecystokinin)과 같은 호르몬을 분비하고 이 호르몬들은 췌장 리파아제의 분비를 자극한다. 췌장 리파아제는 중성지방을 가수분해한다. 일반적으로 중성지방에 함유되어 있는 세 개의 지방산 중에서 두 개의 지방산이 가수분해되어 중성지방은 주로 모노글리세리드와 두 개의 유리지방산이 된다(그림 4-9).

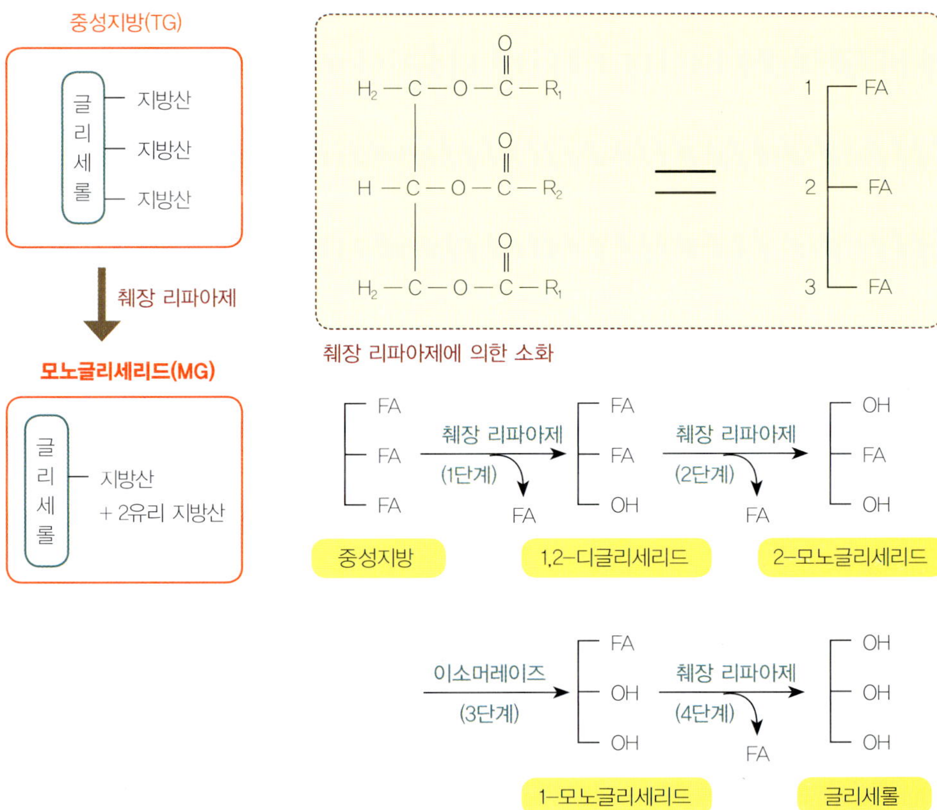

[그림 4-9] 췌장 리파아제에 의한 중성지방의 소화

(2) 인지질의 소화

췌액 중 인지질 가수분해효소(phospholipase A2)에 의해 유리지방산과 2번 탄소에 결합된 지방산이 가수분해되어 없어진 리소인지질(lysophospholipid)로 분해된다.

(3) 콜레스테롤의 소화

음식 중의 콜레스테롤은 지방산과 결합한 콜레스테롤 에스터 형태로 존재하는데 췌액 중 콜레스테롤 에스터 가수분해효소(cholesterol esterase)에 의해 유리콜레스테롤과 유리지방산으로 분해된다.

2) 지질의 흡수

소화가 끝난 지질의 분해산물은 일반적으로 물과의 친화력이 낮으므로 소화기 장벽을 덮고 있는 물층을 통과하기 어렵다. 그러므로 긴사슬지방산, 모노글리세리드, 리소인지질, 콜레스테롤과 같은 소수성 물질들은 담즙의 도움으로 소장관에서 미셀을 형성하여 소장벽을 덮고 있는 물층을 통과하여 흡수된다. 소장점막 세포 내에서 긴사슬지방산, 모노글리세리드, 리소인지질, 콜레스테롤은 중성지방, 인지질, 콜레스테롤 에스터로 재합성되어 소화·흡수되기 전의 형태로 된다. 중성지방과 콜레스테롤 에스터는 소수성으로 물과 친화력이 적어서 혈액을 따라 운반되는데 어려움이 있으므로 친수기와 소수기를 다 가지는 인지질과 아포단백질이 이들 소수성 지질들을 둘러싼 지단백질 형태인 킬로미크론(chylomicron)을 형성한다(그림 4-10). 킬로미크론은 융모 내의 림프를 통해 혈액으로 들어가 혈액을 따라 이동한다. 이와는 다르게 물과의 친화력을 가지고 있는 짧은사슬지방산, 중간사슬지방산과 글리세롤은 소장 상피 내로 그대로 흡수되어 융모 안의 모세혈관으로 들어가 혈액으로 순환되어 이동된다.

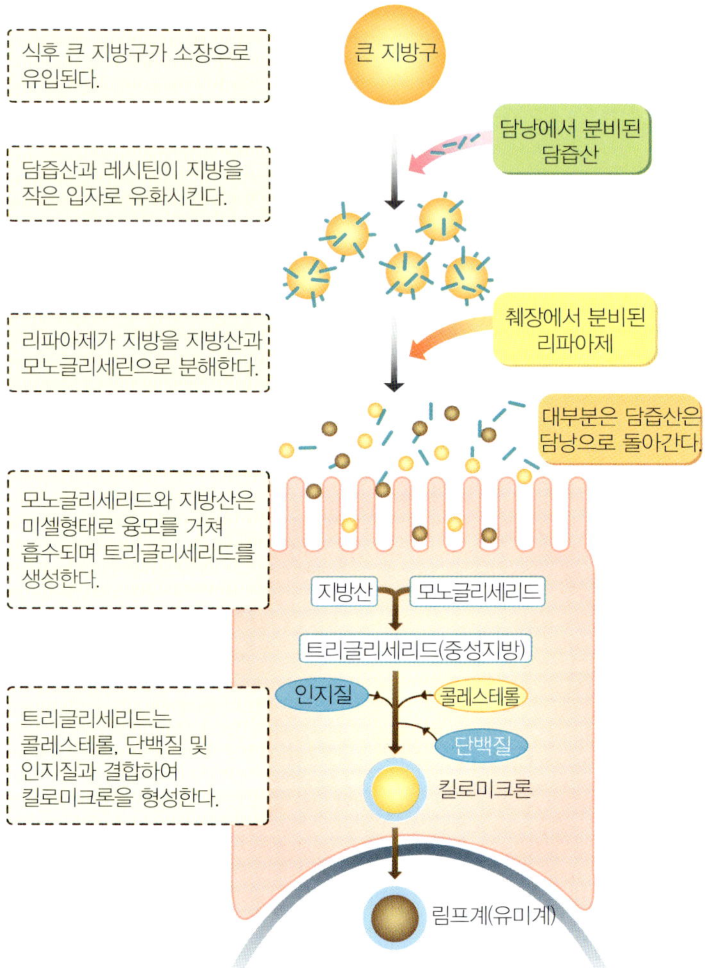

[그림 4-10] 지질의 소화와 흡수

4 지질의 운반

1) 혈청 지단백질의 종류와 특성

지질은 소수성이므로 수용성인 혈액을 따라 운반되기 위해서는 물에 잘 섞일 수 있는 구형의 지단백질이 필요하다. 즉, 지단백질 내부는 중성지방, 콜레스테롤 에스터와 같은 소수성 물질로 되어 있고 외부는 친수성을 가진 인지질과 아포단백질로 둘러싸여 있어 혈액 내에서 자유롭게 이동하면서 내부에 있는 소수성 지질을 필요한 곳에 운반한다(그림 4-11).

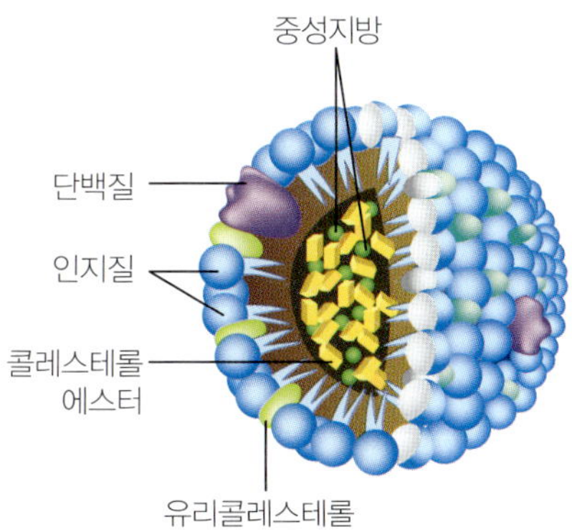

[그림 4-11] 지단백질의 구조

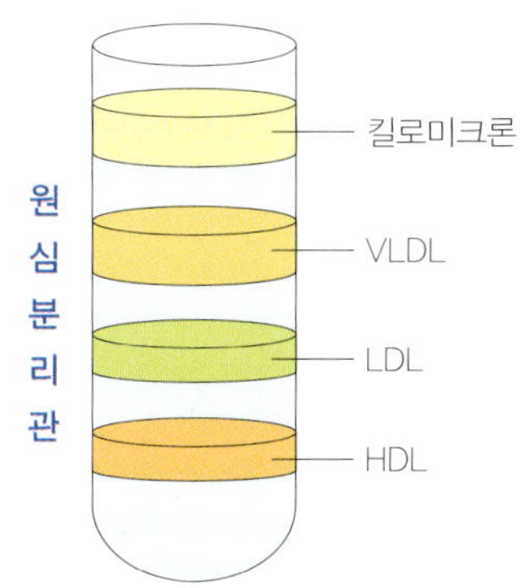

[그림 4-12] 밀도에 따른 지단백질의 종류

혈액 중에는 네 종류의 지단백질이 있는데, 밀도에 따라 킬로미크론(chylomicron), 초저밀도 지단백질(VLDL: Very Low Density Lipoprotein), 저밀도 지단백질(LDL: Low Density Lipoprotein), 고밀도 지단백질(HDL: High Density Lipoprotein)이 있다. 지단백질의 밀도는 중성지방 함량이 많을수록 작고 아포단백질(apoprotein)의 함량이 클수록 밀도는 크다. 지단백질의 크기는 킬로미크론이 가장 크고 VLDL, LDL, HDL 순이다(그림 4-12).

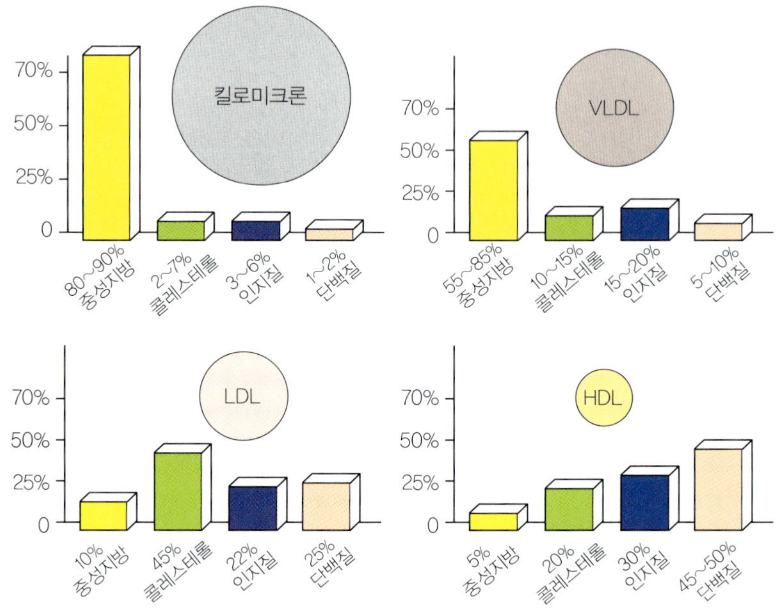

[그림 4-13] 지단백질의 크기, 구성성분 및 조성

2) 혈류의 지질 운반

(1) 킬로미크론

소장에서 형성된 킬로미크론은 림프로 이동하여 혈액으로 이동된다. 일단 혈액으로 들어가면 킬로미크론은 지단백질 리파아제(lipoprotein lipase)에 의해 킬로미크론 내 중성지방(외인성 중성지방)이 분해되어 지방산으로 나온다. 분해되어 나온 지방산은 주위의 세포로 흡수된다. 킬로미크론 내 중성지방이 분해되면 킬로미크론은 밀도가 높아져 킬로미크론 잔여물(chylomicron remnant)로 변하여 간으로 이동된다.

(2) 초저밀도 지단백질(VLDL)

간에서는 VLDL을 합성하여 간에서 합성된 중성지방(내인성 중성지방)을 운반한다. VLDL이 혈액으로 방출되면 혈관 내 지단백질 리파아제에 의해 중성지방이 분해되어 지방산이 체세포에 의해 흡수된다. VLDL 내 중성지방이 분해되면 밀도가 높아지며 VLDL 잔유물(VLDL remnant)을 거쳐 최종적으로는 저밀도 지단백질(LDL)이 된다.

(3) 저밀도 지단백질(LDL)

VLDL로부터 중성지방이 제거되고 남은 지단백질은 콜레스테롤 함량이 많아진 LDL 형태가 된다. LDL은 주로 간세포의 수용체에 의해 흡수되어 분해된다. 그러나 높은 농도의 LDL은 혈관계를 순환하면서 말초혈관에 따라 콜레스테롤 플라그를 형성하여 혈관을 좁힘으로써 동맥경화증을 유발하고 심혈관질환의 위험이 증가한다. 그러므로 LDL 콜레스테롤을 나쁜 콜레스테롤이라고 한다.

(4) 고밀도 지단백질(HDL)

간은 HDL도 합성한다. HDL은 조직에서 이용하고 남은 과잉의 콜레스테롤을 회수하여 간으로 운반한다. 혈액 내의 HDL 콜레스테롤 수준이 높으면 심혈관질환의 위험이 감소하여 HDL 콜레스테롤은 항동맥경화성 인자(antiarteriosclerosis factor)로 심혈관질환을 억제하는 좋은 콜레스테롤이라고 한다.

5 지질의 대사

1) 중성지방 대사

지질 대사는 간과 체지방 조직에서 활발히 이루어진다.

(1) 중성지방의 분해

공복 시에는 간이나 피하, 복강, 장기 주변에 저장되어 있던 지방조직의 중성지방이 리파아제에 의해 글리세롤과 지방산으로 분해된다. 분해된 지방산은 혈중 알부민과 결합하여 각 조직의 세포 내로 운반되고 산화되어 에너지를 공급하게 된다.

① 글리세롤의 산화

글리세롤은 세포질에서 해당과정 중간 경로로 들어가 에너지원으로 대사되거나 포도당 합성의 전구체로 쓰인다.

② 지방산의 β-산화

지방산의 β-산화는 미토콘드리아에서 일어나며 그 과정은 다음과 같다.

가. 지방산의 활성화

세포 내로 들어온 지방산은 세포질에 있는데 지방산이 산화되기 위해서 미토콘드리아로 이동해야 한다. 지방산이 이동하기 위해서는 지방산은 CoA와 결합하여 아실 CoA가 되어 활성화되어야 한다.

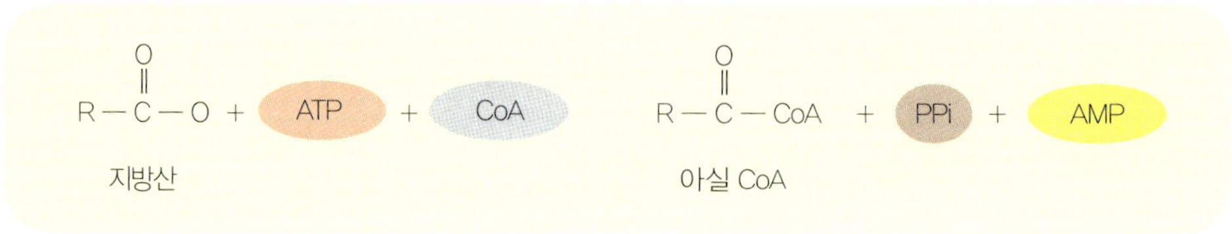

[그림 4-14] 지방산의 활성화

나. 이동

활성화된 아실 CoA는 카르니틴의 도움으로 세포질에서 미토콘드리아 내부로 이동한다.

다. 지방산의 β-산화

미토콘드리아에서 CoA는 β-산화과정을 거쳐 아세틸 CoA를 생성한다. β-산화 과정은 β 위치의 탄소(탄소번호 3번)가 산화되는 과정으로 원래의 아실 CoA보다 탄소 수가 2개 적은 아실 CoA가 생성되고, 여기에서 떨어져 나온 아세틸기(탄소 2개)가 아세틸 CoA를 만든다(그림 4-15). 이러한 과정이 되풀이되면서 지방산으로부터 여러 개의 아세틸 CoA가 생성되고 아세틸 CoA는 TCA 회로를 거쳐 에너지를 생성한다.

라. 팔미트산의 β-산화와 에너지 생성

탄소 수가 16개인 팔미트산은 7번의 β-산화과정을 거쳐 탄소 수가 2개인 아세틸 CoA를 8개 생성한다. 이렇게 생성된 8개의 아세틸 CoA는 TCA 회로를 거치면서 많은 양의 ATP를 생성한다.

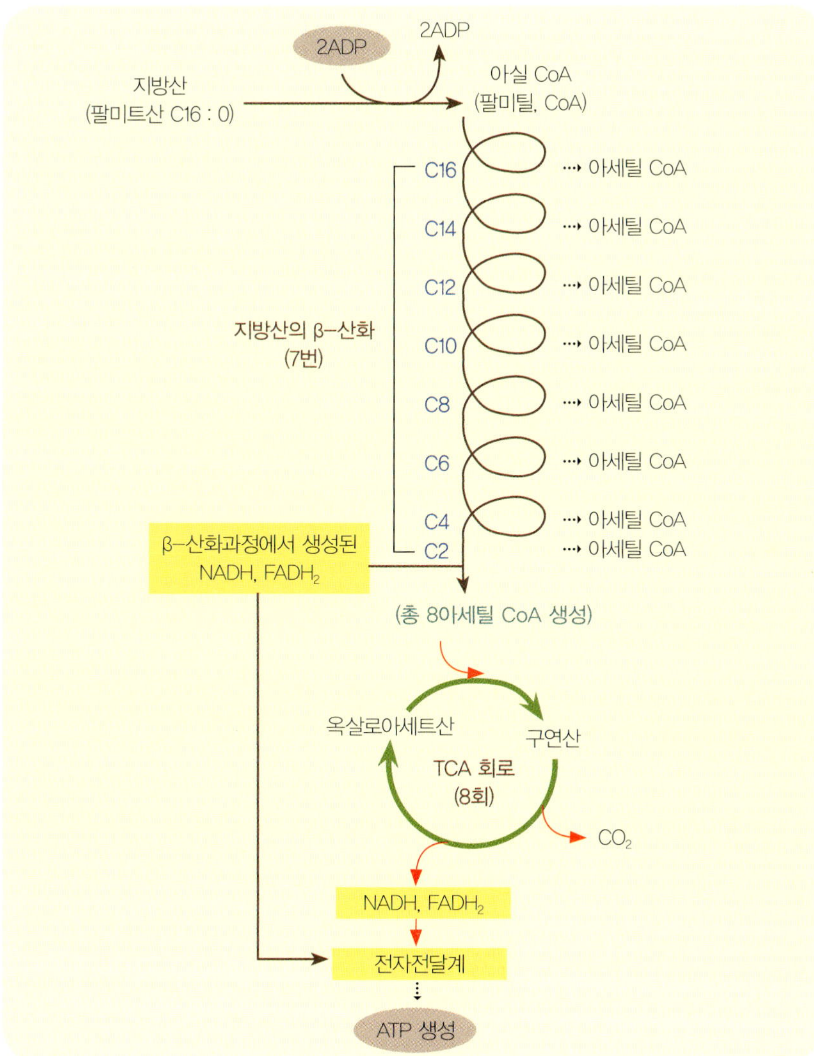

[그림 4-15] 지방산의 β-산화

(2) 중성지방의 합성

식사로 섭취한 당질과 지질은 에너지원으로 이용된다. 그러나 에너지원으로 이용하고도 남을 정도로 고당질식이 또는 고지방식이를 했을 경우 간과 지방조직에서 지방산을 생합성하여 중성지방 형태로 저장된다.

① 지방산 합성

지방산 합성은 주로 세포질에서 일어나며 지방산 합성에 당질과 지질 대사에서 생성된 아세틸 CoA가 이용된다(그림 4-16).

- 아세틸 CoA(탄소 수 2개)는 아세틸 CoA 카르복실화 효소(carboxylase)에 의해 탄소 1개가 첨가되어 말로닐 CoA(탄소 수 3개)를 생성한다(그림 4-16).
- 아세틸 CoA 한 분자와 말로닐 CoA 한 분자는 결합하면서 탄소 1개를 CO_2 형태로 제거하여 탄소 수 4개의 지방산(C4:0)을 합성한다.
- 탄소 4개인 지방산에 다시 말로닐 CoA가 첨가되고, CO_2 형태로 탄소 1개가 제거되어 탄소 6개인 지방산(C6:0)이 합성된다. 이런 과정이 반복되면서 탄소가 2개씩 증가하게 된다.

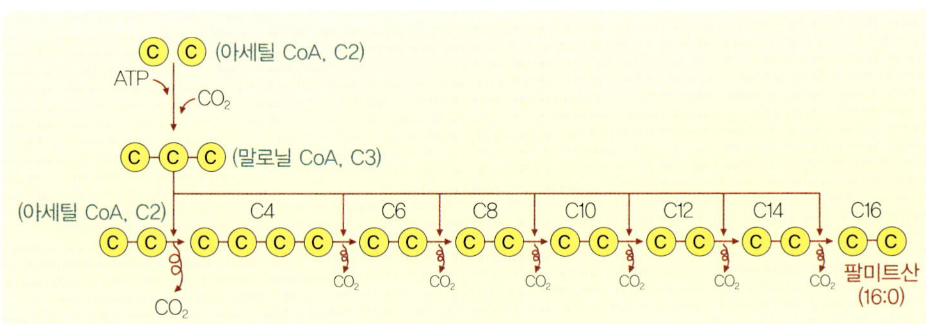

[그림 4-16] 지방산의 합성

- 탄소 2개의 아세틸 CoA로 시작하여 탄소가 2개씩 증가되는 과정을 7번 되풀이하면 체내에서는 주로 팔미트산(탄소 수 16인 포화지방산, C16:0)이 합성되

고 다시 탄소 2개가 첨가되어 스테아르산(탄소 수 18인 포화지방산, C18:0)이 합성된다. 지방산 합성 시 지방산 합성효소(FAS: Fatty Acid Synthase)와 오탄당 인산 경로(HMP: Hexose Monophosphate Pathway)에서 공급되는 NADPH가 필요하다.

- 일부 불포화지방산은 포화지방산으로부터 합성될 수 있다. 예를 들면 올레산(C18:1)은 스테아르산(C18:0)으로부터 9번 불포화효소에 의해 합성될 수 있다. 그러나 리놀레산(C18:2)이나 α-리놀렌산(C18:3)은 필수지방산으로서 체내에서 합성되지 않으므로 반드시 섭취해야 한다.

② 글리세롤과의 결합

지방산은 해당과정의 중간산물인 글리세롤과 결합하여 중성지방을 합성한다.

2) 콜레스테롤의 합성과 대사

체내에 존재하는 콜레스테롤은 음식으로 섭취한 콜레스테롤(외인성)과 체내에서 합성된 콜레스테롤(내인성)로 구성된다. 콜레스테롤은 주로 간에서 아세틸 CoA로부터 합성된다. 콜레스테롤 합성은 음식으로 섭취한 콜레스테롤의 양에 따라 조절된다. 따라서 혈중 콜레스테롤 수준을 낮추고자 한다면, 콜레스테롤 섭취량을 줄이면서 동시에 내인성 콜레스테롤 합성을 억제하는 것이 필요하다. 저열량 또는 저지방식이는 체내 콜레스테롤 합성을 감소시킨다.

콜레스테롤의 30~60%는 간에서 주로 담즙산으로 대사된다. 콜레스테롤이 담즙산으로 전환되면 담낭으로 이동되어 농축 저장되었다가 담즙에 포함되어 담낭을 통해 십이지장으로 분비된다. 담즙산은 긴사슬지방산을 유화시켜 지질의 소화 흡수를 돕는다.

3) 케톤체 합성과 대사

당질 섭취가 부족하거나 장기간 굶었을 때, 또는 인슐린 분비가 적을 때 에너지 급원으로 지방산을 사용하게 된다. 지방산의 β-산화에 의해 다량 생성된 아세틸

CoA는 옥살로아세트산의 부족으로 TCA 회로로 진입하지 못하고 케톤체가 생성되어 케톤증을 유발한다. 생성된 케톤체는 체내에서 에너지원으로 사용된다.

6 지질의 섭취와 건강

1) 지질 섭취와 관련된 질환

지질은 건강을 유지하기 위해 필수적인 물질이지만 많은 양의 지질 섭취는 비만, 심혈관계 질환, 암 발생 등과 관련이 있다.

(1) 지질과 비만

비만은 체지방의 과잉 축적으로 발생한다. 지질은 같은 양의 탄수화물이나 단백질에 비해 두 배 이상의 에너지를 공급하기 때문에 비만은 고지방 식사와 관련이 있다. 비만은 세계적인 건강문제이며 심혈관계 질환, 제2형 당뇨병, 암과 같은 여러 질환의 발병과 관련이 있다.

(2) 지질과 동맥경화증

혈액 중에 중성지방이나 콜레스테롤이 많으면 혈액의 점도가 커져서 혈류는 느려지며, 콜레스테롤은 혈관내막과 비정상적으로 가까이 접촉하여 혈관벽에 축적된다. 특히, 동맥 내벽에 콜레스테롤 플라그가 축적되면 혈관의 내강은 점차 좁아지고 동맥벽은 두꺼워지고 단단해져서 혈관의 유연성이 떨어져 동맥경화가 발생한다.

(3) 지질과 암

비만은 유방암과 대장암의 위험을 증가시킨다. 비만은 고지방, 특히 동물성 지방 섭취와 관련이 있다.

2) 지질의 섭취기준과 급원식품

(1) 지질의 에너지 적정 비율

2015년 한국인 영양소 섭취기준에서 지질의 에너지 적정 비율은 1~2세에는 20~35%, 3세 이후 모든 연령층에서 15~30%이다.

(2) 다가 불포화지방산, 단일 불포화지방산, 포화지방산

다가 불포화지방산(PUFA), 단일 불포화지방산(MUFA), 포화지방산(SFA)의 섭취비는 1 : 1~1.5 : 1로 한다. 다가 불포화지방산은 콩기름, 면실유, 옥수수기름에 많고 단일 불포화지방산은 올리브기름, 미강유, 채종유에 많으며 포화지방산은 동물성 기름에 많다. 그러나 코코넛유와 팜유는 식물성 기름이지만 포화지방산 함량이 많다.

(3) ω-6와 ω-3 지방산의 에너지 적정 비율

1세 이후의 모든 연령층에서 섭취 에너지에 대한 ω-6 불포화지방산의 비율은 4~8%이고, ω-3 불포화지방산의 비율은 0.5~1.0%이다.

(4) 콜레스테롤

콜레스테롤은 가능한 한 적게(<300mg/일) 섭취하도록 권장한다. 콜레스테롤은 동물성 식품에만 함유되어 있으며 달걀노른자에 다량 함유되어 있다(그림 4-17).

(5) 트랜스지방산

트랜스지방산은 체내에서 포화지방산과 같은 경로를 거치므로 혈중 콜레스테롤 농도를 올린다. 그러므로 트랜스지방산이 많은 쇼트닝이나 마가린 등의 섭취는 심혈관계 질환 발생과 관련되므로 섭취량을 줄이도록 해야 한다(그림 4-18).

식품	콜레스테롤 함량
달걀(1알)	235.0
난황(1알)	298.3
안심(60g)	40.2
삼겹살(60g)	38.4
닭고기(60g)	45
베이컨(25g)	5.3
소시지(40g)	13.3
새우(50g)	65
생오징어(50g)	147
생굴(50g)	28.8

[그림 4-17] 식품 콜레스테롤 함량(mg)

가공식품에 들어 있는 트랜스지방 함량

	전자레인지용 팝콘 1봉지 (평균 100g)		감자튀김 1봉지 (평균 100g)		크루아상 1개
	24.9g		4.6g		4.6g
	페이스트리 1개		초콜릿 입힌 과자 1봉지 (평균 100g)		케이크 1조각
	4.6g		3.2g		3.1g
	마가린 발라 구운 토스트 1장		비스킷 1봉지		파이 1조각
	2.8g		2.2g		1.6g

[그림 4-18] 가공식품에 들어 있는 트랜스 지방 함량

※ 자료는 식품의약품안전청이 2005년에 발표한 '트랜스지방 함량 모니터링 결과'를 토대로 환산한 것

제 5 장

단백질

1. 단백질의 구조와 분류
2. 단백질의 소화와 분류
3. 단백질의 기능
4. 단백질의 대사
5. 단백질의 질 평가
6. 단백질과 건강
7. 단백질의 영양소 섭취기준과 급원식품

1 단백질의 구조와 분류

단백질(protein)은 신체를 구성하고, 생명유지에 필수적인 영양소로, 'to come first(우선적이다)'라는 의미의 그리스어인 'protos'에서 유래했다. 아미노산은 단백질을 구성하는 기본 단위로 탄소(C), 산소(O), 수소(H) 및 질소(N) 등의 원소를 함유하고 있다. 식물은 광합성으로 만든 탄소화합물과 토양에서 흡수한 질소를 이용하여 아미노산을 합성하고, 이 아미노산을 재료로 단백질을 만든다. 인체는 이 식물과 식물을 먹고 자란 동물성 식품을 섭취함으로써 필요한 질소를 얻는다.

1) 아미노산의 기본 구조

자연계에는 300종 이상의 다양한 아미노산이 존재하는데, 인체에서 영양소로 이용되어 단백질을 합성하는 아미노산은 20여 종이다.

아미노산은 탄소(C)원자를 중심으로 수소(H), 아미노기($-NH_2$), 카르복실기($-COOH$), 그리고 R기(곁사슬기, side group)가 1개씩 결합되어 있다. R기(곁사슬기)가 각 아미노산의 특성을 결정하며, 가장 간단한 아미노산은 R기에 수소(H)원자가 결합되어 있는 글리신(glycine)이다.

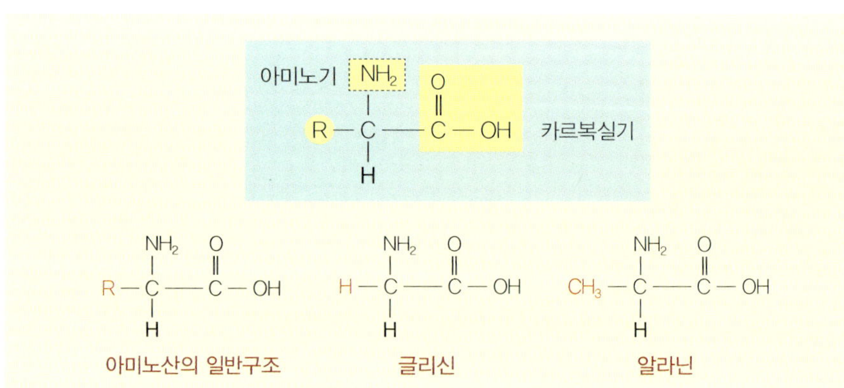

[그림 5-1] 아미노산의 기본 구조

2) 아미노산의 분류

아미노산은 산성인 카르복실기와 알칼리성인 아미노기를 모두 가지는 양성물질이며, 아미노산의 화학적 특성을 나타내는 R기 부분이 아미노산의 형태와 이름을 결정한다. 카르복실기와 아미노기를 각 1개씩 가지고 있는 중성아미노산, R기에 산성인 카르복실기가 첨가되면 산성아미노산, 알칼리성인 아미노기가 첨가되면 염기성아미노산이 된다. 또한, 중성아미노산은 R기의 극성 여부에 따라 비극성과 극성으로 구분되며, R기의 구조에 따라 방향족 아미노산, 곁가지 아미노산(BCAA: Branched Chain Amino Acid) 등으로 분류할 수 있다.

단백질을 구성하는 아미노산은 체내 합성 여부에 따라 필수아미노산과 불필수아미노산으로 구분된다. 20종의 아미노산 중 9가지는 체내에서 합성되지 않거나 충분한 양이 합성되지 않아 반드시 식사로 섭취해야 하는 필수아미노산(essential amino acid)이다. 11가지는 체내에서 탄수화물의 중간 대사물이나 다른 아미노산 등으로부터 합성할 수 있어서 반드시 식사로 섭취하지 않아도 되는 불필수아미노산(non-essential amino acid)이며, 이 중 일부는 특별한 생리 상태(선천성 대사 이상, 영유아기, 질병 등)에서 체내 합성이 제한되거나 불충분하여 식사로 공급되어야 하므로 이를 조건적 필수아미노산(conditionally essential amino acid)이라고 한다.

[표 5-1] 아미노산의 분류

필수아미노산	불필수아미노산	조건적 필수아미노산**
히스티딘(His)* 이소류신(Ile) 루신(Leu) 리신(Lys) 메티오닌(Met) 페닐알라닌(Phe) 트레오닌(Phe) 트립토판(Trp) 발린(Val)	알라닌(Ala) 아스파라긴(Asn) 아스파르트산(Asp) 세린(Ser)	아르기닌(Arg)* 시스테인(Cys) 티로신(Tyr) 글루타민(Gln) 글리신(Gly) 프롤린(Pro) 글루탐산(Giu)

* 성장기 인체에는 필수임
** 조건적 필수아미노산은 정상상태에서는 체내합성으로 충족되지만 특정 체내상태에서 합성이 제한되는 아미노산임

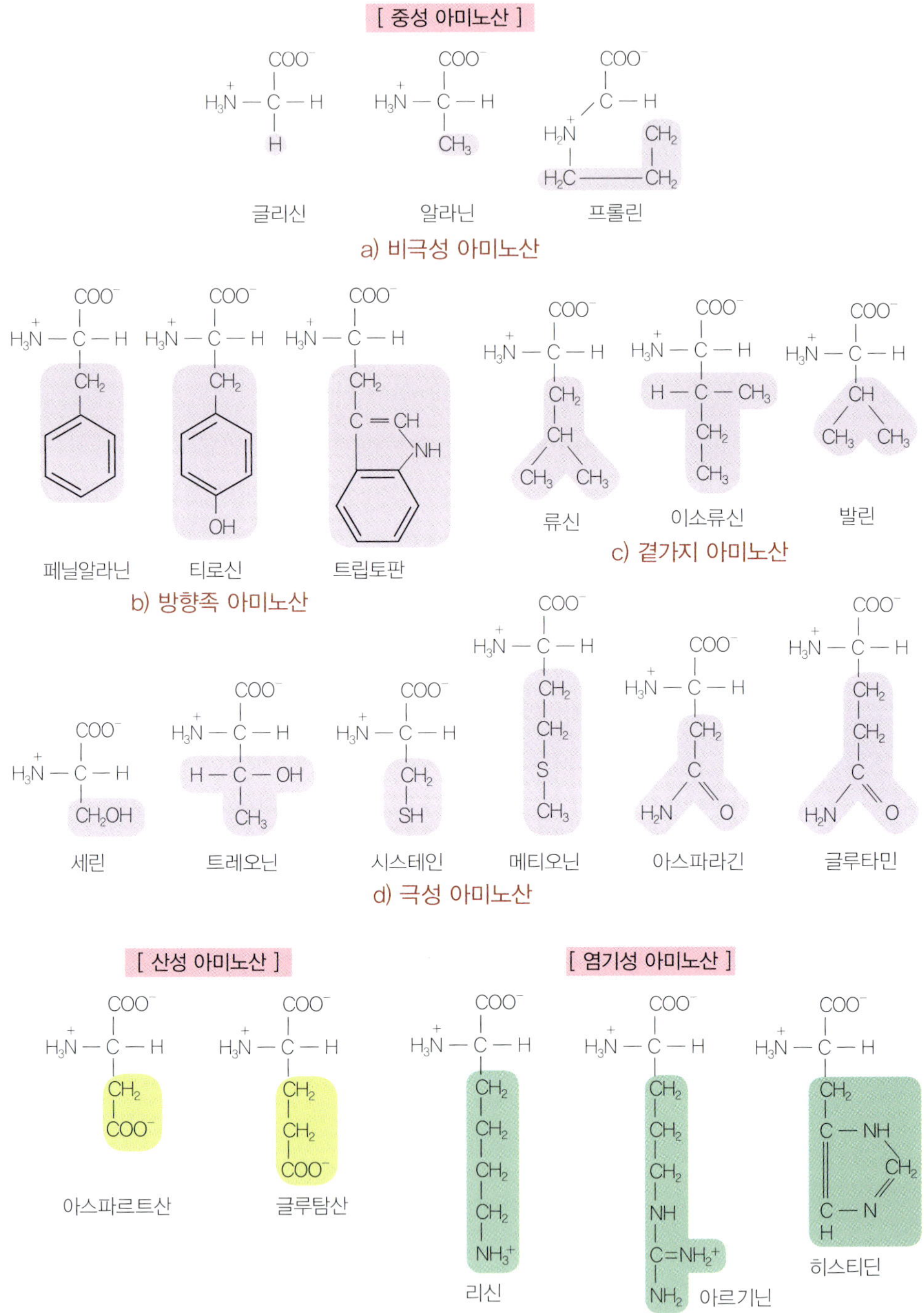

[그림 5-2] 아미노산의 분류 및 구조

예를 들면, 페닐케톤뇨증(PKU: phenylketonuria)인 경우, 선천적으로 페닐알라닌에서 티로신을 합성하는 데 필요한 효소가 부족하여 티로신이 충분히 합성되지 않아 식사로 꼭 섭취해야 하는 조건적 필수아미노산이 된다.

3) 단백질의 구조

단백질은 수많은 아미노산이 펩티드(peptide) 결합에 의해 폴리펩티드(polypeptide)를 형성하면서 다양한 입체 구조를 가진다. 긴 사슬이나 둥근 형태, 꼬이거나 접힌 형태를 가지면서 단백질의 고유한 기능을 수행할 수 있게 된다.

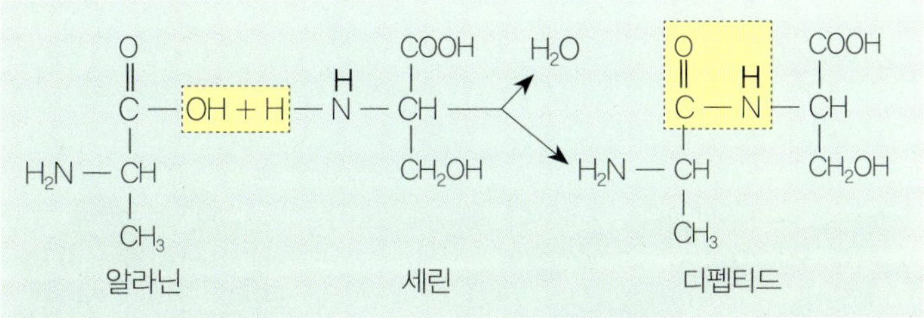

[그림 5-3] 펩티드 결합

(1) 1차 구조

단백질의 1차 구조는 수십, 수천 개의 아미노산이 펩티드 결합으로 연결된 폴리펩티드 사슬구조이다. 아미노산은 고유한 유전정보에 의해 특정한 순서에 의해 결합되며 아미노산 배열 순서에 의해 단백질 모양이 결정된다. 제 위치에 아미노산이 배열되어야 고유 기능을 가진 3차 구조의 단백질을 만들 수 있게 된다.

(2) 2차 구조

1차 구조인 폴리펩티드 사슬이 수소 결합에 의해 공간이 생겨 코일 모양의 α-나선구조(α-helix)나 병풍 모양의 β-시트(β-sheet)를 이룬 구조이다.

(3) 3차 구조

폴리펩티드 사슬들이 수소 결합, 이황화 결합, 소수성 결합 등에 의해 접히고 꼬임으로써 단백질 고유의 생리적 기능을 수행할 수 있는 안정된 3차원의 구조를 형성한 것이다. 2차, 3차 구조에 의해 단백질의 모양은 섬유형 단백질(fibrous protein)과 구형 단백질(globular protein)의 형태로 나타난다.

- 섬유형 단백질: 물에 용해되지 않으며 세포조직의 유지나 구조를 이루는 단백질로서 콜라겐(collagen), 모발의 케라틴(keratin), 혈액의 피브린(fibrin) 등이 있다.
- 구상형 단백질: 수용성의 근육의 미오신(myosin), 헤모글로빈, 대부분의 효소, 혈장단백질 등이다.

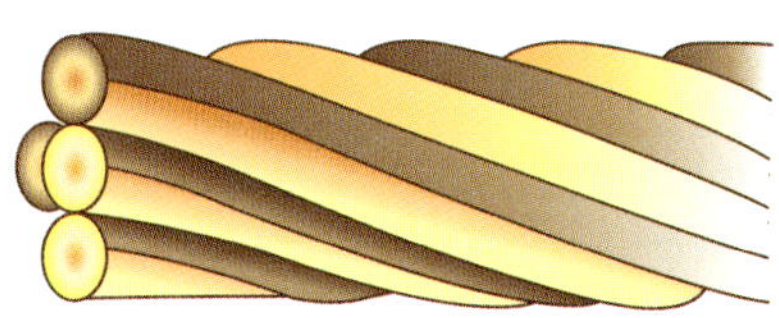

[그림 5-4] 섬유형과 구형 단백질

(4) 4차 구조

3차 구조의 폴리펩티드가 2개 이상 모여 하나의 구조적 기능단위를 형성하는 것이다. 헤모글로빈은 4개의 3차 구조 폴리펩티드가 모여 2쌍의 소단위(subunit)를 구성함으로써 4차 구조를 형성한다. 대부분의 단백질은 1, 2, 3차 구조를 가지며 몇 가지 단백질만이 4차 구조를 가지고 있다.

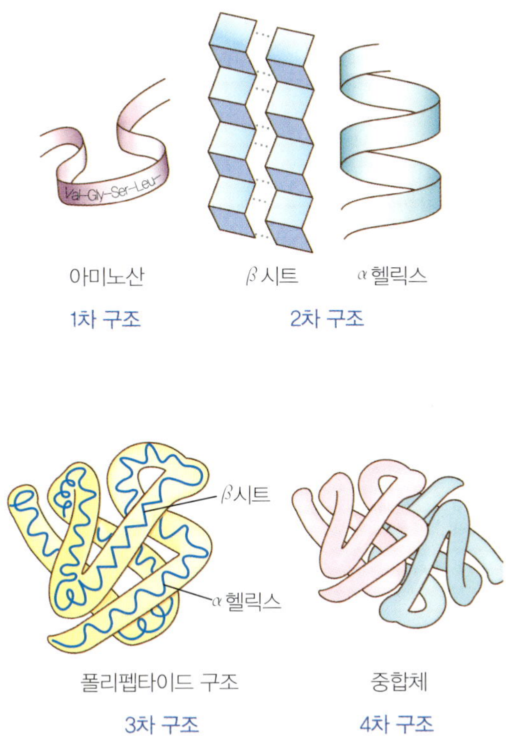

[그림 5-5] 단백질의 구조

4) 단백질의 분류

단백질은 구성하는 화학성분, 생리기능, 필수아미노산의 조성 등에 따라 분류할 수 있다.

(1) 일반적인 분류

① 단순단백질(simple protein)

아미노산과 그 유도체로 구성된 단백질로 용해도와 조성에 따라 알부민, 글로불린, 글루텔린, 프롤라민, 알부미노이드 등으로 분류한다.

[표 5-2] 단순단백질의 종류

단백질	예
알부민(albumin)	달걀흰자, 유즙, 육류 등
글로불린(globulin)	육류, 대두(glycine) 등
글루텔린(glutelin)	밀의 글루테닌(glutenin), 쌀의 오리자닌(oryzanine) 등
프롤라민(prolamin)	밀의 글리아딘(gliadin), 보리의 호르데인(hordein) 등
알부미노이드(albuminoid)	결합조직의 콜라겐(collagen), 모발의 케라틴(keratin) 등

② 복합단백질(complex protein)

이마노산 외에 다른 물질이 결합하고 있으며, 결합된 물질의 종류에 따라 단백질의 다양한 기능에 중요한 역할을 한다.

[표 5-3] 복합단백질의 종류

종류	비아미노산	예
지단백질	지질	카일로미크론, VLDL, LDL, HDL
당단백질	탄수화물	뮤신, 점액 단백질
금속단백질	금속	페리틴(철 저장 단백질) / 칼모듈린(칼슘 저장 단백질)
헴단백질	헴	헤모글로빈
인단백질	인산기	카세인

(3) 영양적인 분류

단백질을 구성하는 필수아미노산의 종류와 양에 따라 분류하며 단백질의 질을 분류하고 평가하는 데 활용한다.

① 완전단백질(complete protein)

완전단백질은 모든 필수아미노산이 적합한 비율을 함유되어 정상적인 성장과 체중 증가, 생리적 기능을 돕는 양질의 단백질을 말한다. 대부분의 동물성 단백질이 해당되며 대표적인 예로 우유의 카세인, 달걀의 오브알부민, 콩의 글리시닌 등이 있다. 젤라틴은 동물성이지만 트립토판과 리신이 부족하여 불완전단백질이다.

② 부분적 불완전단백질(partially incomplete protein)

부분적 불완전단백질은 필수아미노산이 함유되어 있으나 필요량을 충족하지 못하여, 성장을 돕지는 못하나 체중을 유지시키는 단백질이다. 밀의 글리아딘, 보리의 호르데인 등이 있다.

③ 불완전단백질(incomplete protein)

1개 이상의 필수아미노산이 부족하여 체단백질 합성이 잘 되지 않아 성장이 지연되고 체중이 감소한다. 장기간 단백질 급원으로 이것만 섭취했을 때 사망에 이를 수 있다. 동물성인 젤라틴과 옥수수의 제인이 해당된다. 불완전단백질에 다른 단백질을 보충하면 단백질의 질과 이용률을 보완할 수 있다.

(4) 기능적인 분류

단백질의 기능에 따라 분류하면 다음과 같다.

[표 5-4] 생리적 기능에 따른 단백질의 분류

기능	예
효소	소화효소, 대사효소
호르몬	인슐린, 글루카곤, 성장호르몬 등
운반 작용	지단백질, 헤모글로빈, 트랜스페린
방어 작용	항체, 면역글로불린, 혈액응고 단백질
근육	액틴, 미오신
구조	콜라겐, 엘라스틴

2 단백질의 소화와 분류

단백질의 3차 구조는 산, 알칼리, 열 등에 의해 1차 구조로 풀어지면서 생물학적인 활성을 잃게 되는데 이를 단백질의 변성이라고 한다. 식품의 단백질은 조리하는 동안 열에 의해, 섭취 후에는 위산에 의해 변성되는데 변성된 단백질은 직선에 가까운 폴리펩티드 사슬 구조로 소화효소의 작용을 받기 쉬워지게 된다.

1) 단백질의 소화

단백질의 소화는 1차적으로 변성을 통해 효소 작용을 잘 받을 수 있는 사슬형태가 된 후 소화효소에 의해 펩티드 결합이 분해된다. 단백질의 소화는 구강에서는 소화효소가 없어 저작과 함께 침과 혼합되는 과정만 있으며, 위에서 본격적인 소화작용이 시작된다. 단백질의 소화는 주로 위와 소장에서 일어난다.

① 위

단백질은 위산에 의해 변성이 일어나고 소화효소인 펩신(pepsin)의 작용으로 비교적 큰 폴리펩티드 사슬인 펩톤(peptone)으로 분해된다. 펩신은 불활성형인 펩시노겐의 형태로 분비되며 위산(염산, HCl)의 작용에 의해 펩신으로 활성화되는데 펩시노겐의 분비는 위에서 분비되는 소화호르몬인 가스트린에 의해 촉진된다. 펩신은 폴리펩티드 사슬 중 특정한 결합 부분을 가수분해한다.

유아의 위점막에는 카세인(casein)을 응고시키는 응유효소인 레닌(renin)이 있다. 이는 유즙에 있는 카세인을 파라카세인(paracasein)으로 변성시키고 여기에 칼슘이 결합하여 덩어리를 만들게 되는데 위에 오래 머물게 함으로써 단백질 소화효소의 작용을 오래 받을 수 있게 한다.

위에서는 단백질의 일부만 소화되며, 수축이완작용을 통해 죽 형태의 미즙(chyme)으로 소장으로 내려간다.

② 소장

단백질 소화는 대부분 소장에서 일어난다. 췌장과 소장에서 분비되는 단백질 소화효소들은 소장에서 더 작은 폴리펩티드, 디펩티드, 아미노산으로 분해한다. 위에서와 마찬가지로 췌장에서 분비되는 단백질 소화효소는 불활성형으로 분비되며, 트립시노겐, 키모트립시노겐, 프로카르복시펩티다아제는 소장에서 각각 엔테로키나아제, 트립신에 의해 활성화되어 작용한다.

활성화된 트립신과 키모트립신은 비교적 큰 사이즈인 폴리펩티드 사슬인 펩톤을 펩티드와 아미노산 단위로 분해된다.

췌장에서 분비되어 활성화된 카르복시펩티다아제와 소장에서 분비되는 아미노펩티다아제는 각각 폴리펩티드 사슬의 카르복실기 말단과 아미노기 말단에 있는 아미노산의 펩티드 결합을 분해하여 아미노산을 생성한다.

[표 5-5] 단백질 소화효소

<table>
<tr><th>분류</th><th>역할</th><th>효소</th><th>효소원</th><th>활성화 물질</th><th>분비장소</th><th>펩티드 결합 특이성</th></tr>
<tr><td rowspan="3">내부 펩티드 분해 요소</td><td rowspan="3">사슬 내부</td><td>펩신</td><td>펩시노겐</td><td>염산</td><td>위</td><td>Phe, Trp, Tyr, Leu, Glu, Gln</td></tr>
<tr><td>트립신</td><td>트립시노겐</td><td>엔테로키나아제</td><td>췌장</td><td>Lys, Arg</td></tr>
<tr><td>키모트립신</td><td>키모트립시노겐</td><td>트립신</td><td>췌장</td><td>Phe, Tyr, Trp</td></tr>
<tr><td rowspan="3">외부 펩티드 분해 효소</td><td rowspan="3">말단의 펩티드 결합 분해 한 번에 한 개의 아미노산 분리</td><td>카르복시펩티다아제</td><td>프로카르복시펩티다아제</td><td>트립신</td><td>췌장</td><td>카르복시말단 잔기를 한 개씩 절단</td></tr>
<tr><td>아미노 펩티다아제</td><td>–</td><td>–</td><td>소장</td><td>아미노기말단 잔기를 한 개씩 절단</td></tr>
<tr><td>디펩티다아제</td><td>–</td><td>–</td><td>소장</td><td>디펩티드</td></tr>
</table>

여러 단백질 분해효소의 작용을 받아 단백질은 점차 작은 단위의 폴리펩티드를 거쳐 2개의 아미노산이 결합된 디펩티드로 분해되는데 이는 소장에서 분비되는 디펩티다아제에 의해 아미노산으로 최종 분해되어 흡수된다. 일부는 디펩티드 형태로 흡수되기도 한다.

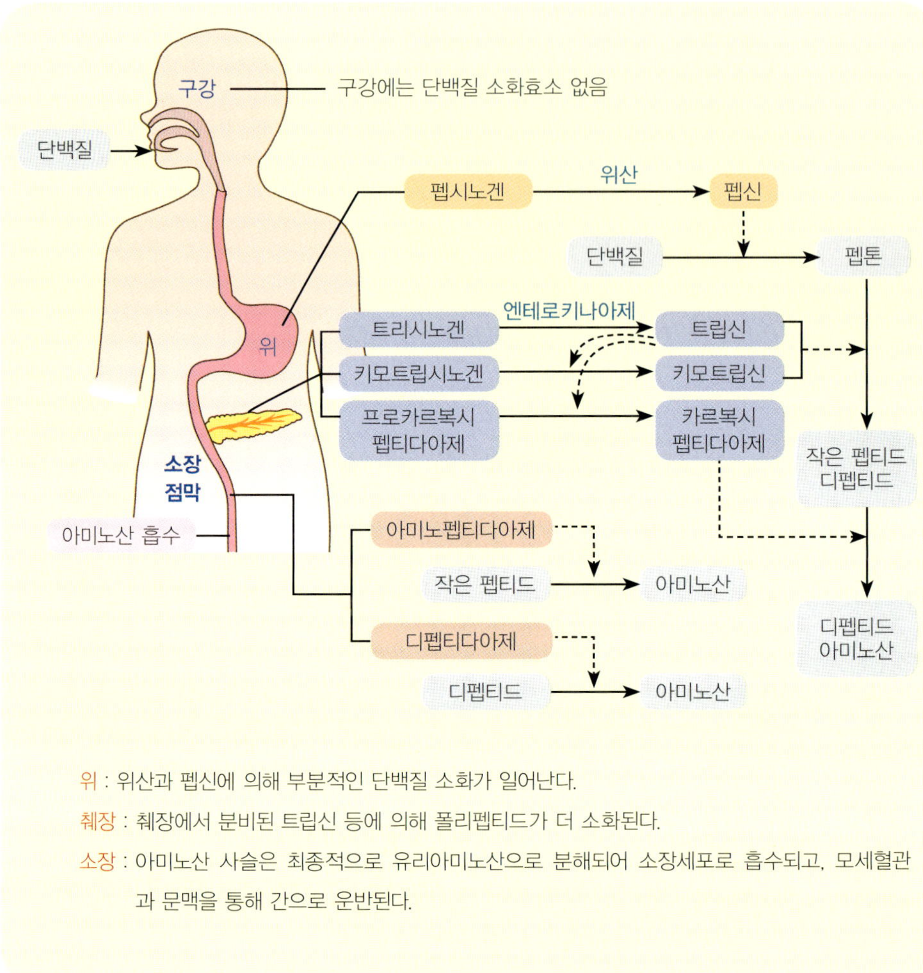

[그림 5-6] 단백질의 소화 개요

2) 단백질의 흡수

수용성 영양소인 단백질의 소화 최종산물인 아미노산과 디펩티드는 운반체를 이용하는 능동수송이나 단순 확산을 통해 소장세포 내로 흡수된다. 단백질의 흡수율은 90% 이상으로 동물성 단백질은 95% 이상, 식물성 단백질은 78~85% 정도의 흡수율을 보인다. 디펩티드 형태로 흡수된 경우에는 소장세포 내에서 아미노산으로 분해되며, 단백질의 최종 소화형태인 아미노산은 모세혈관으로 운반, 문맥을 통해 간으로 이동한다.

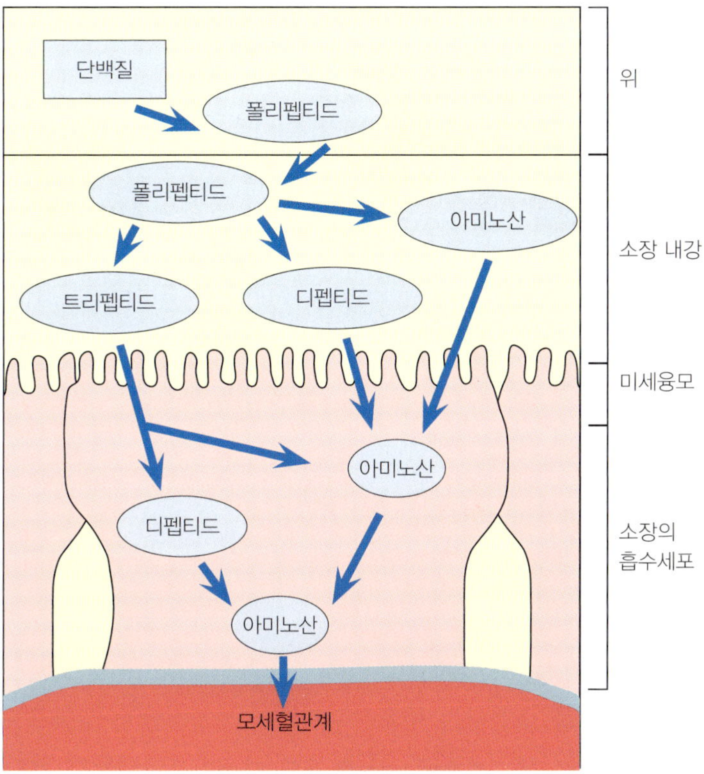

[그림 5-7] 단백질의 흡수

3 단백질의 기능

단백질은 체조직을 구성하고, 효소와 호르몬을 합성하고, 에너지 급원이 되는 등 체내에서 다양한 기능을 수행한다.

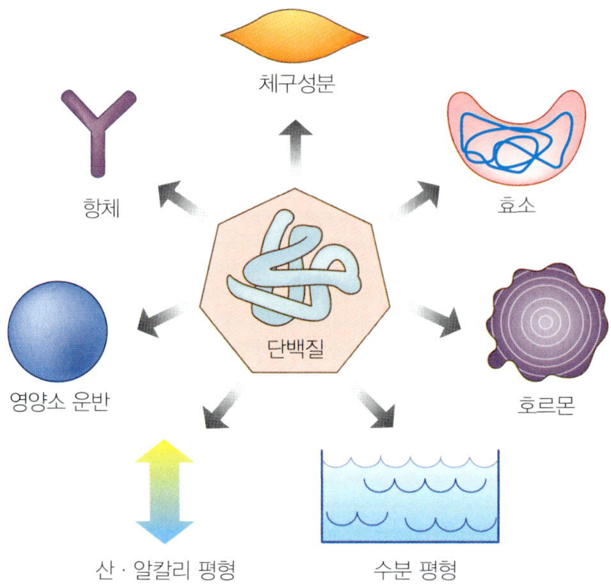

[그림 5-8] 단백질의 기능 개요

1) 체조직 생성과 유지보수

단백질은 근육과 피부, 결체조직, 골격을 지지하는 구조(bone matrix), 혈액 단백질, 세포막 등 인체를 구성하는 주요성분으로 신체조직을 구성하고 유지하는 데 매우 중요하다. 체내의 모든 세포에서는 오래된 단백질은 분해되고 새로운 단백질로 대체하는 단백질 교체(turnover)가 지속적으로 일어나므로 성장기뿐만 아니라 성인에서도 일정량의 단백질 섭취가 필요하다. 성장기와 임신·수유기 등 새로운 조직을 합성하는 시기에는 단백질의 필요량이 증가한다.

2) 효소와 호르몬 합성

단백질은 모든 효소와 일부 호르몬의 구성성분이다. 효소는 아포엔자임(apoenzyme)에 조효소(coenzyme)이나 보조인자(cofactor)가 결합하여 활성화되는데 아포엔자임은 단백질로 구성된다. 호르몬 중 일부는 아미노산과 아미노산 유도체로 구성된다. 갑상선호르몬은 한 개의 아미노산으로 구성되어 있고, 인슐린은 51개의 아미노산이 결합되어 구성된다. 그 외에도 에피네프린, 글루카곤, 성장호르몬 등이 있다.

3) 체액 평형유지, 영양소 운반

혈중 단백질인 알부민, 글로불린, 피브리노겐 등은 간에서 합성되며 혈액 중에서 다양한 생리기능을 수행한다.

(1) 체액의 수분조절

혈액 중 단백질은 분자량이 매우 커서 혈관 밖으로 빠져나가지 못하므로 혈액의 용질의 농도가 높아져 혈액의 삼투압이 조직보다 높게 유지되도록 함으로써 일정량의 수분이 혈관 안에 머물러 있도록 한다. 장기간 단백질 결핍 시 혈중 단백질 농도가 낮아지므로 조직 쪽으로 수분이 확산되어 들어가 부종을 유발하게 된다.

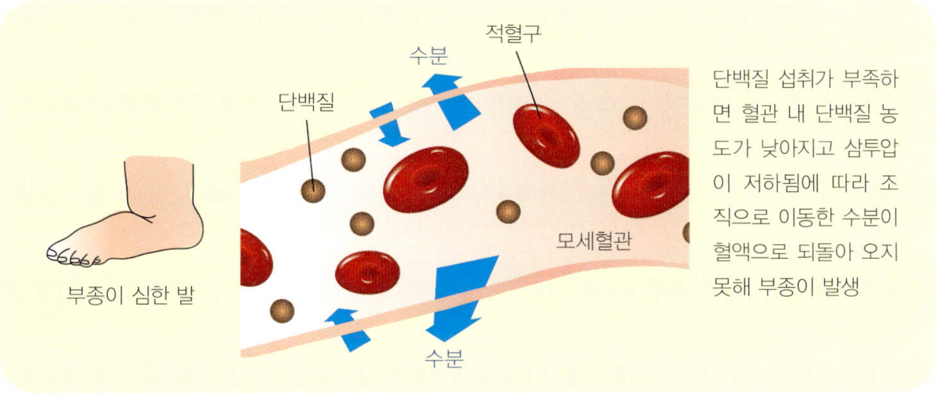

[그림 5-9] 단백질의 수분평형 유지

(2) 산·염기 평형

단백질을 구성하는 기본단위인 아미노산은 양쪽성 물질로서 염기성인 아미노기와 산성인 카르복실기를 모두 가지고 있어 완충제로서의 기능을 수행할 수 있다. 체액의 pH는 7.4(7.35~7.45)를 유지하게 되는데 혈중 단백질은 체내의 생리적인 완충제로 작용하여 체내 산도 변화 시 즉각 대처하는 1차 방어체계 물질 중 하나이다.

(3) 영양소 운반

혈중 단백질인 알부민, 글로불린은 일부 지용성 비타민이나 철, 구리 등의 무기질을 필요한 조직으로 운반한다. 또한, 단백질은 지단백질을 구성하여 중성지방, 콜레스테롤 등의 운반에 관여한다.

4) 면역기능

면역반응에서 외부로부터 침입한 독성물질이나 세균(항원)에 대항하기 위해 체내에서 만들어지고 항원에 특이적으로 결합하는 단백질을 항체(면역글로불린)라고 한다. 만약 단백질 섭취가 부족하면 항체가 잘 만들어지지 않아 면역기능이 저하된다.

5) 포도당 신생과 에너지 급원

뇌와 신경조직, 적혈구 등의 세포들은 우선적으로 포도당을 에너지원으로 이용하므로 이들 세포에 지속적으로 에너지를 공급하기 위해서는 혈당유지가 중요하다. 탄수화물 섭취가 제한되거나 과다한 운동으로 혈당이 떨어져 에너지 공급이 부족해지면 간과 신장에서 아미노산으로부터 포도당을 합성하게 된다. 이 과정을 포도당 신생합성(gluconeogenesis)이라 한다.

이를 통해 혈당을 유지시키며 TCA 회로의 중간 대사물질로 전환되어 에너지원으로 사용된다. 단백질 1g당 약 4kcal의 열량을 낼 수 있으며, 하루 에너지 소비량의 12~15% 정도를 공급할 수 있는데 포도당이나 중간 대사물질로 전환되는 이화과정에서 질소가 떨어져 나와 요소를 합성하는 데에도 에너지를 필요로 하므로 다른 에너지 급원에 비해 효율이 낮다.

위에 언급한 기능 이외에도 단백질은 중요한 생리활성물질을 구성하는 데 쓰인다. 그 예로 신경전달물질인 세로토닌, 항산화 작용 등 다양한 기능이 밝혀지고 있는 타우린, 산화환원 조절물질인 글루타티온 등이 있다.

4 단백질의 대사

체내의 각 조직은 일정한 아미노산 풀(pool, 총량)을 유지하면서 필요에 따라 다양하게 이용된다. 즉, 체내 아미노산은 여러 경로를 통해 들어올 수 있는데 식품으로 섭취한 단백질을 분해해서 흡수된 아미노산, 체내에서 합성되거나 체단백질이 분해되어 생긴 아미노산 등이 각 조직 내의 아미노산 풀을 유지하고 있으면서 체단백질 합성, 효소와 호르몬 합성, 에너지 공급 등 필요에 따라 여러 용도로 사용된다.

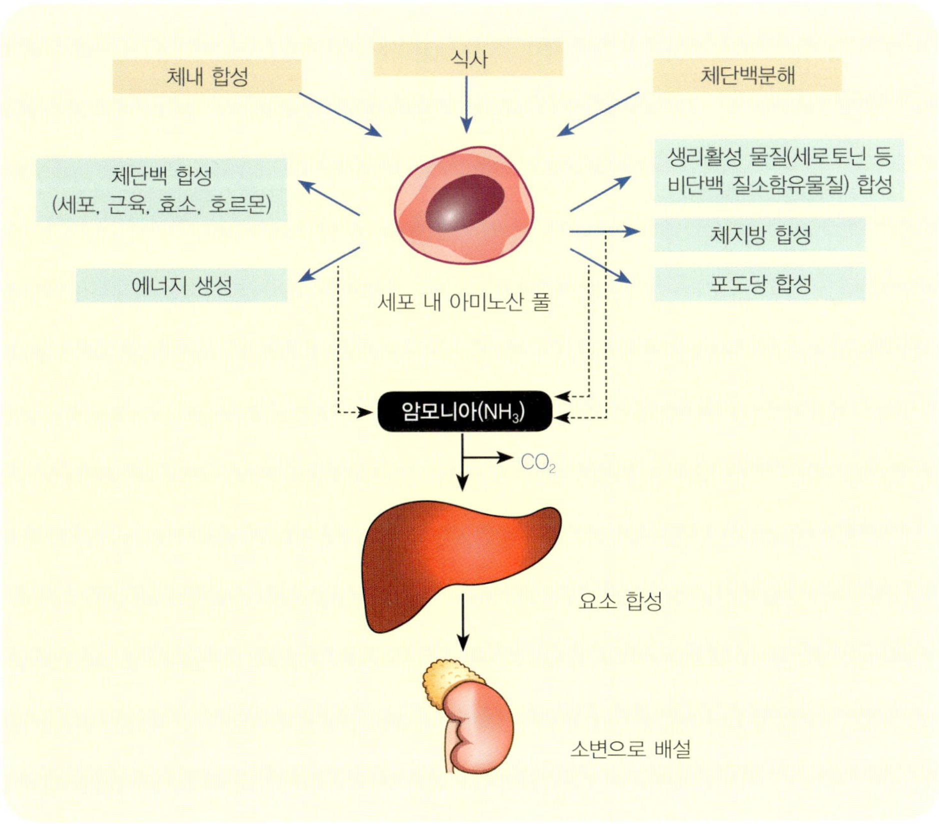

[그림 5-10] 아미노산 대사 개요

1) 아미노산 대사

(1) 아미노기 전이반응

아미노기 전이반응(transamination)은 한 아미노산의 아미노기(−NH_2)를 다른 탄소골격(α−케토산)에 전달하여 새로운 아미노산을 생성하는 과정이다. 이 반응은 주로 불필수아미노산을 합성하는 과정이며, 아미노산의 탄소골격을 이용하는 포도당 신생합성이나 에너지 생성을 위해 일어나기도 한다. 예를 들면 글루탐산의 아미노기를 α−케토산인 피루브산에 전달하여 새로운 아미노산인 알라닌을 생성한다. 아미노기 전이반응은 전이효소(transaminase)가 촉매하며 비타민 B_6의 활성형인 피리독살인산(PLP: Pyridoxal Phosphate)이 조효소로 작용한다.

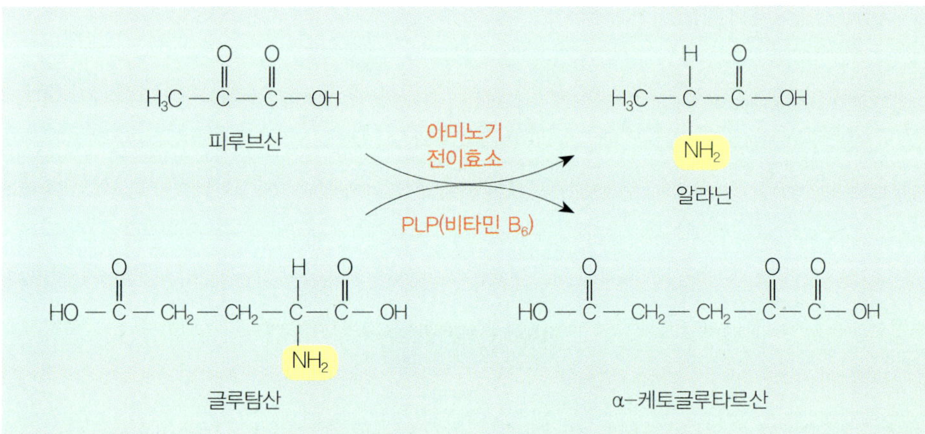

[그림 5−11] 아미노기 전이반응

(2) 탈아미노 반응

탈아미노 반응(deamination)은 아미노산으로부터 아미노기를 떼어내는 반응으로 떨어져 나오는 아미노기는 간에서 새로운 아미노산을 합성하는 재료로 쓰이거나 요소로 전환되어 대사된다.

(3) 아미노산 탄소골격의 이용과 대사 경로에 의한 아미노산의 분류

탈아미노 반응으로 아미노기가 분리된 탄소 골격은 특성에 따라 다른 경로를 통해 탄수화물이나 지질 분해 경로에 합류하여 아세틸 CoA로 전환되거나 TCA 회로를 거쳐 산화되어 에너지를 생성하게 된다. 대부분의 아미노산은 간에서 포도당 신생합성과정을 거쳐 포도당을 생성한다. 이를 포도당 생성(당생성) 아미노산이라 한다. 일부는 아세토아세틸 CoA나 아세틸 CoA로 전환되어 케톤체를 생성하거나 지방산을 합성하는데 이를 케톤 생성 아미노산이라 한다.

[표 5-6] 포도당 생성 및 케톤 생성 아미노산

분류	아미노산
포도당 생성	알라닌, 세린, 글리신, 시스테인, 아스파르트산, 아스파라긴, 글루탐산, 글루타민, 아르기닌, 히스티딘, 트레오닌, 메티오닌, 프롤린
케톤 생성	류신, 리신
케톤 생성 및 포도당 생성	이소류신, 페닐알라닌, 티로신, 트립토판

(4) 요소회로

탈아미노 반응으로 떨어져 나온 아미노기는 인체에 유해한 암모니아를 형성한다. 독성 물질인 암모니아는 혈액을 통해 간으로 운반되고, 이산화탄소와 결합하여 요소회로를 거쳐 무독성의 수용성 물질인 요소로 전환되어 신장을 통해 소변으로 배설된다. 간 기능이 손상된 경우 암모니아를 요소로 전환되지 못해서 혈중 암모니아 농도가 높아져 중추신경계 장애를 일으키는 간성혼수를 유발할 수 있다.

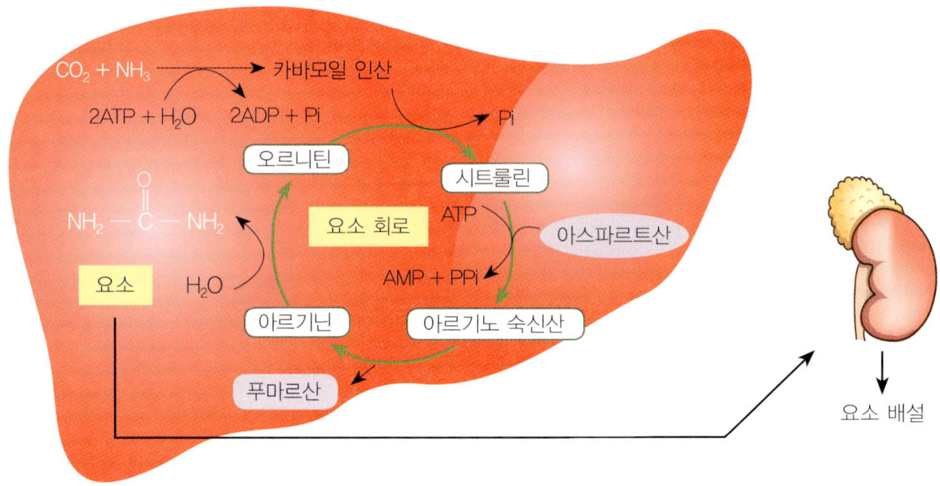

[그림 5-12] 요소의 합성과 배설

(5) 조직에서의 아미노산 대사

소장에서 흡수된 아미노산은 1차적으로 문맥을 통해 간으로 운반되며, 필요에 따라 혈액을 통해 여러 조직으로 운반되어 사용된다. 각 장기에서 주로 대사되는 아미노산의 종류가 다르다.

소장은 글루타민을 에너지원으로 사용하고 알라닌 형태로 배출하므로 소장을 통과하면서 글루타민 농도는 줄고 알라닌 농도는 높아진다. 알라닌은 간으로 이동되어 대사된다.

방향족 아미노산은 주로 간에서 대사되며, 트립토판은 뇌로 이동하여 세로토닌을 합성한다. 곁가지 아미노산은 간에서 거의 대사되지 않고 말초조직, 주로 근육, 지방조직에서 분해되어 이용된다.

근육은 단백질의 합성과 분해가 많이 일어나며 이 과정에서 생성된 암모니아는 주로 글루타민이나 알라닌 형태로 유출된다. 알라닌은 간으로 이동하여 포도당 신생합성 과정을 거쳐 혈당 유지에 쓰인다.

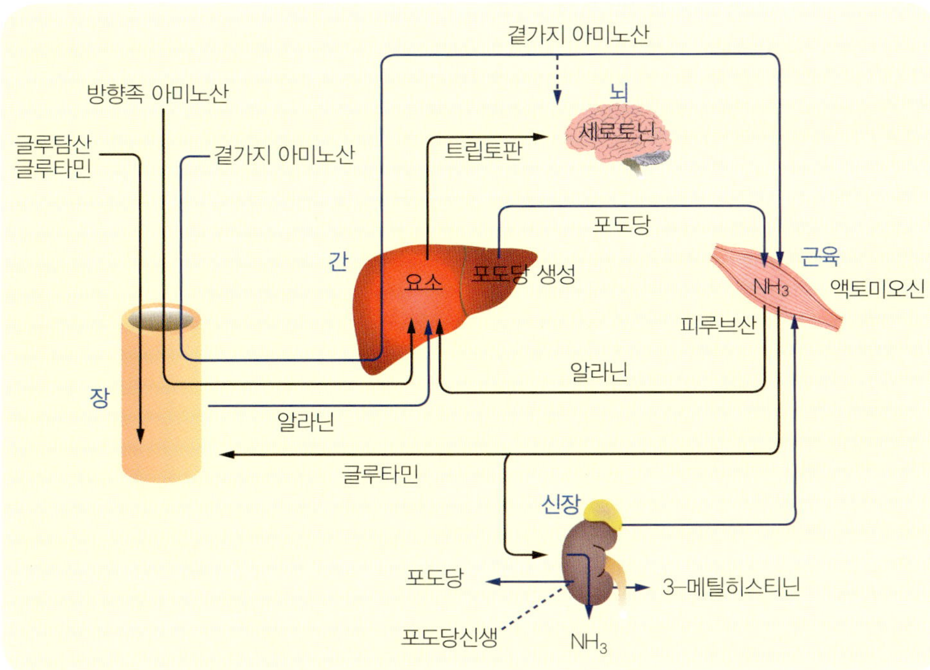

[그림 5-13] 주요 조직에서의 아미노산 대사와 상호작용

2) 단백질 합성

섭취한 단백질로부터 소화흡수된 아미노산은 세포와 조직이 필요로 하는 특정 단백질을 합성하기 위해 간에서부터 각 조직으로 이동된다. 필수아미노산이 부족하면 단백질 합성이 일어나지 않으면, 단백질 합성량은 1g의 단백질 섭취 시 5g 정도 합성되며 연령에 따라 다르다. 식사로 공급되는 아미노산보다 재이용되는 아미노산의 양이 더 많아서 대략 300g의 단백질이 합성되는 것 중 2/3는 재이용되는 것이다. 그러므로 식사로 섭취해야 하는 단백질의 요구량은 적은 편이다. 단백질 섭취 부족 시에도 단시간 내에는 결핍증이 나타나지 않으며, 장기간 결핍 시 나타난다.

단백질 합성은 세포핵 내 DNA의 유전정보에 따라 세포질의 리보솜에서 일어난다. DNA에 있는 유전정보(염기배열)는 mRNA(messenger RNA)에 전사

(translation)되어 단백질 합성 장소인 리보솜으로 이동하고, 유전정보에 따라 선택된 아미노산은 특정 tRNA(transfer RNA)와 결합하여 리보솜으로 운반되어 아미노산들이 차례로 연결됨으로써 단백질을 합성한다.

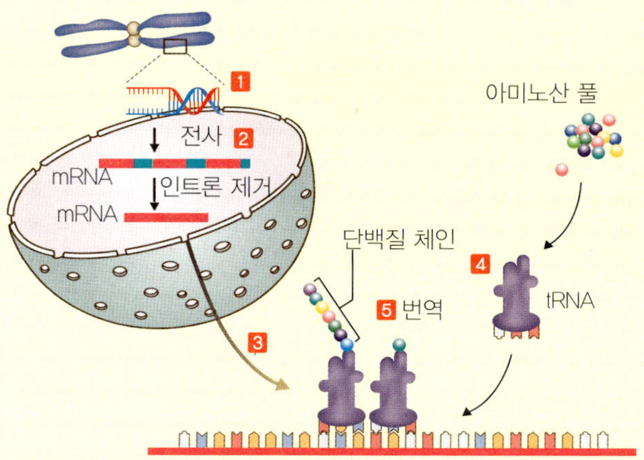

1 DNA는 단백질을 생산하기 위해 필요한 정보를 갖고 있다.
2 DNA의 유전정보 중 특정 단백질을 만드는 데 필요한 정보가 mRNA에 전사된다.
3 mRNA는 핵에서 나와 리보솜으로 간다.
4 tRNA는 mRNA에 있는 코드대로 아미노산을 차례차례 리보솜으로 옮겨서 단백질이 합성되게 한다.
5 번역 과정에서 mRNA에 함유된 정보는 단백질 안의 아미노산 수, 유형, 배열 등을 결정하는 데 사용된다.

[그림 5-14] 단백질 합성 개요

5 단백질의 질 평가

식품 단백질의 질을 평가하는 방법에는 동물의 성장속도나 체내 질소보유 정도를 측정하는 생물학적인 평가방법과 단백질의 필수아미노산 조성을 기준단백질과 비교분석하는 화학적 방법이 있다.

1) 생물학적 평가

(1) 단백질 효율

단백질 효율(PER: Protein Efficiency Ratio)은 성장기 동물(주로 흰쥐)의 성장 정도로 단백질의 질을 평가하는 방법으로 동물의 체중 증가가 체내 단백질 증가와 비례한다는 전제하에 평가하는 방법이다. 간편하게 사용할 수 있는 장점이 있으며, 체중 증가가 반드시 체내 단백질 보유량과 비례하지 않을 수 있다는 것이 단점이다. 주로 영아용 식품의 식품표시기준 설정 시 사용한다.

$$\text{PER} = \frac{\text{일정한 사육기간 동안 체중 증가량(g)}}{\text{일정한 사육기간 동안 총 단백질 섭취량(g)}}$$

(2) 생물가

생물가(BV: Biological Value)는 동물 체내로 흡수된 질소가 체내에 보유되는 정도를 나타내는 것으로 흡수된 단백질이 얼마나 효율적으로 체단백질로 전환되었는지를 측정한다. 생물가가 가장 높은 것은 달걀이며, 우유, 육류 등 동물성 단백질의 생물가도 높은 반면, 식품성 단백질은 상대적으로 낮다. 생물가가 높은 단백질은 오래 체내에 남아 체단백질 합성에 이용된다.

$$\text{BV} = \frac{\text{보유된 질소량}}{\text{흡수된 질소량}} \times 100 = \frac{\text{식품의 질소량} - \text{(소변과 대변 질소량)}}{\text{식품의 질소량} - \text{대변의 질소량}} \times 100$$

(3) 단백질 실이용률

단백질 실이용률(NPU: Net Protein Utilization)은 섭취한 총 식이질소 중에서 체내 보유된 질소의 비율을 나타낸 것으로 소화흡수율을 고려한 값이다.

$$\text{NPU} = \frac{\text{보유 질소량}}{\text{섭취 질소량}} = \text{생물가} \times \text{소화흡수율}$$

2) 화학적 평가

(1) 화학가

화학가(CS: Chemical Score)는 식품 단백질의 제1 제한아미노산의 함량을 기준이 되는 단백질(달걀 단백질)의 같은 아미노산의 함량으로 나누어서 백분율로 나타낸 값이다. 제1 제한아미노산은 평가하고자 하는 식품 단백질의 필수아미노산 구성을 기준단백질의 필수아미노산의 구성과 비교하여 가장 낮은 비율로 함유된 아미노산을 말한다. 달걀 단백질의 필수아미노산의 구성이 인체에 필요한 필수아미노산 함량과 가장 가까우므로 기준단백질로 삼아 다음 식에 의해 구한다.

$$\text{CS} = \frac{\text{식품 단백질 g당 제 1제한아미노산의 양(mg)}}{\text{기준 단백질 g당 같은 아미노산의 양(mg)}} \times 100$$

제한아미노산이란?

식품 단백질에 들어 있는 아미노산 중 인체 필요량에 비해 가장 적게 함유되어 있는 아미노산

[표 5-7] 식물성 식품의 제한아미노산

식품	제한아미노산	부족한 아미노산을 보충할 수 있는 식물성 급원
곡류	리신, 트레오닌	콩류
콩류	메티오닌	곡류, 견과류
견과류	리신	콩류
채소류	메티오닌, 트립토판, 리신	곡류, 견과류, 콩류

(2) 아미노산가

아미노산가(amino acid score)는 유엔 산하 국제식량기구(FAO)와 세계보건기구(WHO)가 인체의 단백질 필요량에 근거한 아미노산 필요량을 토대로 설정한 이상적인 필수아미노산 표준 구성을 기준단백질로 구한 화학가이다.

$$\text{아미노산가} = \frac{\text{식품 단백질 g당 제1 제한아미노산의 양(mg)}}{\text{FAO/WHO 패턴에 의한 기준 단백질 g당 같은 아미노산의 양(mg)}} \times 100$$

(3) 소화율이 고려된 아미노산가

소화율이 고려된 아미노산가(PDCAAS: Protein Digestibility Corrected Amino Acid Score)는 아미노산가에서 소화율을 고려한 것으로 단백질의 아미노산가를 100으로 나눈 값에 소화율을 곱한 것으로 최댓값은 1.0이다. 이는 생물학적인 방법과 화학적인 방법의 단점을 보완한 것으로 FDA에서 4세 이상의 어린이나 임신하지 않은 성인을 위한 식품에 단백질 효율 대신 사용하도록 승인하였다. 우유, 달걀, 콩단백질은 1에 가깝고 밀은 0.4 정도이다.

[표 5-8] 식품단백질의 질의 평가

단백질 급원식품	아미노산가	BV	NPU	PER
달걀	100	94	94	3.92
육류, 어류, 가금류	66~70	74~76	57~80	2.30~3.55
우유	60	85	82	3.09
밀가루	28~44	52~65	40	0.6~1.53
옥수수	31	60	51	1.12
대두	47	71	61	2.32
두류(대두 이외)	28~43	55	48	1.65

6 단백질과 건강

1) 결핍증

단백질의 결핍은 대개 열량 및 다른 영양소 결핍과 같이 나타나며, 저개발국과 개발도상국에서는 열량과 단백질 섭취가 낮아서 성장장애와 질병이 나타나기 쉽다. 단백질과 열량이 부족한 식사를 지속하면 단백질-열량 영양불량(PEM: Protein-Energy Malnutrition, 또는 PCM: Protein-Calorie Malnutrition)이라 한다.

단백질 결핍은 성인보다는 성장기 어린이에게서 많이 나타나는데 성장을 위해 단백질 필요량이 증가하기 때문이다. 단백질-열량 영양불량 중 심한 열량 부족과 단백질 부족이 지속되면 마라스무스(marasmus)가 발생하고, 단백질 결핍이 심한 경우 콰시오커(kwashiorkor)가 발생한다. 마라스무스는 심한 체중감소와 함께 근육과 체지방의 소실이 일어나며, 콰시오커는 부종과 지방간, 머리카락 탈색이 특징적으로 나타난다.

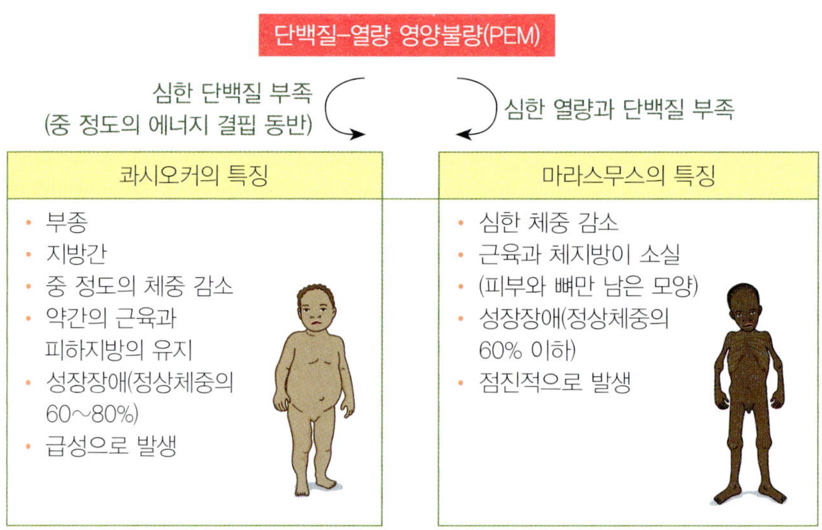

[그림 5-15] 마라스무스와 콰시오커의 비교

2) 고단백 식사의 문제

인체에 꼭 필요한 영양소이지만, 단백질을 필요량 이상으로 섭취하면 건강에 해롭다. 단백질을 과잉 섭취하면 탄수화물과 마찬가지로 지질로 전환되어 체지방으로 축적된다. 동물성 단백질은 식이섬유와 비타민, 무기질 함량이 적고 포화지방과 콜레스테롤 함량은 많아서 과다하게 섭취하면 심혈관계질환과 일부 암의 위험률이 높아진다. 또한, 동물성 단백질에 풍부한 산성의 함황 아미노산 대사물질이 중화되는 과정에서 소변을 통해 칼슘의 손실이 많아지므로 동물성 단백질을 많이 섭취하는 경우 칼슘을 충분히 섭취하지 않고 운동부족, 과도한 음주와 흡연이 오래 지속되면 골다공증이 발생할 위험이 높다. 단백질 과잉 섭취 시 대사 과정에서 많은 요소가 생성되고 처리되는 과정에서 간과 신장에 부담을 줄 수 있으므로 당뇨와 간질환, 신장병 환자의 경우 조심해야 한다. 단백질 필요량은 일반적으로 생각하는 것보다 많지 않으며, 균형된 식사 섭취 시 아미노산의 필요량은 쉽게 충족될 수 있으므로 별도의 아미노산 보충을 필요하지 않으므로 주의한다.

7 단백질의 영양소 섭취기준과 급원식품

1) 질소 평형과 단백질 필요량

단백질 필요량은 '정상적인 신체 활동을 하면서 에너지 균형을 유지하는 상태에서, 식사로 섭취된 질소량과 질소 손실량 사이에 균형을 유지할 수 있는 최소 수준의 단백질량'으로 정의된다(FAO/WHO/UNU, 1985). 건강한 성인의 경우, 단백질 섭취량(섭취된 질소량)과 배설량(질소 소실량)이 평형을 이루어 질소 평형(nitrogen balance) 상태를 유지할 수 있는 양이 단백질 필요량이 된다.

성장기나 임신기, 질병의 회복기에는 새로운 조직이 형성되기 위해 질소가 체내 보유되기 때문에 질소의 섭취량이 배설량보다 많은 양의 질소 평형이 되며, 인슐린, 성장호르몬, 테스토스테론 등의 호르몬과 근력 운동 등이 영향을 미친다. 반면에, 열량부족이나 단백질 섭취부족으로 체단백질이 분해되면 질소 섭취량에 비해 배설량이 많은 음의 질소 평형을 나타낸다.

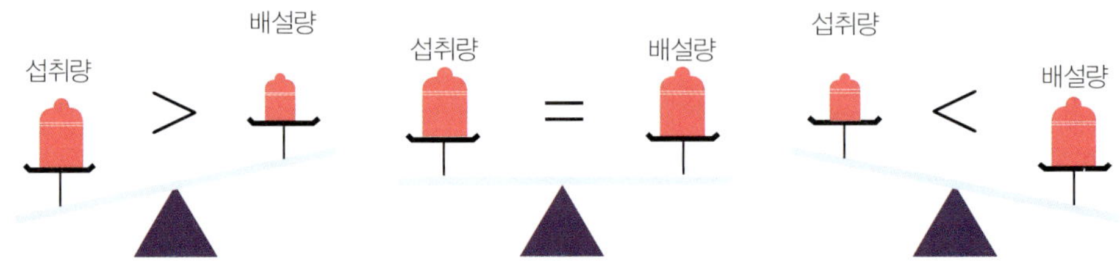

양(+)의 질소 평형

- 성장기
- 임신기
- 질병으로부터 회복기
- 운동으로 인한 근육증가
- 인슐린, 성장호르몬 분비 증가
- 남성호르몬 분비나 투여

질소 평형

- 단백질과 열량 요구량을 충족시키는 건강한 성인

음(−)의 질소 평형

- 단백질 섭취 부족/흡수 불량
- 에너지 섭취 부족
- 발열, 화상, 감염, 수술
- 체단백질 손실(예: 신장질환)
- 오랜 와병
- 갑상선호르몬 분비 증가

[그림 5-16] 질소 평형

2) 단백질의 영양소 섭취기준

2015년 한국인의 영양소 섭취기준에서 단백질의 섭취기준은 6개월 이상 연령층에서는 평균필요량과 권장섭취량을 설정하였고 영아 전반기에는 충분섭취량을 설정하였다. 단백질의 필요량은 질소 평형 실험 결과를 활용하되 소화율을 반영하여 추정하였다. 성인의 경우 성별에 상관없이 질소 평형 실험 결과에서 얻어진 필요량인 0.66g/kg/일에 소화율(90%)을 적용하여 0.73g/kg/일을 질소 평형 유지를 위한 단백질 필요량으로 결정하였다. 권장섭취량은 평균필요량에 변이계수(12.5%)를 적용하여 0.91g/kg/일을 평균 체중에 곱하여 산출하였다. 19~29세 성인 남녀 권장섭취량은 각각 65g과 55g이고, 단백질의 에너지 적정 비율은 7~20%이다.

[표 5-9] 단백질의 영양소 섭취기준(2015)

연령	평균필요량		권장섭취량		충분섭취량	상한섭취량
영아						
0~5(개월)					10	
6~11	10		15			
유아						
1~2(세)	12		15			
3~5	15		20			
아동, 청소년, 성인, 노인	남자	여자	남자	여자		
6~8(세)	25	20	30	25		
9~11	35	30	40	40		
12~14	45	40	55	50		
15~18	50	40	65	50		
19~29	50	45	65	55		
30~49	50	40	60	50		
50~64	50	40	60	50		
65~74	45	40	55	45		
75 이상	45	40	55	45		
임신부 2분기		+12		+15		
임신부 3분기		+25		+30		
수유부		+20		+25		

3) 단백질의 급원식품

단백질은 식물성 식품과 동물성 식품에 골고루 들어 있다. 곡류나 채소류, 서류에 비해 콩류나 유제품, 어육류 및 난류와 같은 동물성 식품에 단백질 함량이 많고 질도 좋다. 그러나, 곡류나 서류 등을 주식으로 섭취하므로 실제로 단백질 섭취량의 상당 부분을 차지한다.

[표 5-10] 주요 단백질 급원 식품

식품군	식품	중량(g)	단백질(g)
곡류	쌀밥(백미)	210	6.3
	국수(삶은 것)	300	13.8
	식빵	100	8.3
	감자(생것)	140	3.9
	고구마(생것)	60	1.0
채소류	시금치	70	2.0
	배추김치	40	0.8
	양송이버섯(생것)	30	1.1
과일류	딸기	150	1.4
	배	100	0.4
	사과(부사)	100	0.3
우유 및 유제품류	우유(1컵)	200	6.4
	치즈	20	3.7
	요구르트(호상)	100	3.2

식품군	식품	중량(g)	단백질(g)
고기 생선 달걀 콩류	쇠고기(안심)	60	12.5
	돼지고기(앞다리)	60	9.8
	닭고기	60	11.4
	햄(등심)	30	4.5
	가자미(생것)	60	13.3
	고등어(생것)	60	12.1
	동태	60	9.6
	조기(생것)	60	11.0
	오징어(생것)	80	15.7
	굴(양식)	80	8.4
	새우(생것)	80	17.6
	오징어(말린 것)	15	10.2
	달걀(생것)	60	7.6
	검정콩	20	7.0
	두부	80	7.4
	두유	200	8.8

제 6 장

에너지 대사

1 에너지의 정의

우리가 사용하는 에너지의 상당 부분은 식물이 태양으로부터 탄소동화작용으로 생성한 전분을 섭취하여 얻고 있다. 식품 속에 함유된 여러 가지 영양소 중 탄수화물, 단백질, 지방을 에너지원이라 하며, 음식을 통해 들어온 이 영양소들의 많은 에너지는 체내에서 여러 단계를 거쳐 ATP(Adenosine Triphosphate)의 형태로 바꾸어 이용한다. 그러므로 모든 세포는 탄수화물, 지질, 단백질에서 생성되는 에너지를 직접 사용할 수 있는 것이 아니라 ATP에서 방출된 에너지를 사용하여 그 기능을 다하고 열로써 밖으로 방출된다. 과잉으로 섭취된 에너지는 지질로 저장되고 아주 적은 양은 소변과 변으로 배설된다.

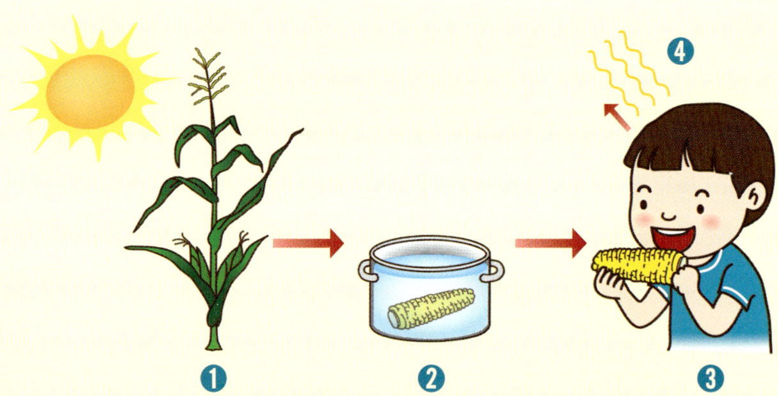

❶ 식물은 태양에너지를 이용하여 이산화탄소와 물로부터 포도당과 전분을 합성한다.
❷ 우리는 식물을 조리하여 먹는다.
❸ 세포의 활동을 위해서 식물의 포도당 및 전분에 함유되어 있는 많은 에너지를 ATP로 전환한다.
❹ 결국 우리의 몸에서 열로 발산되고 과잉으로 섭취된 에너지는 체내에 저장되고 아주 적은 양이지만 소변과 변으로 손실된다.

[그림 6-1] 태양에너지로부터 인체에너지 생산

아데노신(adenosine)에 3개의 인산이 결합되어 있는 ATP는 [그림 6-2]에서 보는 바와 같이 효소의 작용으로 무기인산인 Pi가 한 개 떨어져 나오면서 ADP(adenosine diphosphate)로 될 때 고에너지(7.3kcal)가 방출되고 이때 방출되는 에너지를 이용하여 세포는 활동하게 되며, 근육이 수축되고 이완된다. ADP에서 인산이 1개 떨어지면 AMP가 된다. 아데노신(adenosine)과 인산의 결합은 고에너지결합이다. 소비된 ATP는 보충되어야 하므로 고에너지를 가진 인산화합물인 크레아틴 포스페이트(creatine phosphate)로부터 인산기가 ADP로 전이되어 다시 ATP가 생성된다.

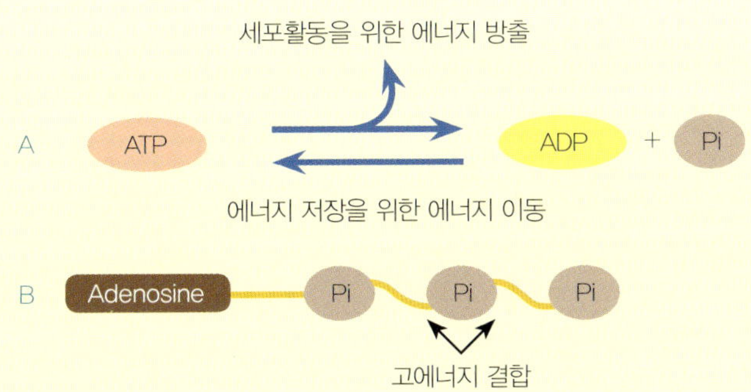

A : ATP가 ADP + Pi로 분해되면서 세포가 이용할 에너지가 방출된다.
B : Adenosine에 3개의 Pi가 결합되어 에너지가 모아져 ATP가 형성되고 따라서 세포가 이용할 에너지가 저장된다.

[그림 6-2] ATP 구조와 에너지 생성

2 에너지의 측정

1) 에너지의 단위

신체기능을 유지하기 위해 필요한 에너지와 식품에 함유되어 있는 에너지의 단위는 cal(calorie)와 J(joule)이다. 영양학에서는 kcal(kilocalorie)를 주로 사용한다. 1kcal란 1기압에서 1kg의 물 온도를 14.5℃에서 15.5℃, 즉 1℃ 올리는 데 필요한 열량이다.

요즈음은 에너지 측정에서 미터법에 의한 측정단위인 J을 사용하기도 하는데 1kJ(kilojoules)이란, 1kg의 물체를 1미터 움직일 수 있는 힘을 1N(newton)이라 할 때 이때 필요한 에너지의 양을 말한다. 1kcal은 4.184kJ이다.

2) 식품의 열량가

식품을 연소시키면 열량을 발생하게 되는데 이를 식품의 연소열이라 한다. 모든 식품의 열량가는 직접법과 간접법으로 측정할 수 있다.

직접법이란 식품을 폭발열량계(bomb calorimeter)라는 기구를 사용하여 식품에서 발생되는 열량을 직접 측정하는 것이다. 폭발열량계는 [그림 6-3]에서 보는 바와 같다. 폭발열량계는 완전히 외부와 차단되어 있고 절연체로 장치되어 있으며, 단시간에 일어나기 때문에 인간의 생체에서 일어나는 연소와는 다르다. 폭발열량계로 측정해 보면 열량소들의 열량가는 다음과 같다.

식품을 구성하고 있는 영양소 중 연소되어 열량을 내는 영양소는 탄수화물, 단백질, 지질 이 3가지 영양소와 알코올이다. 탄소와 수소가 많이 든 것일수록 연소열량이 많은데, 지방은 원소의 조성이 탄수화물이나 단백질과 다르기 때문에 탄수화물이나 단백질에 비하여 두 배 이상의 열량을 생산한다.

단백질을 구성하고 있는 질소는 폭발열량계에서는 연소되어 열을 생산하지만 생체에서는 요소로 만들어져 산화되지 않고 오줌으로 배설된다. 그 열량은 단백질 1g당 1.25kcal이므로 폭발열량계에서 생산되는 열량과 생체 내의 열량은 차이가 있다. 대부분의 식품들은 탄수화물, 단백질, 지방의 구성 비율이 서로 다르기 때문에 생산되는 열량도 각기 다르다. 그뿐만 아니라 신체 내에서는 식품의 소화가 완전히 되지 않고 또한 흡수 및 대사도 완전히 이루어지지 않기 때문에 체내에서 영양소의 열량가는 소화율과 불완전 연소되는 것을 뺀 나머지이다.

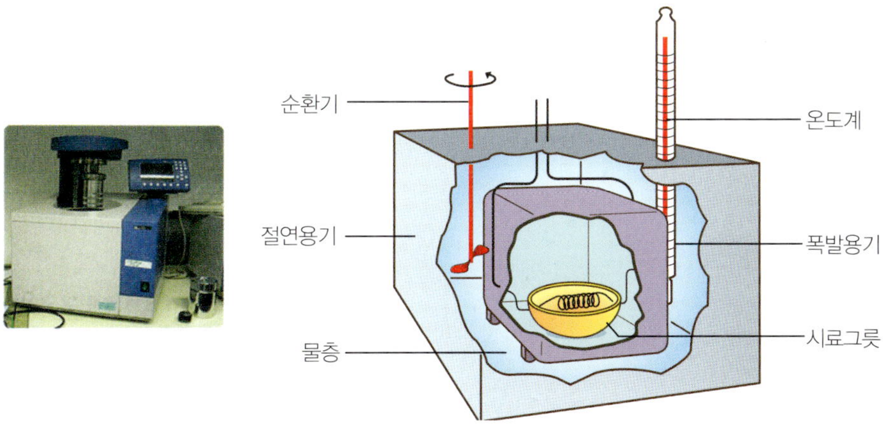

[그림 6-3] 폭발열량계의 구조

일반적으로 영양소의 평균 흡수율은 탄수화물 98%, 지방 95%, 단백질 92%이며, 식품의 종류에 따라 평균 소화율이 조금씩 달라질 수 있는데 특히 섬유소가 많은 경우 낮아진다.

따라서 소변으로 나가는 열량손실과 소화율을 감안하면 신체 내의 열량가는 탄수화물 4kcal, 단백질 4kcal, 지방 9kcal이고, 이를 생리적 열량가라 하며, Atwater 계수라고도 한다. 각 식품의 구성성분을 알면 이 Atwater 계수를 이용하여 쉽게 식품 내 함유된 잠재 에너지를 산출할 수 있다(표 6-1 참조).

[표 6-1] 열량 영양소의 생리적 열량가 산출법

영양소	소화율 (%)	총 에너지 (kcal/g)	에너지 손실 (kcal/g)	생리적 열량가 (kcal/g)
탄수화물	98	4.15	0	4.0
지방	95	9.45	0	9.0
단백질	92	5.65	1.25(소변)	4.0
알코올	100	7.1	0.1(호흡)	7.0

식품들의 열량값을 비교해 보면 쇠고기, 닭고기 등의 육류 및 유지류 식품은 지질함량이 많고 수분량은 적어 많은 열량을 함유하고 있지만 채소류, 과일 등의 식품은 수분함량도 많을 뿐만 아니라 열량소도 적게 들어 있으므로 같은 무게라도 적은 양의 열량을 공급한다.

3) 신체 에너지 측정

사람이 하루에 얼마의 에너지가 필요한가를 알려면 신체의 모든 기관이 활동할 때 발생되는 열량을 측정하면 된다. 신체에서 발생되는 열량을 에너지 대사율(energy metabolic rate)이라 하며, 측정하는 방법에는 직접적인 방법과 간접적인 방법이 있다.

(1) 직접열량 측정법(direct calorimetry)

직접열량 측정법은 몸 안에서 소비되는 에너지는 결국 열의 형태로 몸 밖으로 방출되기 때문에 [그림 6-4]와 같이 피실험자를 완전히 절연된 방에서 활동하게 하고 발생하는 열은 주위의 코일을 통해 흐르는 물에 전도되어 올라간 물의 온도를 측정하여 열량을 알 수 있다.

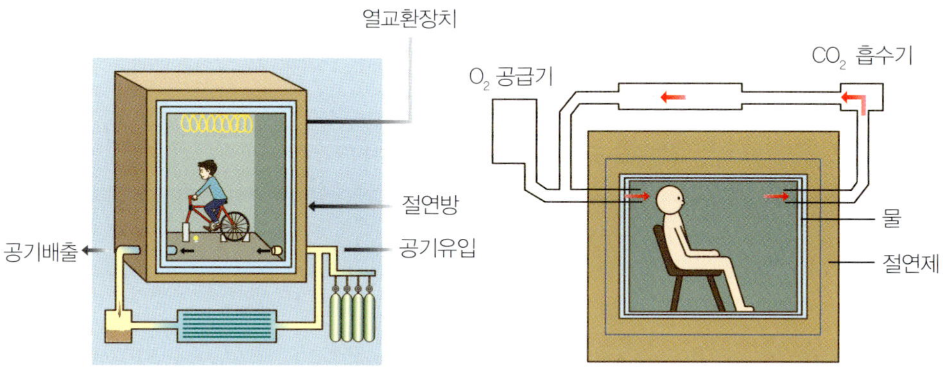

[그림 6-4] 직접열량 측정법에 의한 열 생산 측정

이 방법은 인체의 대사율을 비교적 정확하게 측정할 수 있는 방법이다. 그때 적당한 공기의 유통을 위해 산소공급과 탄산가스를 흡수시키는 장치도 부착되어 있기 때문에 이 기계로 가스교환도 측정할 수 있다. 한편 소모되는 산소와 생산되는 탄산가스를 측정할 수 있어 간접열량측정법의 호흡시험법에서도 사용한다.

(2) 간접열량측정법(indirect calorimetry)

체내에 들어온 열량소들은 O_2를 소비하고 CO_2를 발생하면서 연소되어 에너지를 생산하게 된다. 이때 소비되는 O_2와 생산되는 CO_2 양을 측정하여 간접적으로 소비한 열량을 측정하는 것이다. 일정한 시간에 소비한 O_2 양을 같은 시간에 배출한 CO_2 양으로 나눈 것을 호흡계수(RQ: Respiratory Quotient)라 한다.

$$RQ = \frac{\text{생산된 } CO_2 \text{ 양}}{\text{소모된 } O_2 \text{ 양}}$$

각 열량소마다 원소의 조성이 다르고 소비되는 O_2와 생산되는 CO_2양이 다르기 때문에 호흡상이 모두 다르다. 탄수화물의 RQ는 다음과 같다.

$$C_6H_{12}O_6 + 6O_2 \rightarrow 6CO_2 + 6H_2O$$

$$RQ = \frac{\text{생산된 } CO_2 \text{ 양}}{\text{소모된 } O_2 \text{ 양}} = \frac{6CO_2}{6O_2} = 1$$

지질의 RQ는 탄소와 수소의 양에 비해 산소의 양이 적어 지방이 연소될 때 탄수화물보다 훨씬 많은 양의 산소가 필요하게 된다. 예를 들어 팔미트산(palmitic acid)으로 지방의 RQ를 계산해 보면 다음과 같다.

palmitic acid(palmitin): $C_{51}H_{98}O_6$

$$2(C_{51}H_{98}O_6) + 145O_2 \rightarrow 102CO_2 + 98H_2O$$

$$RQ = \frac{\text{생산된 } CO_2 \text{ 양}}{\text{소모된 } O_2 \text{ 양}} = \frac{102CO_2}{145O_2} = 0.704$$

단백질은 지질에 비하여 평균 원소조성이 정확하지 않고 소변으로 배설되는 질소 화합물이 많으므로 정확하게 계산하기가 어렵다. 이런 조건들을 고려하여 단백질이 연소될 때 생산되는 CO_2와 O_2양에 대한 비율이 4.76 : 5.94가 되므로 단백질의 RQ는 다음과 같다.

$$RQ = \frac{\text{생산된 } CO_2 \text{ 양}}{\text{소모된 } O_2 \text{ 양}} = \frac{4.76}{5.94} = 0.801$$

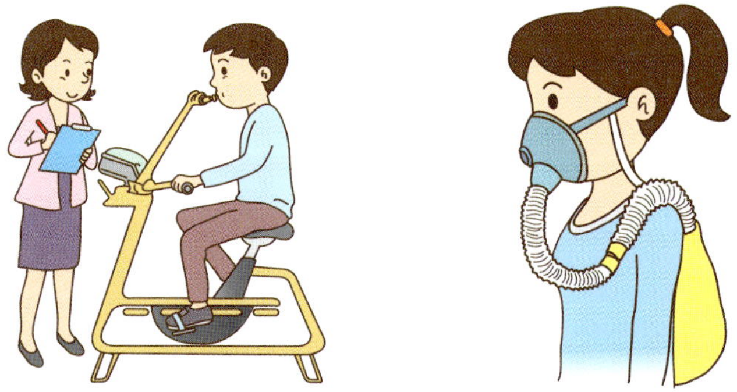

일상활동에서 산소의 소비량과 이산화탄소 생성량을 측정하여 에너지를 산출하는 장치이다.

[그림 6-5] 간접 열량 측정기

3 신체 에너지 필요량 측정

신체에서 소비되는 에너지는 크게 기초대사를 포함시킨 휴식대사량(RMR: Resting Metabolic Rate), 활동에 의한 에너지 소모량(TEE: Thermic Effect of Exercise), 식품 이용을 위한 에너지 소모량(TEF: Thermic Effect of Food), 적응대사량(AT: Adaptive Thermogenesis) 등 4분야로 구분할 수 있으며, 이 4가지 분야에 만족되는 에너지가 공급되어 에너지 균형을 이루어야 한다.

1) 휴식대사량(RMR: Resting Metabolic Rate)

휴식대사량은 쾌적한 생활환경에서 휴식하고 있을 때의 상태로 정상적인 신체 기능을 유지하고, 체내 항상성을 유지하며, 자율신경계의 활동을 위하여 최소로 필요한 에너지양으로 이는 근육대사 활동에 기인하는 것으로 근육량에 비례한다. 휴식대사량은 보통 식사 후 여러 시간이 지난 후에 편안한 환경에서 조용하게 앉아 있거나 누워 있는 상태에서 측정한다. 휴식대사량은 하루에 필요한 총 에너지 중에서 차지하는 비율이 가장 커서 하루 에너지 소비량의 60~70%를 차지한다고 본다. 이와 비슷한 개념으로 기초대사량(basal metabolic rate)이 있다. 일반적으로 기초대사량이 휴식대사량보다 값이 작지만 그 차이가 적으므로 거의 같은 뜻으로 사용되고 있다.

기초대사량은 오직 생명을 유지하는 데 필요한 최소한의 에너지를 말하며, 호흡, 순환, 배설, 체온유지 등 생리현상을 유지하는 데 쓰이는 에너지이다. 기초대사량은 개인마다 조금씩 다르며, 여러 가지 조건에 의하여 영향을 받는데 특히 체표면적에 비례한다. 일반적으로 정상 성인의 1일 기초대사율은 1,200~1,800kcal이며, 비교적 일정하다.

기초대사량을 간단히 구하는 방법

남자 BMR = 1.0(kcal/시간) × 체중(kg) × 24시간

여자 BMR = 0.9(kcal/시간) × 체중(kg) × 24시간

(1) 기초대사량에 영향을 주는 요인

① 체표면적

기초대사량은 체표면적과 비례한다. 체표면적이 넓은 사람일수록 피부를 통해 발산되는 열량이 크기 때문이다. 일반적으로 같은 체중을 가지더라도 키가 크고 마른 사람이 키가 작고 뚱뚱한 사람보다 체표면적이 넓어 기초대사량이 높다.

② 성별

체중과 키가 같을지라도 남자가 여자보다 기초대사량이 5~10% 높다. 이는 여성보다 지방조직이 적고 에너지 소모가 많은 근육량이 많기 때문이며, 여성호르몬보다 남성호르몬인 테스토스테론(testosterone)이 기초대사량에 대한 영향이 크기 때문이다.

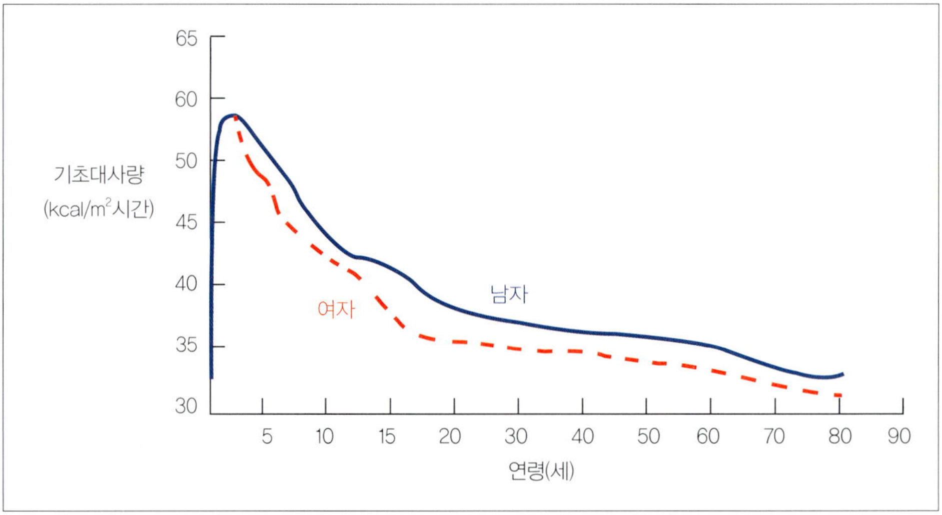

[그림 6-6] 연령별, 성별에 따른 기초대사량

③ 연령

기초대사량은 생후 1~2년에 가장 높고 그 뒤는 점차 감소하다가 사춘기에 다시 어느 정도 상승한다. 어린이의 기초대사량이 어른에 비해서 높은 이유는 성장에 필요한 새로운 세포의 형성에 많은 에너지가 필요하며 체표면적도 상대적으로 어른에 비해서 넓으므로 열손실이 많기 때문이다.

④ 기후

기온의 변화에 따라 기초대사량이 달라진다. 기온이 내려감에 따라 대사량이 증가하는데, 이는 추운 환경에서는 피부로부터 열의 손실이 많아 체온조절을 위한 근육수축작용이 증가되어 산화작용을 증진시켜 열 생산량을 높이므로 기초대사량이 증가한다. 반대로 기온이 높을 때는 근육이 이완되고 대사기능이 저하되어 열 생산량이 적어진다. 추운 지방의 사람들은 추위를 막기 위해서 갑상선 기능이 항진된다. 겨울에는 기초대사량이 평균치보다 5% 증가하고 여름에는 5% 감소한다.

⑤ 호르몬

갑상선, 부신, 뇌하수체, 생식선에서 분비되는 호르몬 등은 기초대사에 많은 영향을 미친다. 갑상선에서 분비되는 티록신(thyroxine)은 기초대사에 크게 영향을 미쳐 갑상선 기능항진의 경우 대사량이 50% 이상 증가하며, 반대로 갑상선 기능저하는 30~50% 낮아진다.

뇌하수체 전엽에서 분비되는 성장호르몬도 세포의 활동을 촉진하므로 대사량이 증가되고, 남성호르몬인 테스토스테론의 분비는 기초대사량을 상승시키며, 놀라거나 흥분으로 부신피질호르몬, 아드레날린이 분비되어도 기초대사량이 증가한다.

⑥ 영양상태

오랫동안 기아상태로 체중이 감소되면 기초대사가 10% 이상 감소된다. 이는 체내 세포들의 활동감소와 열량소비를 줄이려는 신체의 적응현상이다.

⑦ 임신

임신 기간 동안 기초대사량이 15% 정도 증가하는데 이는 모체 및 태아의 생리

작용 증가로 인한 것이다.

⑧ 체온

발열로 체온이 높아지면 기초대사도 증가하는데 보통 체온이 1℃ 높아지면 기초대사는 13% 증가한다.

⑨ 체구성성분

근육조직은 지방조직보다 대사작용이 활발하므로 근육조직을 많이 가질수록 기초대사량이 높다. 따라서 근육이 발달된 운동선수들은 보통사람보다 높은 대사량을 가진다.

⑩ 수면

잠자는 정도에 따라 차이가 있지만 일반적으로 잠잘 때는 기초대사의 10%가 감소한다. 이는 근육이 이완되고 자율신경의 활동이 감소하기 때문이다.

⑪ 기타

카페인이나 흡연은 대사량을 높인다.

2) 활동대사량(TEE: Thermic Effect of Exercise)

활동대사량은 생명을 유지하기 위한 기본대사 외에 노동, 운동 시에 일어나는 근육의 수축, 이완에 필요한 에너지를 말한다.

이 활동대사량은 같은 사람일지라도 활동의 강도에 따라 근육의 수축과 이완의 크기가 다르고, 활동시간에 따라 필요한 에너지가 다르다. 즉, 1시간 동안 누워 있는 것과 앉아 있는 것, 걷기, 달리기, 계단 오르기, 수영하기 등 활동의 종류에 따라 소모되는 에너지가 모두 다르다. 일반적으로 중 정도의 활동을 하는 사람은 하루 필요한 총 에너지의 30%를 차지한다. [표 6-2]와 [표 6-3]은 여러 활동에 따른 에너지 소비량을 표시해 놓은 것이다.

[표 6-2] 여러 활동에 따른 에너지 소비량

활동의 강도	활동의 종류	활동계수 (x BMR)	에너지 소비량 (kcal/kg/day)
아주 가벼운 활동	앉거나 서 있는 활동, 그림 그리기, 운전, 실험실 연구, 타이핑, 요리, 카드놀이, 악기 다루기	남 1.3 여 1.3	남 31/여 30 (기초대사량의 20~40%)
가벼운 활동	평지에서 가볍게 걷기, 창고일, 전기, 전자, 식당 영업, 집안 청소, 아이 돌보기, 골프, 탁구	남 1.6 여 1.5	남 38/여 35 (기초대사량의 55~65%)
보통 활동	걷기, 잡초 뽑기, 호미질, 짐 운반, 자전거 타기, 스키, 테니스, 춤추기	남 1.7 여 1.6	남 41/여 37 (기초대사량의 70~75%)
심한 활동	짐 들고 언덕 올라가기, 나무 자르기, 등산, 축구, 미식축구	남 2.1 여 1.9	남 50/여 44 (기초대사량의 80~100%)
격심한 활동	운동 시합을 위한 강한 훈련 및 경기	남 2.4 여 2.2	남 58/여 51 (기초대사량의 80~100%)

[표 6-3] 활동에 따른 에너지 대사량

활동의 종류	에너지 대사량(kcal/kg/시간)
앉아 있기, 식사	0.4
세면, 배변	0.5
운전	0.5
책상 사무	0.6
버스나 지하철에서 서 있기	1.0
세탁(세탁기 사용)	1.2
요리하기	1.6
보통속도로 걷기	2.1
육아	2.3
자전거 타기	2.6
빠르게 걷기	3.5
에어로빅 댄스	4.0
탁구	5.0
계단 오르기	6.5
조깅	8.5

3) 식품 이용을 위한 에너지 소모량(TEF: Thermic Effect of Food)

음식을 섭취한 직후 체내의 에너지 대사율이 증가한다. 이는 체내에 들어온 영양소들이 에너지를 이용하여 소화, 흡수, 저장, 다른 영양소로 전환, 대사되기 때문이다. 우리가 식사할 때 몸이 더워지고 땀이 나는 것을 경험하는데 이를 식품의 특이동적 작용(SDA: Specific Dynamic Action)이라고도 한다. 섭취된 영양소의 종류와 양에 따라 소모되는 에너지도 다르다. 단백질의 경우는 탄수화물, 지방에 비해서 아미노기의 이탈과 요소를 만들어야 되는 등 복잡한 대사과정을 거쳐야 되므로 에너지의 소비가 커서 20~30% 정도 상승된다. 지방은 흡수, 분해, 저장과정이 비교적 쉽게 이루어지기 때문에 하루 총 필요에너지의 0~5%, 탄수화물은 5~10%, 알코올은 20% 정도 해당된다. 일상적으로 섭취하는 에너지 영양소 구성비율을 기준으로 할 때 식품이 체내에서 이용되는 데 사용되는 에너지양은 평균 10% 정도이다.

4 1일 총`에너지 소요량의 계산

1일 필요한 에너지 소요량 =

기초대사량 − 수면 시 대사저하로 인한 열량(10%) + 활동대사량 + 식품 이용을 위한 에너지

[1일 필요한 총 에너지 소요량 계산 예]

22세 여대생으로 체중이 50kg, 키는 161cm이다. 보통 활동을 하는 경우 1일 필요한 에너지를 구해 보면 다음과 같다.

1. 기초대사량 : 1,040kcal (① = (1) − (2))
   (1) 기초대사량 : 0.9 × 50 × 24 = 1,080kcal
   (2) 수면에 의한 공제(10%) : 0.1 × 50 × 8 = 40kcal
2. 활동대사량 : 1,040 × 0.75 = 780kcal (②)
3. 식품의 이용을 위한 에너지 : (① + ②) × 0.1 = (1,040 + 780)×0.1 = 182kcal (③)
4. 1일 필요한 총 에너지 : (① + ② + ③) = 1,040 + 780 + 182 = 2,002kcal

5 에너지 섭취기준

에너지는 섭취기준으로 제시된 4가지 개념, 즉 평균필요량, 권장섭취량, 충분섭취량, 상한섭취량 중 평균필요량에 해당하는 에너지 필요추정량을 제시하고 있다. 에너지 섭취기준, 즉 에너지 필요추정량은 건강하고 적정 활동을 수행하며 정상 체격을 지닌 사람이 에너지 평형을 유지하는 데 필요한 양으로, 섭취부족과 섭취과잉에 따른 피해가 최소로 되는 섭취량을 말한다. 또한 어린이와 임신부, 수유부의 에너지 필요추정량은 성장에너지, 조직의 축적 또는 젖의 분비에 필요한 에너지를 추가하였다.

2015 한국인 영양소 섭취기준의 연령, 체위기준과 에너지 섭취기준은 [표 6-4], [표 6-5]와 같다. 에너지 필요추정량은 개인차가 크며, 제시된 추정식에 각 개인이나 집단의 신장, 체중 그리고 신체활동 수준을 적용하여 계산한 추정량을 영양상담 및 영양 중재 시 개인 및 집단을 위한 적절한 식사계획 및 평가에 적용할 수 있다. 또한 에너지 필요추정량은 에너지 섭취량의 영향을 받는 영양소들의 필요량을 결정할 때에도 기준이 될 수 있다. 에너지 섭취기준량은 에너지 필요추정량 산출 공식을 적용하여 계산하였다.

남자: 662 − 9.53 × 연령(세) + PA[15.91 × 체중(kg) + 539.6 × 신장(m)]
PA = 1.0(비활동적), 1.11(저활동적), 1.25(활동적), 1.48(매우 활동적)

여자: 354 − 6.91 × 연령(세) + PA[9.36 × 체중(kg) + 726 × 신장(m)]
PA = 1.0(비활동적), 1.12(저활동적), 1.27(활동적), 1.45(매우 활동적)

[표 6-4] 신체활동 강도별 신체활동의 예

신체활동 강도	활동 예
1.0	수면
1.1~1.9 (휴식, 여가활동)	옆으로 눕기, 앉아서 책 읽기, 서예, TV 시청, 대화, 요리, 식사, 세면, 배변, 바느질, 재봉일, 꽃꽂이, 다도, 카드놀이, 악기연주, 운전, 서류정리, 워드작업, 사무용 기기 사용
2.0~2.9 (저강도 활동)	지하철/버스 서서 탑승, 쇼핑, 산책, 세탁(세탁기 사용), 청소(청소기 사용)
3.0~3.9 (중강도 활동)	정원 손질, 보통속도 걷기, 목욕, 자전거 타기, 아기 업고 보행, 게이트볼, 골프, 가벼운 댄스, 하이킹(평지), 계단 오르기, 이불 널고 걷어 들이기, 체조
6.0 이상 (고강도 활동)	근력 트레이닝, 에어로빅, 노 젓기, 조깅, 테니스, 배드민턴, 배구, 스키, 축구, 스케이트, 수영, 달리기

[표 6-5] 2015년 한국인의 영양소 섭취기준 – 에너지 필요추정량

연령		에너지 필요추정량	
영아기	0~5(개월) 6~11	550 700	
유아기	1~2세 3~5	1,000 1,400	
		남자	여자
아동기	6~8(세) 9~11	1,700 2,100	1,500 1,800
청소년기	12~14(세) 15~18	2,500 2,700	2,000 2,000
성인기		2,600 2,400 2,200	2,100 1,900 1,800
노인기		2,000	1,600
임신부		+0/340/450(1/3분기, 2/3분기, 3/3분기로 구분)	
수유부		+320	

6 바람직한 에너지 섭취와 건강

바람직한 에너지의 섭취는 필요한 만큼의 에너지만 섭취하는 것이다. 필요한 양보다 많이 섭취하면 많이 섭취된 에너지가 지방으로 바뀌어 체내에 저장되어 체중이 증가하게 되고, 소모되는 에너지가 섭취된 에너지보다 많으면 체중이 감소하게 된다. 정상적인 체중은 건강의 척도이고 비만과 저체중은 여러 가지로 신체에 영향을 미치게 된다. 에너지를 부족하게 섭취하면 기운이 없어 활동량이 감소되며, 병에 대한 저항력도 낮아져 질병에 쉽게 걸린다. 또한 성장기 어린이의 경우는 성장이 제대로 되지 않으며 심한 경우에는 마라스무스(marasmus)라는 질병에 걸리게 된다.

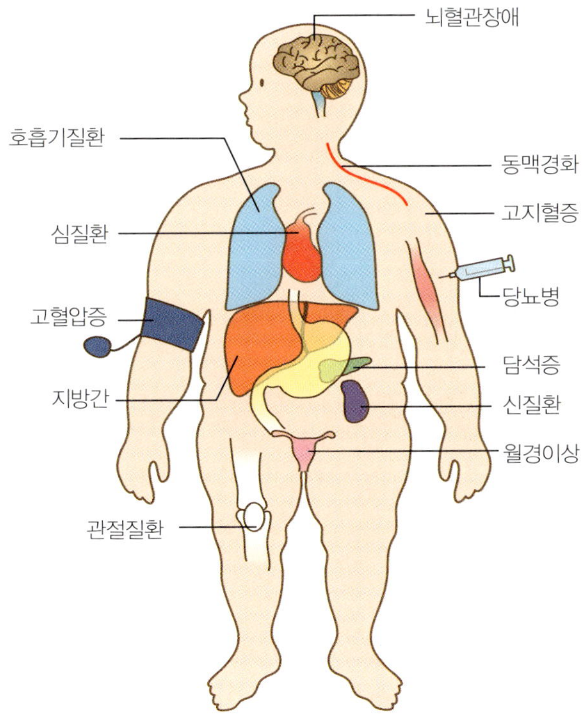

[그림 6-7] 비만으로 인한 합병증

에너지를 과잉으로 섭취하면 정상보다 많은 지방이 체내에 축적되므로 비만을 불러일으킨다. 일반적으로 체지방함량은 남자는 체중의 15%, 여자는 25~30% 정도이다. 비만으로 인한 합병증으로 고혈압, 관상심장질환, 동맥경화증, 당뇨병, 암과 같은 생활습관병을 초래하여 평균수명을 단축시킨다.

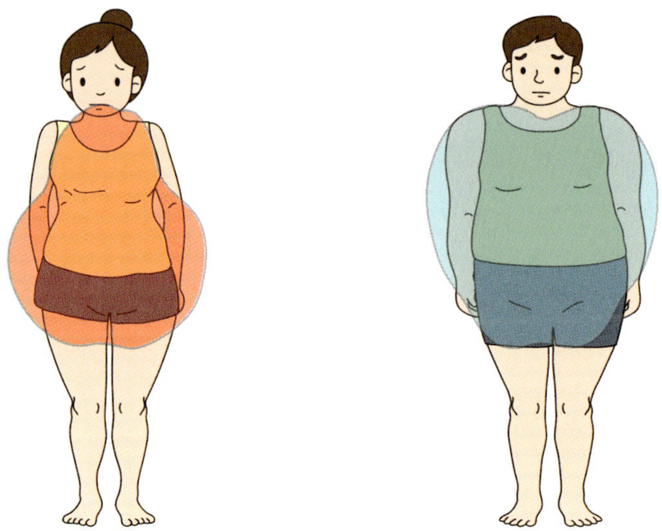

허벅지에 체지방이 주로 분포되어 있는 경우, 여성형 비만 혹은 하체 비만이라고 한다.

상반신에 체지방이 주로 분포되어 있는 경우, 남성형 비만 혹은 상체 비만이라고 한다.

[그림 6-8] 체지방의 분포형태

비만은 체지방이 과도하게 증가된 상태로 평가기준은 여러 가지가 있으나 요즈음은 체질량지수(BMI: Body Mass Index)를 많이 사용하고 있으며, 키와 체중으로 계산한다.

$\text{BMI} = \dfrac{\text{체중 (kg)}}{\text{신장}^2\ (\text{m}^2)}$	판정	저체중	18.5 미만
		정상	18.5 ~ 23.0 미만
		과체중	23.0 ~ 25.0 미만
		비만	25.0 이상

제 7 장

지용성 비타민

1. 비타민의 특징
2. 비타민 A
3. 비타민 D
4. 비타민 E
5. 비타민 K

1 비타민의 특징

비타민(vitamin)은 생명(vital)에 필수적인 아민(amine)이라는 뜻으로 합성어로 'vitamine'에서 유래하였다. 비타민은 체내에서 요구되는 양이 적지만 체내에서 합성되지 않기 때문에 반드시 식품으로 섭취해야 하는 영양소로 체내 에너지 대사 과정이나 정상적인 생리기능 등에 관여한다. 또한 비타민은 미량 영양소지만 부족하게 섭취할 경우 다양한 결핍 증세가 나타나며 다양한 식품을 골고루 섭취할 경우 이러한 결핍 증세를 예방할 수 있다. 비타민은 발견된 순서 또는 그 기능에 따라 A, B, C, 니아신, 엽산 등으로 명명되었으며 비타민 B는 B_1, B_2 등으로 세분화하여 명명되었으며 크게 지용성 비타민과 수용성 비타민으로 분류한다(표 7-1).

[표 7-1] 비타민의 분류

지용성 비타민	수용성 비타민
비타민 A, D, E, K	비타민 C, 티아민, 리보플라빈, 니아신, 비타민 B_6, 엽산, 비타민 B_{12}, 판토텐산, 비오틴, 콜린

지용성 비타민은 섭취, 흡수, 운반, 대사 과정에서 식사로 섭취하는 지방의 양, 형태, 흡수, 대사와 밀접한 관련성을 갖기 때문에 지방의 흡수 또는 대사에 이상이 발생할 경우 지용성 비타민의 흡수와 대사에도 영향을 미친다. 지용성 비타민은 일반적으로 소변으로 배설되지 않으며 답즙으로 배설되고 체내 간과 지방조직에 상당량이 저장될 수 있기 때문에 과잉 섭취는 과잉증이 나타나기 쉽고 부족하게 섭취할 경우 결핍증은 서서히 나타난다.

수용성 비타민은 물에 잘 용해되는 특성을 갖기 때문에 수용성 상태로 혈액에 흡수되어 체내 순환하며 지용성 비타민에 비해 수용성 비타민은 대부분이 체외로의 배출이 용이하다. 배출 경로는 주로 소변을 통하며 체내에 저장률이 낮기 때문에 정기적으로 섭취하여야 한다. 수용성 비타민은 체내 여러 대사 과정의 효소의 작용을 돕는 조효소로 대사의 조절 기능을 수행한다(표 7-2).

[표 7-2] 비타민의 특징

구분	지용성 비타민	수용성 비타민
일반성질	기름과 유기용매에 녹음	물에 녹음
저 장	지방조직, 간에 저장됨	체액 순환함
배 출	체외 배출이 어려움	필요 이상 시 배출됨
결핍증상	서서히 발생함	빨리 발생함

2 비타민 A

비타민 A는 이소프레노이드(isoprenoid) 화합물로 비타민 A의 결핍으로 인한 야맹증은 보기 드무나 불충분한 섭취나 체내 저장된 비타민 A가 손실될 경우 비타민 A 결핍증상이 나타날 수 있다.

비타민 A는 카로티노이드(carotenoids), 레티놀(retinol), 그리고 그 대사물을 총칭하는 것으로 전구체 형태인 프로비타민 A(provitamin A)와 활성형 비타민 A로 구분지을 수 있다. 비타민 A는 지방산 잔기를 갖는 고리 구조 형태로 활성형 비타민 A는 기본 구조인 레티놀, 시각색소로 작용하는 레티날(retinal), 세포 내 신호전달 물질인 레티노익산(retinoic acid) 세 가지 형태로 존재한다. 레티놀과 레티닐 에스테르 형태로 존재하는 비타민 A는 동물성 식품에 있으며 레티닐 에스테르는 비타민 A 활성을 나타내지 않으나 장관 내에서 가수분해되어 레티놀로 전환된다.

프로비타민 A 또는 카로티노이드는 레티놀의 식이성 전구체로 장 또는 간세포 내에서 효소에 의해 레티날 또는 레티놀의 형태로 전환될 수 있다. 카로티노이드는 카로틴(carotene), 라이코펜(lycopene), 루테인(lutein), 제아잔틴(zeaxanthin), β-카로틴(beta-carotene), β-크립토잔틴(beta-cryptoxanthin) 등이 있다. 이 중 α-카로틴, β-카로틴, β-크립토잔틴은 레티놀로 전환될 수 있으며 β-카로틴의 활성이 가장 높고 그 양도 많다. 이외의 카로티노이드는 비타민 A의 활성을 갖지 않는다.

1) 체내 기능

비타민 A의 활성형인 레티놀, 레티날, 그리고 레티노익산은 중요 기능을 수행한다. 이들은 생화학적 또는 생리적 기작으로 시각 관련 기능, 세포의 성장 및 분화, 항암, 항산화, 면역기능 등을 나타낸다.

(1) 시각 기능

비타민 A의 체내 주요 기능은 시각 관련 기능이다. 망막(retina)의 간상세포(rod cell)와 원추세포(cone cell)는 시세포로 각각 어두운 곳과 밝은 곳에서 빛에 감응하는 작용을 한다. 레티날이 간상세포의 로돕신 형성을 도와 어두운 곳에 들어갔을 때 점차 익숙해져 사물을 식별할 수 있도록 한다. 이를 암적응(dark adaptation)이라 하며 비타민 A가 결핍되었을 때 암적응이 정상적으로 이루어지지 않으며 야맹증(night blindness)이 발생할 수 있다.

비타민 A에 의한 암적응 과정은 [그림 7-1]에 나타내었다.

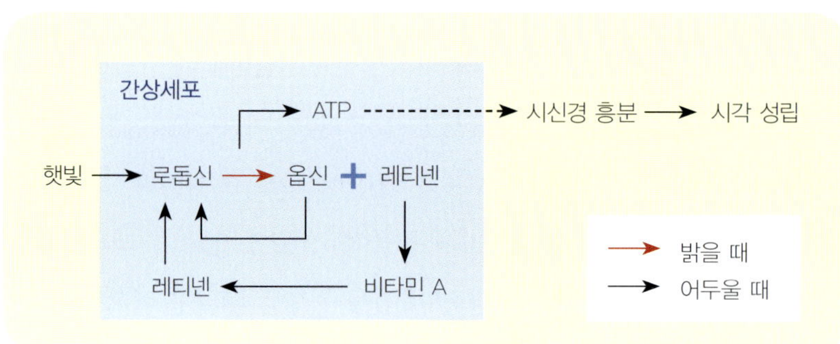

[그림 7-1] 로돕신의 광화학 반응

간상세포에서의 로돕신은 11-cis 레티날과 옵신(opsin)이라 불리는 단백질과 결합하여 형성된다. 로돕신이 빛을 받았을 때 로돕신에 있는 11-cis 형태의 레티날은 all-trans 형태로 그 구조가 전환되면서 레티날과 옵신으로 분리되며 이때 신경 자극 전달에 의해 사물 인지가 가능하게 된다. 이러한 분리 반응을 탈색과정(bleaching process)이라 부르며 분리된 레티날은 재이용되지 않고 배출된다. 이러한 과정이 지속되기 위해서는 로돕신이 다시 생성되는 과정이 필요하다. 로돕신이 생성되기 위해서는 all-trans 형태의 레티날을 11-cis 레티날로 다시 전환시키는 단계가 일어나 탈색과정과 로돕신의 생성과정이 연결되는 시각회로(visual cycle)가 형성된다. 결국 시각회로가 반복되는 과정에서 지속적으로 레티날이 손실되기 때문에 식사로 섭취하여야 하며 비타민 A를 부족하게 섭취할 경우 위와 같은 시각 기능에 이상을 일으켜 야맹증을 초래하게 된다.

(2) 세포의 성장 및 분화

레티노익산은 세포의 분화에 관여한다. 레티노익산의 수용체인 RAR(Retinoic Acid Receptor)과 RXR(Retinoid X Receptor)은 핵수용체의 일종으로 all-trans 레티노익산과 9-cis-레티노익산이 이 수용체들에 결합하여 유전자의 발현을 조절한다. 따라서 레티노익산은 피부를 비롯하여 폐, 위장관 등의 상피세포의 정상적인 성장과 분화를 돕는다.

(3) 항암 및 항산화 작용

프로비타민 A인 카로티노이드는 활성산소(free radical)를 제거하는 항산화제로 작용한다. β-카로틴은 활성산소종과 상호작용하며 과산화 활성종을 가둔다. 그러나 경우에 따라 산화전구체(pro-oxidant)로 작용하기 때문에 과량의 섭취는 피하는 것이 바람직하다.

비타민의 항암 작용에 관련하여 연구들이 보고되고 있으나 그 기전에 대한 연구들이 진행되고 있다.

2) 소화, 흡수, 운반, 저장 및 배출

식품으로 섭취한 비타민 A는 지방과 결합하여 레티닐 에스테르 형태로 담즙과 소화효소(췌장, 소장)에 의해 분해되어 레티놀로 분해되어 흡수된다. 비타민 A의 흡수율은 형태별로 다르다. 레티놀은 최대 90%까지 흡수되는 반면 카로티노이드는 흡수율이 매우 낮다. 흡수된 레티놀은 소장 점막 내에서 다시 지방산과 결합하여 킬로마이크론 형태로 림프계를 거쳐 간으로 이동된다. 대부분의 카로티노이드는 레티날로 분해된 후 레티놀과 마찬가지로 킬로마이크론 형태로 간으로 운반된다. 간으로부터 순환계로 레티노이드가 방출될 때 레티놀 결합 단백질이라 불리는 단백질 운반체의 도움으로 운반되며 카로티노이드의 경우 지단백질의 일종인 VLDL(Very Low Density Lipoprotein)에 의해 운반된다.

비타민 A는 주로 레티닐 에스테르 형태로 간에 저장되며 필요시 레티놀로 분해된 후 필요한 조직으로 운반되어 레티날과 레티노익산으로 전환되어 사용된다. 카로티노이드는 간과 지방조직에 저장되며 필요시 지방조직으로부터 방출되어 간으로 이동하여 레티노이드로 전환된다.

비타민 A는 체외로 쉽게 배출되지 않으며 일부 소변으로 손실할 수 있다.

3) 영양소 섭취기준

우리나라는 비타민 A의 기본 단위로 RE(Retinol Equivalents)를 사용하여 왔으나 2015년 한국인 영양소 섭취기준에서는 미국과 캐나다에서 채택한 RAE(Retinol Activity Equivalents, 레티놀 활성당량)를 기본 단위로 채택하였다. 레티놀은 1RAE, β-카로틴은 1/12RAE, 기타 카로티노이드는 1/24RAE에 해당한다. 비타민 A의 평균필요량 설정에는 암적응 능력, 혈장 레티놀 농도, 비타민 A의 간 저장량 등을 사용할 수 있으며 이중 주된 설정 지표로 방사선 동위원소 희석법을 이용하여 간 저장량을 사용하였다. 성인과 노인은 영양상태가 양호한 사람들의 체내 비타민 A 풀(pool)을 유지하는 데 필요한 식이중의 비타민의 양을 기초로 하여, 남자의 경우 19~29세 570㎍RAE/일, 30~49세 550㎍RAE/일이며, 여자의 경우 19~29세 460㎍RAE/일, 30~49세 450㎍RAE/일로 설정하였으며, 임신부와 수유부의 평균필요량은 각각 50㎍RAE, 350㎍RAE를 추가하는 것을 권장하였다. 비타민 A의 과량 섭취는 독성을 유발할 수 있으므로 이를 고려하여 상한섭취량을 3,000㎍RAE/일로 설정하였다(부록 참조-2015년 한국인 영양소 섭취기준).

4) 급원식품

비타민 A는 동물성 식품에 레티닐 에스테르 형태로 존재하며 급원식품은 동물과 어류의 간, 어유, 달걀, 우유와 유제품, 버터 등이 있다. 비타민 A 전구체인 카로티노이드는 주로 녹황색 채소 또는 과일 등에 함유되어 있다.

5) 결핍증

비타민 A 결핍증은 주로 개발도상국가 또는 저개발국가의 어린이들에서 나타난다. 결핍 초기에는 식욕 감퇴, 성장 지연, 면역력 저하 등의 증상이 나타난다. 가장 흔한 증상은 야맹증과 안구건조증 등이 있으며, 떨어져 나간 세포들이 결막의 가장자리 쪽에 흰 거품 같은 형태로 축적되는 비토반점(Bitot's spot)이 나타나기도 한다.

6) 과잉증

레티놀 형태의 비타민 A를 과다 섭취하였을 때 독성 증상이 나타난다. 그 증상으로 두통, 현기증, 시력 약화, 구토 등의 위장 장애, 무력감, 가려움증 등이 있다. 만성적 독성 증상으로 체중 저하, 관절과 근육의 통증, 탈모, 간손상, 피부 질환이 나타난다. 특히 임신기 동안 비타민 A를 과량으로 섭취하였을 경우 태아 기형이나 사산이 발생할 수 있다.

3 비타민 D

비타민 D는 칼시페롤(calciferol)이라 부르며 비타민 D 활성을 가진 화합물을 총칭한다. 다른 비타민과 달리 체내 합성될 수 있고 그 작용 기전이 스테로이드 호르몬과 유사하기 때문에 프로호르몬(prohormone)으로 분류하기도 한다. 식물성 급원인 비타민 D_2(에르고칼시페롤, ergocalciferol)와 동물성 급원의 비타민 D_3(콜레칼시페롤, cholecalciferol)가 있다. 비타민 D_3는 피부에서 7-디하이드로콜레스테롤(7-dehydrocholesterol)로부터 자외선에 노출되었을 때 합성된다.

식품 속 비타민 D는 함량이 낮아 우유에 비타민 D를 강화하고 있다.

1) 합성

피부에 있는 7-디하이드로콜레스테롤은 햇빛의 자외선을 받아 비타민 D를 형성하여 체내 필요량의 90% 이상 공급할 수 있다. 햇빛에 의해 합성되는 비타민 D의 양은 피부색, 연령, 햇빛에 노출된 시간 및 강도, 거주지의 위도, 계절, 의복, 자외선 차단제 사용 등에 영향을 받는다.

피부에서 합성된 비타민 D와 식사로부터 섭취한 비타민 D는 혈액을 통해 간으로 이동해 합쳐진 후 간과 신장에서 산화과정을 통해 활성형인 1,25-디하이드록시 비타민 D(1,25-dihydroxy vitamin D; 1,25-$(OH)_2$-비타민 D)가 된다. 1,25-$(OH)_2$-비타민 D는 칼시트리올(Calcitriol)로 불리며 혈중 칼슘농도를 높이는 조절 기작을 갖고 있다.

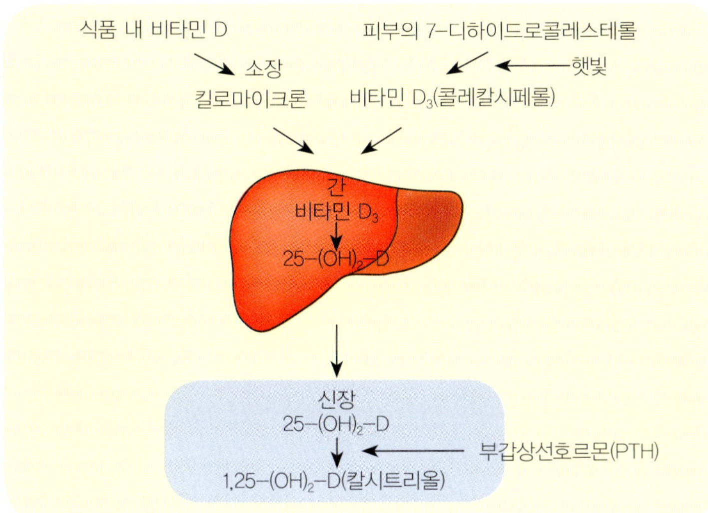

[그림 7-2] 비타민 D의 합성

2) 흡수와 대사

식품을 통해 섭취된 비타민 D는 비타민 A와 마찬가지로 지질의 소화, 흡수 과정과 동일하다. 먼저 담즙산이 작용하여 주로 소장의 공장과 회장에서 흡수되며 그 흡수율은 약 80% 정도이다. 소장 점막으로 흡수된 비타민 D는 킬로미크론(chylomicron)의 형태로 림프계를 거쳐 간으로 이동된다. 간에서 수산화 과정(hydroxylation)을 거쳐 25-(OH)-비타민 D로 전환되어 순환계로 들어간다. 따라서 혈중 25-OH 비타민 D의 수준은 간 저장량에 비례하며 비타민 D의 영양판정 지표로 사용된다. 비타민은 D는 주로 간에 저장되며 이외에 피부, 뇌, 뼈 등에도 소량 저장된다. 혈중 25-(OH)-비타민 D는 다시 신장으로 이동된 후 혈액 칼슘 농도의 변화에 반응하여 1,25-$(OH)_2$-비타민 D인 활성형으로 전환되고 활성화된 비타민 D는 체내에서 이용된 후 대부분 담즙 형태로 배설되고 일부 소변으로 배설된다.

3) 체내 기능

(1) 혈중 칼슘 항상성 유지

비타민 D의 체내 주요 기능은 부갑상선호르몬(PTH: parathyroid hormone)과 함께 혈중 칼슘의 항상성을 유지하는 것이다. 혈중 칼슘 농도가 감소하면 부갑상선호르몬이 분비되어 신장에서 활성형 비타민 D의 생성 및 재흡수를 촉진시킨다. 비타민 D는 소장, 신장, 뼈에서 칼슘을 용해 또는 흡수하여 혈중 칼슘 농도를 조절한다.

① 소장: 생성된 활성형 비타민 D는 소장에서 칼슘과 인의 흡수를 촉진시킨다. 소장의 점막 세포에서 칼슘 결합 단백질을 합성하고 세포막의 유동성의 변화를 일으켜 칼슘과 인이 쉽게 세포막을 통과할 수 있도록 돕는다.

② 뼈: 골조직의 파괴와 흡수 기능을 갖는 파골세포(osteoclasts)에서 칼슘이 뼈로부터 혈액으로 용해되어 나오는 것을 촉진시킨다. 뼈에서 탈석회화에 관여함으로써 새로운 뼈의 증대에 필요한 칼슘과 인을 공급하기 때문에 골격의 무기질화에 기여하게 된다.

③ 신장: 비타민 D는 신장에서 칼슘의 배설을 감소시킨다. 이로 인해 혈장의 칼슘 농도를 증가시키며 뼈에 칼슘이 축적되는 것을 조절한다. 부갑상선 호르몬은 비타민 D와 더불어 뼈와 신장에 작용하여 혈중 칼슘의 농도를 높인다.

비타민 D의 세포 내 작용기작은 스테로이드 호르몬과 같은 방식으로 세포막을 통과하여 세포 내에 존재하는 수용체와 결합한 후 핵으로 이동하여 칼슘과 인의 운반에 관련된 단백질의 발현을 증가시킨다.

비타민 D는 혈중 칼슘 농도를 정상 수준으로 유지함으로써 뼈에 칼슘을 축적시키는 것 외에 혈액 응고나 세포대사 및 신경근 접합 등에도 관여한다.

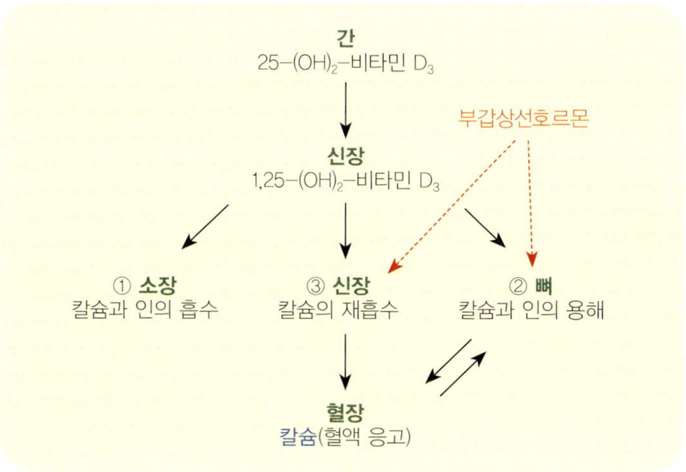

[그림 7-3] 비타민 D의 기능

(2) 기타 기능

면역조절세포, 상피세포, 악성종양세포 등 여러 세포의 증식과 분화 조절에 관여하며 근력 발달, 면역, 상피세포의 분화 성숙에도 관여한다. 이외 비타민 D는 인슐린 분비와 당질대사에 관여하여 당뇨 발병 위험을 낮출 수 있다.

4) 영양소 섭취기준

한국인 영양소 섭취기준에서 비타민 D 섭취기준은 비타민 D 영양결핍을 예방하기 위한 최저필요량, 과다 섭취가 되지 않도록 하는 섭취 수준, 한국인 섭취행동과 생활패턴을 고려하여 설정하였으나 비타민 D 필요량을 추정할 수 있는 근거가 부족하여 모든 연령층에서 충분섭취량과 상한섭취량으로 설정하였다. 충분섭취량 설정에는 남녀 19세 이상 성인의 경우 혈중 25-(OH)-비타민 D가 정상 수준을 이루는 섭취량을 근거로 비타민 D 충분섭취량을 기존의 5㎍/일에서 상향 조정하여 10㎍/일으로 설정하였다. 노인의 경우 햇빛 노출 제한, 피부에서의 합성 감소, 골다공증이나 골절률의 증가로 인해 성인 대비 5㎍ 추가 섭취하도록 하였다. 비타민

D의 과다 섭취에 의해 독성이 유발될 수 있어 과잉 섭취에 따른 고칼슘혈증이 발생하는 섭취량을 근거로 하여 최대무해용량 250㎍/일, 불확실계수 2.5를 고려하여 상한섭취량을 100㎍/일로 설정하였다(부록 참조-2015년 한국인 영양소 섭취기준).

5) 급원식품

햇빛을 통해 비타민 D를 충분히 공급받지 못하는 경우 식품을 통해 비타민 D를 섭취해야 한다. 그러나 대부분의 식품 속 비타민 D의 함량은 매우 낮다. 청어, 갈치, 정어리, 참치, 다랑어 등 기름진 생선과 달걀, 우유, 치즈, 요구르트, 버터, 생선간유 등의 동물성 식품, 비타민 D 강화식품인 강화 우유, 강화 시리얼 그리고 식물성 식품에는 버섯이 있다.

6) 결핍증

비타민 D는 칼슘과 인을 뼈에 축적시켜 정상적인 뼈를 형성하고 유지시킨다. 그러나 비타민 D의 섭취 부족 또는 햇빛 노출이 적을 때 골격형성 이상으로 인해 골격이 약해지고 변형되기 쉽다. 이외에 유전적으로 활성형 비타민 D가 합성되지 못하거나 비타민 D가 결합하는 수용체의 결함이 있는 경우 결핍증이 발생될 수 있다. 대표적인 비타민 D의 결핍증으로는 구루병, 골연화증, 골다공증 등이 있다. 뼈에 칼슘이나 인과 같은 무기질이 충분히 축적되지 못하면 뼈가 약해지고 압력을 받아 굽어 O자형 또는 X자형으로 굽게 되며 어린이의 경우 구루병, 성인의 경우 골연화증으로 나타난다. 이외에 장두증, 새가슴, 갈비뼈의 혹, 골반 기형 등이 수반될 수 있다.

노인이나 폐경기 이후의 여성에서 골다공증이나 골절이 쉽게 발생하며 햇빛에 노출이 부족한 경우, 비타민 D의 섭취량이 적은 경우, 흡수불량인 경우, 이외 비타민 D의 소화, 흡수 합성에 영향을 주는 체내기관인 소장, 담낭, 간 또는 신장의 장애가 있는 경우 발생될 수 있다.

7) 과잉증

일반적으로 식품을 섭취하였을 때 또는 햇빛에 과다하게 노출되어도 독성이 유발되지 않다. 그러나 고용량의 비타민 D를 장기간 복용하게 되면 혈액 내 칼슘 수치가 증가하는 고칼슘혈증(hypercalcemia), 체내 연조직, 신장, 심장에 칼슘 축적, 고혈압 등이 초래될 수 있다. 그 외에도 구토, 피로, 변비, 흥분 등의 증상이 나타날 수 있다.

4 비타민 E

비타민 E는 메틸기(CH_3)가 붙는 위치와 수 그리고 불포화도(이중결합)에 따라 서로 다른 생물학적 활성을 갖는 4개의 토코페롤(α, β, γ, δ)과 4개의 토코트리에놀(α, β, γ, δ)을 포함한 총 8개의 천연 화합물로 구성되어 있다. 이중 생물학적 활성이 크고 자연계에 가장 많이 분포되어 있는 비타민 E는 d-α-토코페롤이다.

1) 흡수와 대사

비타민 E의 흡수는 다른 지용성 비타민의 흡수과정과 동일하다. 담즙이 먼저 작용하여 소장에서 흡수되며 약 30~50% 정도이다. 소장 점막으로 흡수된 비타민 E는 킬로마이크론의 형태로 림프계와 흉관을 거쳐 흡수된다. 비타민 E는 간에서 지단백질(VLDL, LDL, HDL)의 도움을 받아 중성지방이나 다른 지방과 함께 지방조직, 세포막, 세포내막 등으로 간다.

비타민 E는 지방조직과 세포막에 주로 저장되며 일부 간, 폐, 심장, 골격근, 뇌 등에 저장된다. 대부분 간에 저장되는 비타민 A, D와 달리 비타민 E의 경우 지방조직에 주로 저장되며 신체에 골고루 분포하고 있다. 비타민 E는 담즙을 통해 대변으로 배설되고 소량은 소변으로 배설된다.

2) 체내 기능

비타민 E의 체내 주요 기능은 항산화제로서의 역할이다. 세포막은 지질 이중막으로 그 구성성분인 다가 불포화지방산은 세포 내의 유리 래디칼에 의해 쉽게 산화된다.

래디칼은 전자가 쌍을 이루어 안정한 결합구조를 갖는 분자 내 결합 중 하나라도 깨지면 전자가 홀수로 존재하는 물질로 안정하게 다른 화합물을 공격하여 전자를 얻으려 하며 전자가 쌍을 이룰 때까지 반응성이 매우 큰 연쇄반응을 일으킨다. 체내에서는 정상적인 호기적 생화학반응에서 유리 래디칼이 생성되며 생성된 유리 래디칼은 수분 이내에 수천 개의 래디칼을 생성하며 결국 조직 손실 및 기능 상실을 초래한다([그림 7-1] 참고).

α-토코페롤은 이러한 산화과정을 중단시키고 유리 래디칼을 제거하는 항산화제로 작용한다. 자신이 산화되면서 다른 물질의 산화과정을 막아 세포 손상을 예방함으로써 세포가 정상적 기능을 할 수 있도록 한다.

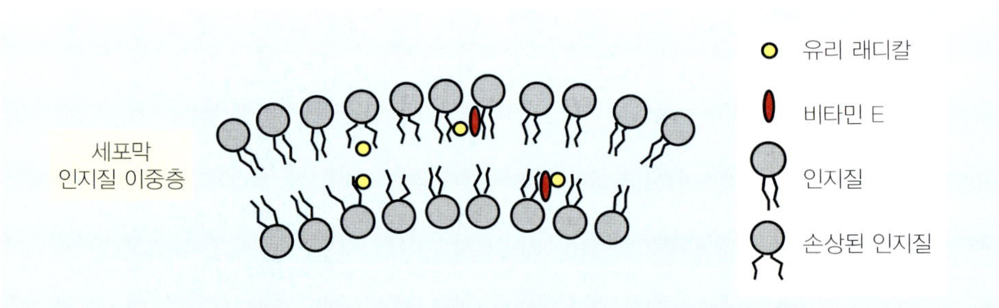

[그림 7-4] 유리 래디칼 반응에서 비타민 E의 역할

3) 영양소 섭취기준

식품 속 비타민 E에는 다양한 활성형이 존재하기 때문에 그중 α-토코페롤 당량(α-TE: α-Tocopherol Equivalent)을 기준으로 환산하여 mg으로 표시한다. 천연 α-토코페롤 활성을 100%로 가정하였을 때 β, γ, δ-토코페롤은 각각 d-α-토

코페롤의 40, 10, 1%의 활성, 트리에놀은 25%의 활성을 갖는다.

한국인의 비타민 E에 대한 자료가 충분치 않아 인체에 유도된 비타민 E 결핍, 용혈작용, 혈중 α-토코페롤 농도를 지표로 사용하여 충분섭취량을 설정하였다.

충분섭취량은 성인 남녀 12mg α-TE/일로 설정하였다. 임신부는 비임신 여성과 동일하게 설정하였으나 수유부는 모유로 분비되는 양을 고려하여 추가 3mg α-TE를 더하여 설정하였다. 상한섭취량은 성인 남녀 540 α-TE/일이다.

4) 급원식품

비타민 E는 콩기름, 옥수수기름, 면실유와 같은 식물성 기름과 밀의 배아에 많이 존재하며 땅콩, 녹색채소에도 소량 함유되어 있다. 간을 제외한 동물성 식품에는 비타민 E가 거의 함유되어 있지 않다.

5) 결핍증

성인의 경우 다른 영양소와 달리 생화학적으로 활성을 갖는 비타민 E가 계속 순환되어 재생되기 때문에 결핍 증상은 흔하지 않다. 그러나 미숙아의 경우 저장량이 낮고 충분히 비타민 E를 섭취하지 못하는 상태이기 때문에 정상아에 비해 더 빨리 고갈된다. 결과적으로 비타민 E 부족으로 인해 세포의 산화적 손상을 초래하고 이중 적혈구의 세포막이 손상되면 용혈성 빈혈이 발생할 수 있다. 이외에 부종, 근육계, 신경계 기능 장애, 노화 촉진 등의 장애를 일으킬 수 있다.

6) 과잉증

비타민 E는 다른 지용성 비타민에 비해 거의 독성이 없다고 알려져 있으나 장기간 과량 섭취하였을 때 설사, 메스꺼움, 구토, 무력감, 피로 등이 나타날 수 있다.

5 비타민 K

비타민 K는 혈액 응고에 필수적인 비타민으로 식물성 급원의 필로퀴논(비타민 K_1, phylloquinone), 동물성 급원 식품과 장내 세균에 의해 합성되는 메나퀴논(비타민 K_2, menaquinone), 자연계에 존재하지 않는 인공 합성 형태인 메나디온(비타민 K_3, menadione)이 있다. 이중 생리 활성이 가장 큰 것은 필로퀴논이다.

1) 흡수와 대사

식사로 섭취한 비타민 K의 흡수와 대사 과정은 다른 지용성 비타민 영양소와 같으며 그 흡수율은 섭취한 지방의 양, 담즙의 작용 등에 따라 달라진다. 비타민 K는 담즙과 췌장액의 도움으로 소장에서 흡수되며 필로퀴논은 소장의 공장, 메나퀴논은 대장, 메나디온은 소장 말단에서 흡수된다. 흡수된 비타민 K는 킬로마이크론의 형태로 림프관을 통해 간으로 운반된다. 이후 비타민 K는 지단백질의 일종인 초저밀도지단백(VLDL)에 포함되어 여러 조직으로 운반된다. 간조직 내 비타민 K는 일반적으로 필로퀴논과 메나퀴논이 절반씩 존재하나 혈중에는 대부분이 필로퀴논의 형태로 존재한다.

비타민 K는 주로 간에 저장되지만 체내 전환 속도가 빨라 그 풀(pool)의 크기는 매우 작다. 이외에 심장, 신장, 비장, 골수 등에도 소량 저장된다. 비타민 K와 그 대사 산물은 주로 담즙을 통해 배설되나 일부 소변으로 배설된다.

2) 체내 기능

비타민 K는 간에서 혈액응고인자인 프로트롬빈(prothrombin)의 합성에 관여한다.

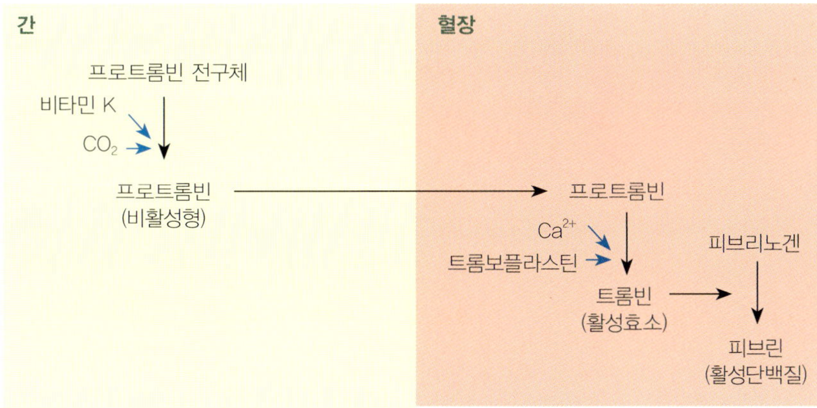

[그림 7-5] 비타민 K 기능: 혈액응고

프로트롬빈은 트롬보키나아제(thrombokinase)와 칼슘 이온에 의해 트롬빈(thrombin)으로 변화하고 이는 혈중 피브리노겐(fibrinogen)을 반고형체인 피브린(fibrin)으로 전환시켜 혈액을 응고시킨다. 이때 비타민 K는 전구체형 프로트롬빈인 프로트롬빈으로 전환되는 데 필요한 카르복실화효소(carboxylase)의 조효소로 작용하기 때문에 비타민 K가 부족하면 혈액 응고가 지연된다.

비타민 K는 이외에 뼈에서 합성되는 호르몬인 오스테오칼신(osteocalcin)의 생성과 분비를 촉진시킨다. 오스테오칼신은 조골세포에서 분비되어 뼈의 결정을 형성하고 발달시키는 데 관여한다. 또한 장 점막세포의 칼슘 결합 단백질의 합성에 관여하여 소장에서의 칼슘 흡수를 돕는다.

3) 영양소 섭취기준

비타민 K의 섭취기준은 건강한 성인의 비타민 K 섭취량의 중앙값을 기준으로 하여 설정하나 아직 한국에서의 관련 연구가 미흡하여 일본의 섭취량을 참조하여 남자 75㎍/일, 여자 65㎍/일을 충분섭취량으로 제시하였다. 비타민 K는 다른 지용성 비타민과 달리 체내 저장률이 낮고 배설되어 독성이 없어 상한섭취량을 설정하지 않았다. 임신, 수유부의 경우 임신 또는 수유기간 동안 혈중 비타민 K에 대한 근거가 부족하여 증가량을 책정하지 않았다.

4) 급원식품

비타민 K는 장내 세균에 의해 합성되며 다양한 식품에 분포되어 있다. 식사를 통해 공급되는 비타민 K는 대부분 필로퀴논(비타민 K_1)으로 주된 급원식품은 간, 시금치, 상추, 브로콜리, 양배추과 채소류, 해조류 등이다.

5) 결핍증

비타민 K는 체내 요구량이 적고 식품 중 널리 분포되어 있으며 장내 세균에 의해서도 합성되기 때문에 결핍증이 거의 나타나지 않는다. 그러나 지질 흡수 장애가 있는 경우, 비타민 K의 흡수 저하를 초래할 수 있다. 또한 정상 성인의 경우 장내 세균에 의해 합성되는 비타민 K가 요구량의 절반을 충당하는 반면 신생아의 경우, 장내 세균에 의한 합성이 적어 출혈을 일으킬 수 있다. 혈전치료제로 사용되는 와파린(wafarin)이나 디쿠마롤(dicumarol)은 항비타민제로 비타민 K의 작용을 억제한다.

6) 과잉증

식사로 섭취하는 필로퀴논(비타민 K_1)이나 장내 합성되는 메나퀴논(비타민 K_2)에 의해서는 과잉증이 나타나지 않지만 인위적으로 합성된 비타민 K의 일종인 메나디온은 황달, 출혈성 빈혈, 구토 등의 증상을 나타낼 수 있다.

지용성 비타민의 요약

지용성 비타민 (화학명)	주요 기능	급원 식품	결핍증	과잉증	영양섭취기준
비타민 A (레티놀) 비타민 A 전구체 (카로틴)	로돕신 생성, 시력 유지, 상피조직의 형성과 유지, 세포분화, 항산화 작용, 골격 형성	동물의 간, 난황, 토마토, 당근, 시금치, 늙은 호박, 오렌지, 귤, 김	각막건조증, 야맹증, 상피조직의 각질화, 성장 부진, 면역기능 약화, 성장 저해	두통, 구토, 탈모, 간비대	권장섭취량 성인 남자: 750㎍RE/일 성인 여자: 650㎍RE/일
비타민 D (칼시페롤)	뼈 성장과 석회화 촉진, 칼슘과 인의 흡수 촉진	생선간유, 강화우유, 버터, 달걀 (식품보다 햇빛을 쐬는 것이 중요)	어린이: 구루병, 골격성장 부진 성인: 골연화증, 골다공증	구토, 피로, 신장 손상, 성장 지연	충분섭취량 성인(남녀): 5㎍/일 어린이, 임신부, 수유부: 10㎍/일
비타민 E (토코페롤)	항산화제 작용, 동물의 생식에 관여	식물성 기름, 푸른잎 채소, 종실류	용혈성 빈혈, 신경계 영향, 불임증(쥐)		충분섭취량 성인(남녀): 12㎎ α-TE/일
비타민 K (필로퀴논)	혈액응고 작용: 프로트롬빈 합성	녹황색채소, 차, 치즈, 난황, 간, 해초, 곡류, 토마토	신생아 출혈, 혈액 응고 결여로 출혈		권장섭취량 성인 남자: 75㎍RE/일 성인 여자: 65㎍RE/일

제 8 장

수용성 비타민

수용성 비타민은 비타민 C와 비타민 B군이 있으며 주로 체내에서 조효소로 기능을 수행한다. 특히 비타민 B군은 열량 영양소인 탄수화물, 단백질, 지방의 에너지 대사와 관련 있으며 비타민 C는 조효소로 작용은 하지 않지만 세포 내 산화/환원 반응에 관여하여 세포 내 여러 손상을 막아주는 역할을 한다. 수용성 비타민은 과다 섭취 시 체내 축적되기보다는 소변으로 배출되기 때문에 식사로부터의 공급이 중요하다.

1 비타민 C

비타민 C는 아스코르브산(ascorbic acid)이라고 부르며 체내에서 비타민 C 활성을 갖는 식품 내 비타민 C는 환원형 L-아스코르브산과 산화형 L-디히드로아스코르브산(dehydroascrobric acid)이 있다. 이 두 형태는 상호 전환 가능하다.

비타민 C는 포도당과 유사한 구조로 포도당으로부터 합성 가능하지만 사람과 일부 동물의 경우 비타민 C 합성에 필요한 효소인 굴로노락톤 산화 효소(gulonolactone oxidase)가 없어 매일 식사를 통해 섭취해야 하는 필수적인 영양소이다.

비타민 C는 산성 조건에서는 비교적 안정하나 알칼리, 빛, 열 등에 의해 쉽게 파괴된다.

1) 체내 기능

비타민 C는 전자를 제공하는 환원제(reducing agent)로 항산화 기능을 수행한다. 또한 콜라겐 합성, 철, 칼슘 흡수, 카르니틴과 스테로이드 합성, 도파민, 노르에피네프린, 세로토닌 등의 신경전달물질의 합성, 및 면역 작용에 관여한다.

(1) 항산화 작용

비타민 C는 비타민 E나 프로비타민인 β-카로틴과 마찬가지로 세포 내 수용성 항산화제로 작용을 한다. 즉 세포의 대사과정 중 생성되는 유리 래디칼에 전자를 제공하여 세포의 손상을 막는다. 이러한 작용은 지질 과산화를 막아 비타민 E의 절약작용에도 관여한다. 또한 비타민 C는 환원형 엽산(THF)이 산화되는 것을 막아 환원상태로 유지시켜 준다.

(2) 콜라겐 합성

콜라겐은 골격, 연골, 치아, 피부, 혈관벽 등 결합조직을 구성하는 주된 단백질로 전체 체단백의 1/4을 차지하며 골격과 혈관벽의 구조를 유지하고 상처회복에도 중요한 역할을 한다. 콜라겐은 3개의 폴리펩티드 사슬이 꼬여 3중 나선구조를 이루고 있으며 이러한 구조적 안정성에 비타민 C가 역할을 수행한다. 비타민 C는 콜라겐 합성에 필요한 프롤린산화효소의 철과 리신산화효소의 구리 이온의 산화 형태를 변화시켜 수산화효소(hydroxylase)를 활성화시키는 작용을 한다. 아미노산의 일종인 프롤린과 리신은 수산화효소와 조효소로 작용하는 아스코르브산에 의해 히드록시프롤린(hydroxyproline)과 히드록시리신(hydroxylysine)을 형성한다. 이들이 프로콜라겐의 구성성분이기 때문에 비타민 E는 결국 콜라겐의 합성을 돕는다. 이와 반대로 비타민 C가 부족하면 안정한 콜라겐이 형성되지 않아 괴혈병을 초래하게 된다.

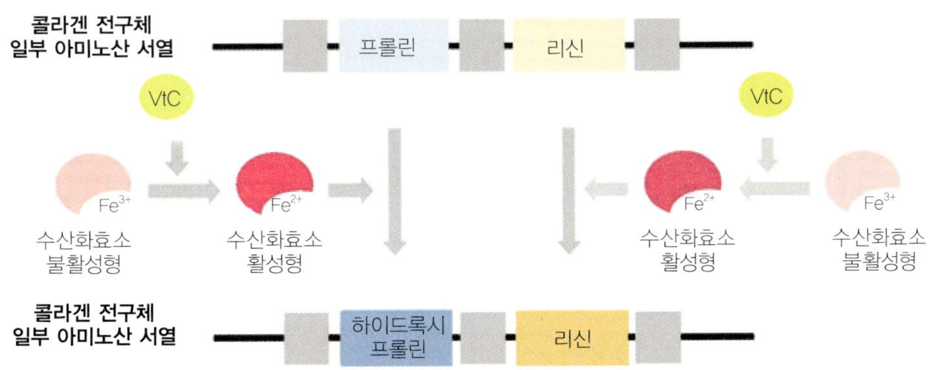

[그림 8-1] 콜라겐 합성 과정

(3) 철, 칼슘 흡수

식물성 식품에 함유되어 있는 비헴철(nonheme iron)은 대부분 제2철(ferric iron) 형태로 제1철(ferrous iron)로 환원되었을 때 잘 흡수되며 이때 비타민 C는 비헴철을 환원시켜서 소장의 약알칼리성 환경에서 쉽게 용해될 수 있도록 하며 철분의 흡수를 도와준다. 또한 칼슘의 불용성염을 형성을 막아 장내 흡수를 도와준다.

(4) 카르니틴 합성

카르니틴(carnitine)은 에너지 생성을 위해 지방산을 세포질에서 미토콘드리아로 운반하는 수송화합물이다. 카르니틴은 아미노산의 일종인 리신과 메티오닌으로부터 합성되며 이때 비타민 C와 철이 보조인자로 필요하다. 결국 카르니틴의 합성은 지방대사와 관련 있으며 비타민 C 부족 시 카르니틴 합성 저하로 인해 혈중 지질 대사의 이상을 초래한다.

(5) 신경전달물질의 합성

비타민 C는 아미노산의 일종인 트립토판으로부터 신경전달물질인 세로토닌을 생성하거나 도파민으로부터 노르에피네프린을 합성할 때 수산화 반응에 관여한다.

(6) 면역 기능

비타민 C는 감염이나 염증반응에서 중요한 역할을 하는 백혈구의 산화적 손상을 막아 질병 예방과 면역기능을 향상시킬 수 있다.

2) 흡수와 대사

식품에 함유된 비타민 C는 지용성 비타민과 달리 공장에서 능동수송에 의해 대부분 쉽게 흡수되며 과량 존재할 경우 일부 단순 확산으로 흡수된다. 비타민 C의 흡수율은 함께 섭취하는 식품의 영향은 거의 없지만 섭취량에 영향을 받기 때문에 섭취량이 증가할수록 흡수율이 1g/일 이상 섭취 시 흡수율이 낮아진다.

비타민 C는 지용성 비타민과 달리 과다 섭취할 경우 배설되며 저장되지 않는다.

체내에서는 음이온 형태로 혈중 이동하여 각 조직으로 이동하며 촉진확산에 의해 세포 내로 들어간다. 비타민 함량이 가장 높은 곳은 부신피질, 뇌하수체, 백혈구 수정체이며 혈중 비타민 C의 함량은 매우 낮다.

비타민 C는 소변의 형태로 배설되며 보통 수준의 섭취 상태에서는 수산으로 전환되어 배출되지만 과량 섭취하였을 때는 아스코르브산 그대로 배설된다.

3) 급원식품

비타민 C는 주로 식물성 식품에 함유되어 있으며 신선한 오렌지, 밀감, 레몬 등의 감귤류와 키위, 딸기, 녹색채소로서 풋고추, 케일, 시금치, 피망, 고춧잎 등이 있다. 동물성 식품인 달걀, 우유 및 유제품에는 소량 들어 있고 곡류에는 거의 없다.

4) 영양소 섭취기준

호중구가 항산화 기능을 나타내기에 충분한 비타민 C 포화도를 유지하면서 소변으로 배출하는 비타민 C가 최소량이 되는 수준을 기준으로 하여 설정하였다. 우리나라 성인 남녀 권장섭취량은 평균필요량 75mg/일에 변이계수 15%를 사용하여 100mg/일로 설정하였다. 임신부의 경우 태아의 괴혈병을 예방할 수 있는 수준을 근거로 하여 평균필요량을 10mg 가산하였으며 수유부는 모유로 배출되는 양을 고려하여 40mg을 추가하였다.

5) 결핍증

비타민 C가 장기간 결핍되면 괴혈병이 나타나며 정상적인 콜라겐 합성을 막아 신체 전체에 분포되어 있는 결합 조직에 변화를 주는 증상을 보인다. 또한 모세혈관이 약해져 쉽게 멍이 들고 골격형성이 방해되어 성장지연을 가져온다. 이외에 잇몸 출혈이나 변형, 관절의 출혈, 통증, 골절, 우울증 등을 동반할 수 있다.

만성 알코올 섭취, 흡연, 영양불량, 채소 및 과일의 섭취 부족 등은 비타민 C의 결핍을 가져올 수 있으며 빈곤이나 노년의 경우 치아상실에 따른 섭취 감소로 인해 결핍될 수 있다.

6) 과잉증

비타민 C는 지용성 비타민과 달리 수용성으로 독성이 없으나 보충제의 형태로 과량 복용할 경우 메스꺼움, 구토, 설사, 복부경련 등의 증상이 나타날 수 있다.

2 티아민(비타민 B_1)

티아민(thiamin)은 황을 의미하는 thio와 질소화합물을 의미하는 amino의 합성이다. 티아민은 질소를 함유하는 육각형 고리구조인 피리미딘과 황을 포함하는 오각형 고리구조인 티아졸이 메틸렌기로 연결되어 있는 구조로 가진 화합물이다. 티아민은 티아민 피로인산(TPP: Thiamin Pyrophosphate)의 형태로 에너지 대사의 조효소로 작용한다.

1) 체내 기능

(1) 에너지 대사

티아민은 인산과 결합하여 조효소인 티아민 피로인산(TPP) 형태로 에너지 대사에 관여하여 특히 탄수화물의 대사과정에서 기질인 케토산으로부터 카르복실기를 이산화탄소(CO_2) 형태로 제거하는 탈탄산효소(decarboxylase)에 의한 산화적 탈탄산반응에서 조효소로 작용한다. 그 예로 해당과정에서 포도당 분해로 생긴 3탄소인 피루브산이 2탄소인 아세틸 CoA로 전환되는 과정이나 TCA 회로에서 α-케토글루타르산이 숙시닐 CoA로 전환되는 과정에서 조효소로 작용한다. 따라서 티아민은 에너지 대사에서 에너지의 소모량에 따라 티아민의 필요량이 변화한다.

(2) 신경기능

신경전달물질의 일종인 아세틸콜린의 합성이나 신경조직의 에너지 공급에 조효소(TPP)로 작용하기 때문에 정상적인 신경자극전달에 도움을 준다.

(3) 오탄당 인산 경로(Pentose phosphate pathway; hexose monophosphate shunt)

오탄당 인산 경로는 포도당 대사의 또 다른 분해 경로로 뉴클레오티드(DNA와 RNA)의 구성요소인 디옥시리보오스와 리보오스를 공급하는 역할을 한다. 오탄당 인산 경로의 후반부에서 탄소 운반에 작용하는 효소인 케톨기 전이효소의 조효소로 티아민 피로인산을 사용하기 때문에 티아민이 결핍된 경우 탄수화물 대사 장애로 지방산과 핵산 합성에 이상을 초래한다.

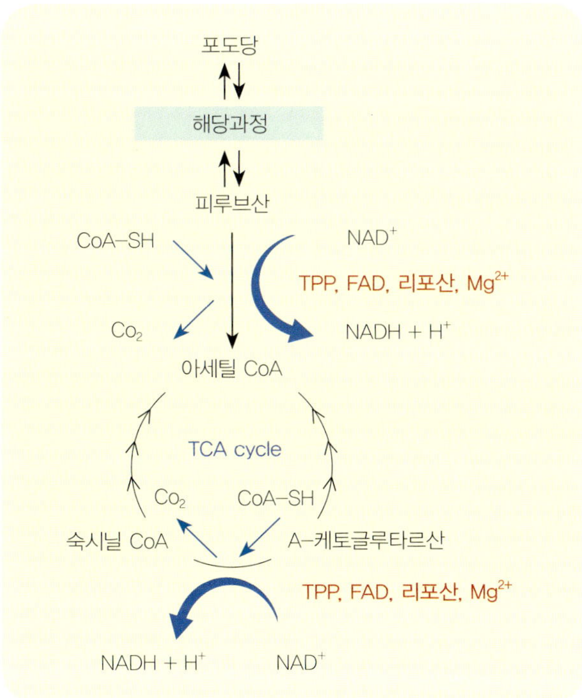

[그림 8–2] 티아민의 기능: 탄수화물 대사

2) 흡수와 대사

식품으로 섭취한 티아민은 공장에서 능동수송되며 과량 섭취 시 일부 수동적 확산에 의해서도 인산화 반응을 거쳐 흡수된다. 티아민은 티아민 피로인산화 효소(thiaminokinase)의 작용으로 조효소 형태(티아민 피로인산, TPP)로 전환되며 이후 혈액을 통해 간, 근육 등으로 운반된다.

티아민은 근육, 간, 심장, 뇌 등에 저장되나 저장량이 매우 낮아 필요 이상 섭취 시 소변으로 배출된다.

3) 급원식품

티아민은 동물성, 식물성 식품에 널리 함유되어 있다. 동물성 식품으로 돼지고기, 참치, 굴 등에 함유되어 있으며 식물성 식품으로 도정하지 않은 전곡, 강화곡류, 내장육, 땅콩 및 기타 견과류 등도 좋은 급원이다. 이중 돼지고기는 티아민 함량이 가장 높은 식품 급원이다.

4) 영양소 섭취기준

티아민의 섭취기준은 외국에서 사용한 적혈구 트랜스케톨라아제 활성(erythrocyte transketolase activity)과 티아민 소변 배설량을 유지하기 위한 적절한 섭취량을 근거로 설정하였다. 티아민의 평균필요량은 성인 남자의 경우 1mg/일, 여자의 경우 1.1mg/일로 하였으며 권장섭취량은 변이계수 10%를 적용하여 평균필요량의 120%로 설정하였다. 임신부와 수유부의 경우 모체조직 및 태아의 성장에 필요한 양과 모유로 분비되는 양을 고려하여 0.4mg씩을 추가하였다.

5) 결핍증

티아민 결핍 증상에는 식욕 감퇴, 소화 불량, 위산분비 저하, 체중 감소, 권태, 우울증, 근육 약화 등이 있으며 심한 경우 각기병(beriberi)이 발생된다. 각기병에는 습성 각기(wet beriberi)와 건성 각기(dry beriberi)가 있으며 습성 각기는 부종과 심장 비대나 심부전과 같은 심혈관계 이상이 나타나며 건성 각기의 경우 부종은 없지만 근육 소모나 마비와 같은 증상이 나타나며 주로 노년기에 발생한다.

티아민의 대표적인 결핍증인 각기병은 주로 백미만을 주식으로 섭취하며 탄수화물 위주의 식사를 하거나, 티아민 영양결핍이 있는 수유부의 모유를 섭취하는 유아, 만성 알코올 섭취는 각기병에 걸리기 쉽다. 또한 체내 티아민의 저장량이 낮기 때문에 식사를 통해 매일 섭취하는 것이 바람직하다.

6) 과잉증

티아민의 과량 섭취에 따른 유해성은 크게 나타나지 않는다.

3 리보플라빈(비타민 B_2)

리보플라빈(riboflavin)은 3개의 육각형 고리가 연결되어 있는 구조로 가운데 고리구조에 당알코올의 일종인 리비톨이 결합되어 있는 화학구조이며 노란색을 의미하는 flavin이 붙어 리보플라빈으로 불린다. 리보플라빈은 전자를 쉽게 얻거나 잃을 수 있는 화학구조로 산화형과 환원형으로 존재하면서 산화/환원 반응의 촉매로 작용한다. 리보플라빈은 두 가지 조효소 형태인 플라빈 모노뉴클레오티드(FMN: Flavin Mononucleotide)와 플라빈 아데닌 디뉴클레오티드(FAD: Flavin Adenine Dinucleotide)의 구성성분이다. 리보플라빈은 티아민과 마찬가지로 에너지 대사에 중요하다.

1) 체내 기능

리보플라빈의 조효소인 FMN과 FAD는 여러 대사과정과 전자전달계에서 산화/환원 반응의 조효소로 작용한다. 에너지 생산을 위한 TCA 회로나 지방산의 β-산화 과정에서 전자(수소) 수용체로 작용하고 $FADH_2$로 환원된다. 그 예로 TCA 회로에서 숙신산(succinic acid)이 푸마르산(fumaric acid)으로 전환되는 과정에서 FAD가 조효소로 작용하며([그림 8-2] 참고), $FADH_2$는 전자전달계에서 수소 공여체로 작용하여 에너지 생성을 돕는다.

이외에 트립토판의 니아신 전환, 비타민 B_6와 엽산을 조효소 형태로 전환시키는 데 관여한다.

2) 흡수와 대사

식사로 섭취한 리보플라빈은 조효소 형태로 존재하며 위산에 의해 결합되어 있던 단백질이 끊어지면서 유리된 형태로 소장의 상부에서 능동 수송과 촉진확산에 의해 흡수된다. 비타민 C와 마찬가지로 섭취량이 증가하면 흡수율이 낮아지며 적게 섭취할 경우 흡수율이 증가한다. 장점막세포로 들어간 리보플라빈은 인산염과 결합하여 FMN으로 전환된다. 이후 혈액을 통해 간으로 운반된다. 간, 신장, 심장 조직 등에서 FAD로 전환된 후 조직 내에 존재한다.

리보플라빈은 간에 주로 저장되나 저장량이 매우 낮다. 과량의 리보플라빈을 섭취하였을 경우 소변을 통해 배설된다.

3) 급원식품

리보플라빈은 티아민과 마찬가지로 동·식물성 식품에 널리 분포되어 있다. 그 중 우유, 요구르트, 치즈는 리보플라빈의 함량이 높으며 이외에 육류, 달걀, 강화 곡류도 리보플라빈이 풍부하다. 식물성 식품에는 녹색 채소류, 콩류 등이 있다.

4) 영양소 섭취기준

리보플라빈은 적혈구의 글루타티온환원효소 활성계수와 소변 중 리보플라빈 배설량을 기준으로 성인 남녀의 평균필요량을 각각 1.3mg/일, 1.0mg/일로 설정하였으며 권장섭취량은 변이계수 10%를 적용하여 평균필요량의 120%인 1.5mg/일과 1.2mg/일로 하였다. 임신부의 경우 모체 증가와 태아 성장에 필요한 양을 고려하여 0.3mg을, 수유부의 경우 모유를 통해 분비되는 함량을 고려하여 0.5mg을 추가하여 평균필요량을 설정하였다. 리보플라빈의 상한섭취량은 설정하지 못한 상태이다.

5) 결핍증

리보플라빈의 결핍 증세는 티아민과 같은 다른 수용성 비타민의 결핍과 동시에 나타나는 경우가 많으며 그 증세로는 설염, 구순구각염, 구강염, 지루성 피부염 등이 있다. 설염의 경우 니아신, 비타민 B_6, 엽산 또는 비타민 B_{12}가 결핍되었을 때 동반되는 증상이기도 하다.

4 니아신

니아신(niacin)은 니코틴산(nicotinic acid)과 니코틴아미드(nicotinamide)로 존재하며 카르복실기 또는 아미드기를 갖는다. 체내에서 니아신은 조효소인 니코틴아미드 아데닌 디뉴클레오티드(NAD)와 니코틴아미드 아데닌 디뉴클레오티드 인산(NADP)으로 산화/환원반응에 관여한다. 리보플라빈과 마찬가지로 에너지 대사과정에 조효소로 작용한다. 니아신은 열에 안정적이며 조리 중 손실은 거의 없다.

1) 체내 기능

(1) 세포 내 산화-환원 반응의 조효소

니코틴아미드 디뉴클레오티드(NAD)와 니코틴아미드 디뉴클레오티드 인산(NADP)으로서 체내의 산화/환원 반응에 참여한다.

NAD는 해당과정이나 TCA 회로 및 지방산의 β-산화과정에서 전자나 수소의 수용체로 작용한다. 호기적 조건에서는 미토콘드리아 전자전달계에서 NADH가 전자수용체에 수소나 전자를 전달하는 역할을 한다. 혐기적 조건에서는 피루브산이 젖산으로 전환되는데 이때 환원형인 NADH가 조효소로 작용하면서 NADH를 NAD^+로 산화된다. 이외에 NAD는 알코올을 다량 섭취하였을 때 작용하는 알코올 탈수소효소가 이용하며 알코올이 아세트알데히드로 전환되면서 NADH가 다량 생성된다. 생성된 NADH는 지방산의 산화와 TCA 회로의 진행을 감소시키는 반면 지방합성을 증가시킨다.

NADP는 오탄당 인산 경로와 아세틸 CoA를 미토콘드리아 밖으로 이동시켜 주는 피루브산/말산 회로에 관여하며 미토콘드리아 밖에서 일어나는 반응인 지방산과 스테로이드 합성과정의 환원반응에도 작용한다.

2) 흡수와 대사

니아신은 위에서 흡수되기도 하지만 대부분 소장에서 능동수송에 의해 흡수되며 과다 섭취 시 단순확산에 의해 일부 흡수된다. 흡수된 니아신은 간에서 모든 조직으로 운반되고 이후 조효소 형태로 전환되어 이용된다.

니아신은 조효소 형태로 소량만이 간, 신장, 뇌에 저장되며 여분의 니아신은 소변으로 배설된다.

니아신은 간과 신장에서 아미노산의 일종인 트립토판으로부터 일부 합성되기도 한다. 트립토판 60mg이 니아신 1mg으로 전환되며 이를 니아신 당량(NE: Niacin Equivalents)이라 하며 이때 리보플라빈과 비타민 B_6가 조효소로 작용한다.

3) 급원식품

니아신은 주로 동물성 식품에 많이 포함되어 있으며 돼지고기, 쇠고기, 닭고기, 생선, 내장육, 고등어, 참치 등이 있다. 우유와 달걀 등의 동물성 단백질은 니아신을 거의 함유하고 있지 않지만, 트립토판을 다량 함유하고 있어 니아신의 급원이 될 수 있다. 아스파라거스와 같은 식물성 식품에도 일부 함유되어 있다.

4) 영양소 섭취기준

니아신의 섭취기준 단위는 니아신 당량(mgNE: mg Niacin Equivalent)을 사용하여 1mgNE는 1mg 니아신 또는 60mg 트립토판을 의미한다. 니아신의 평균필요량은 펠라그라의 임상증세를 나타내지 않으면서 대사물인 메틸니코틴아미드가 최저 수준으로 유지하는 배설량을 기준으로 설정하였다. 성인 남녀의 평균필요량은 각각 12mgNE/일, 11mgNE/일로 설정하였으며 권장섭취량은 변이계수 15%를 적용하여 각각 16mgNE/일, 14mgNE/일로 설정하였다. 임신부의 경우 모체 조직과 태아성장을 위해 필요한 양과 에너지 이용 증가를 고려하여 3mgNE를 추가하였으며 수유부의 경우 모유로 분비되는 양과 모유 생산에 필요한 에너지양을 고려하여 2mgNE를 추가하였다. 니코틴산과 니코틴아미드의 상한섭취량은 체내 영향력과 독성에 차이가 있어 각각 35mgNE/일, 1,000mgNE/일로 설정하였다.

5) 결핍증

니아신의 결핍 초기에는 식욕 상실, 소화 불량, 피로, 우울 증상이 나타나며 지속 시 구강염, 설염, 위염, 구토 증상이 발생하며 더 나아가 펠라그라(pellagra)가 나타난다. 펠라그라는 햇빛에 노출된 피부에 나타나는 염증으로 그 증상을 4D로 표현하며 피부염(dermatitis), 설사(diarrhea), 치매(dementia), 그리고 결국 사망(death)에 이르게 된다.

6) 과잉증

식품을 통한 니아신의 과다 섭취는 유해성이 보고된 바 없으나 치료제나 보충제로 과량 복용할 경우 모세혈관을 확장시켜 피부 홍조를 보이며, 두통이나 가려움증, 간기능 손상 등의 증상이 동반된다.

5 비타민 B_6

비타민 B_6는 피리독신(PN: pyridoxine), 피리독살(PL: pyridoxal) 및 피리독사민(PM: pyridoxamine) 세 가지 형태와 이것의 인산화 형태인 피리독살-5-인산(PLP), 피로다시민-5-인산(PMP), 피리독신-5-인산(PNP)으로도 존재한다. 이중 가장 강력한 활성을 보이는 조효소는 PLP이다. 자연계에는 유리형이나 결합형으로 있으며 피리독신은 주로 식물성 식품에 함유되어 있으며 피리독살과 피리독사민은 동물성 식품에 함유되어 있다.

1) 체내 기능

(1) 에너지 대사

비타민 B_6의 인산화 형태인 PLP는 단백질 대사에 주로 관여하는 조효소로 단백질의 섭취량이 증가하면 비타민 B_6의 섭취량도 증가해야 한다. 또한, PLP 함량은 비타민 B_6의 영양상태를 반영하는 지표이다.

PLP는 아미노산의 아미노기 전이반응(transamination), 탈아미노 반응(deamination), 탈탄산 반응(decarboxylation) 등과 같은 아미노산의 대사과정에서 작용한다.

① 아미노산 전이반응은 특정 아미노산의 아미노기를 α-케토산에 전달하여 새로운 아미노산을 합성하는 반응으로 비필수아미노산을 체내에서 합성할 수 있도록 해 준다.

② 탈아미노 반응은 세린, 호모세린, 트레오닌과 같은 아미노산으로부터 아미노기를 떼어내는 반응이다.

③ 탈탄산 반응은 γ-아미노부티르산, 노르에피네프린, 에피네프린, 세로토닌 합성을 위해 카르복실기를 떼어내는 반응이다.

비타민 B_6는 단백질 대사뿐만 아니라 탄수화물 대사에서 글리코겐 분해과정이나 아미노산의 탄소골격을 이용하여 당을 합성하는 포도당 신생과정(gluconeogenesis)에 관여한다.

지질 대사에서 비타민 B_6는 필수지방산의 일종인 리놀레산(linoleic acid)으로부터 아라키돈산(arachidonic acid)을 합성하는 데 필요하다.

(2) 혈구세포 합성

PLP는 산소를 운반해 주는 적혈구에서 헤모글로빈 고리구조(포르피린 고리)를 합성하는 데 중요한 역할을 한다. 따라서 비타민 B_6가 결핍되면 적혈구 크기가 작아지고 헤모글로빈도 부족해져 빈혈이 나타나며 이는 철 결핍성 빈혈과 유사하다. 이외에 PLP는 면역기능에 중추적 역할을 하는 백혈구 형성에 관여하여 체내 면역기능을 돕는다.

(3) 신경전달물질 합성

PLP는 탈탄산 반응의 조효소로 작용하여 다양한 신경전달물질들을 합성한다. 그 예로 아미노산인 글루탐산으로부터 γ-부티르산(GABA: Gamma Amino Butyric Acid)을 합성하고, 티로신으로부터 노르에피네프린과 도파민, 히스티딘으로부터 히스타민, 트립토판으로부터 세로토닌을 생성하는 데 관여한다. 이러한 신경전달물질은 신경세포 간의 정보전달에 관여하기 때문에 결핍되었을 경우 우울증, 두통, 혼란, 메스꺼움, 구토와 증상이 발생한다.

(4) 기타 기능

트립토판으로부터 니아신이 합성될 때 조효소로 작용한다. 또한, 호모시스테인이 메티오닌으로 전화되는 과정에서도 조효소로 작용하여 고호모시스테인혈증(hyperhomocysteinemia)을 막는다. 호모시스테인은 동맥경화(atherosclerosis) 유발물질이며 비타민 B_6를 비롯하여 엽산, 비타민 B_{12}의 도움으로 메티오닌으로 전환될 수 있다.

2) 흡수와 대사

비타민 B_6는 소장에서 수동적 확산으로 흡수되며 흡수 속도는 PL>PM>PN 순이다. 이들은 소장 내 인산분해효소의 작용으로 인산기가 제거된 후 간으로 운반되어 다시 인산과 결합하여 인산화 형태인 PLP로 전환된 후 조직으로 이동된다.

비타민 B_6는 주로 근육에 저장되며 대부분 근육 내 글리코겐 인산화효소에 결합되어 있다. 이외 간이나 혈중에도 일부 존재한다.

비타민 B_6는 간과 신장에서 불활성형인 4-피리독신산으로 전환되어 소변으로 배설된다.

3) 급원식품

비타민 B_6는 근육에 저장되어 있기 때문에 동물성 식품인 육류, 생선류, 가금류가 좋은 급원이며, 녹색 채소류와 곡류와 같은 식물성 식품에도 함유되어 있으나 식물성 식품 대비 동물성 식품 내 비타민 B_6의 체내 흡수가 용이해 우수한 급원식품이라 할 수 있다.

4) 영양소 섭취기준

혈중 비타민 B_6는 70% 이상이 PLP 형태로 존재하기 때문에 이를 비타민 B_6의 영양상태를 반영하는 지표로 하여 평균필요량은 성인 남자와 여자에서 각각 1.3mg/일, 1.2mg/일로 설정하였으며 권장섭취량은 1.5mg/일, 1.4mg/일이다. 피리독신의 과잉 섭취는 신경장애를 일으키기 때문에 상한섭취량은 남녀 모두 100mg/일로 설정하였다.

5) 결핍증

비타민 B_6의 결핍증은 주로 다른 수용성 비타민의 결핍과 동반된다. 결핍 증상은 지루성 피부염, 구각염, 구내염, 메스꺼움, 현기증, 우울증, 신장결석, 신경과민 등이다. 적혈구의 헴 합성에 PLP가 필요하기 때문에 결핍 시 소구성, 저색소성 빈혈이 나타날 수 있다. 심한 경우에는 심각한 신경장애와 성장부진을 보일 수 있다. 알코올 중독자의 경우 알코올이 비타민 B_6의 흡수를 저해하고 조효소 형태의 합성을 저해하기 때문에 결핍증이 나타날 수 있다.

6) 과잉증

식품으로 섭취한 비타민 B_6의 과잉증은 보고된 바 없으나 보충제나 치료제로 과잉 복용한 경우 신경장애, 보행장애 등이 나타날 수 있다.

6 엽산

엽산(folic acid)은 식물의 잎(folium)에 들어 있다는 의미로 엽산이라 명명하였으며 녹엽 채소에 주로 함유되어 있다.

엽산은 프테리딘(pteridin), P-아미노벤조산(p-amino benzoic acid), 글루탐산(glutamate)이 결합된 구조로 이루어져 있다. 글루탐산이 결합된 개수에 따라 모노글루타메이트형(monoglutamate)과 폴리글루타메이트형(polyglutamate)으로 구분할 수 있으며 글루탐산이 1개 결합한 모노글루타메이트형은 체내 흡수 형태이고 폴리글루타메이트형은 체내 저장 형태이며 식품 내 존재하는 형태이다. 엽산은 소장에서 흡수된 후 간에서 체내 활성을 갖는 조효소로 전환되는데 수소 4개가 결합된 테트라히드로엽산(THF: Tetrahydrofolic Acid)이 그 형태이다.

1) 체내 기능

엽산은 DNA 복제와 세포분열에 필요한 디옥시유리딜산(dUMP)으로부터 티미딜산(dTMP)을 합성하는 데 관여한다. 따라서 엽산이 결핍될 경우 골수에서의 세포분열이 원활히 이루어지지 않아 거대적 아구성 빈혈(macrocytic anemia)을 초래하기도 한다. 거대적 아구성 빈혈은 엽산 부족으로 적혈구에서 DNA 합성에 장애가 발생하여 성숙한 적혈구로 정상적인 분열을 하지 못하고 크기가 비정상적으로 거대하고 미숙한 상태의 거대적 아구성 상태의 적혈구 생성으로 인해 발생하는 빈혈증이다([그림 8-3] 참고). 또한 엽산은 비타민 B_{12}와 대사 과정에서 상호 관련성을 가져 비타민 B_{12}와 함께 적혈구를 생성하고 호모시스테인으로부터 메티오닌을 합성하는 반응에 관여한다. 이외에 상처회복 과정이나 임신 중 면역기능에도 중요한 역할을 한다.

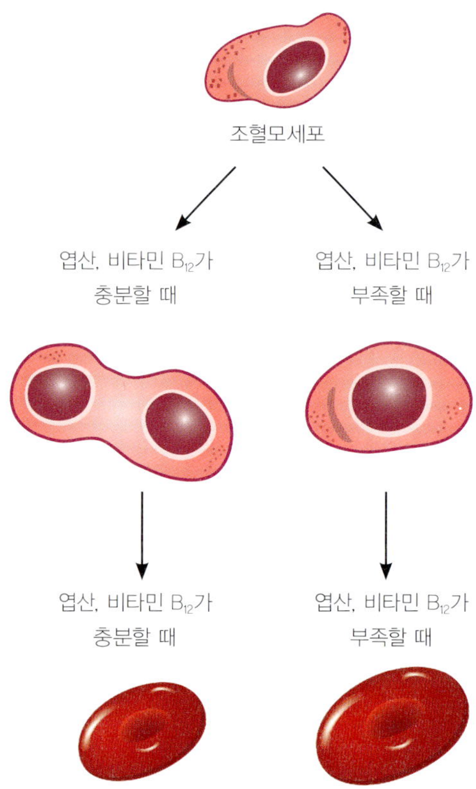

[그림 8-3] 거대적 아구성 빈혈

2) 흡수와 대사

식품으로 섭취한 엽산은 소장에서 모노글루타메이트형으로 가수분해된 후 주로 능동수송에 의해 흡수된다. 식품으로 섭취하는 엽산은 흡수율이 약 50%, 강화 식품은 85%, 보충제 형태의 엽산의 100%이다. 흡수된 후 장 점막세포 내에서 메틸기와 결합하여 5-메틸-THF(N5-methyl-tetrahydrofolate) 형태로 전환된 후 간과 그 밖의 장기로 운반된다. 엽산의 50% 이상은 주로 간에 저장되며 저장형태는 폴리글루탐산형이다. 엽산은 장내 세균에 의해 합성 가능하나 이들은 거의 담즙을 통해 대변으로 배출된다.

3) 급원식품

시금치와 같은 녹색 채소류에 특히 풍부하며 간, 콩류, 밀의 배아 등에도 엽산이 함유되어 있다.

4) 영양소 섭취기준

엽산은 체내 이용률을 고려한 식이엽산당량(DFE: Dietary Folate Equivalent)으로 섭취기준 설정하였다. 식품 중 엽산 1㎍은 1㎍DFE, 강화식품 또는 식품과 함께 섭취한 보충제의 엽산 1㎍은 1.7㎍DFE, 공복에 섭취한 보충제의 엽산 1㎍은 2.0㎍DFE로 한다.

성인의 필요량 설정에는 적혈구 엽산, 혈장 호모시스테인, 혈청 엽산 농도를 정상으로 유지하기에 필요한 엽산섭취량을 반영하여 설정하였다. 성인 남녀의 엽산 평균필요량을 320㎍DFE/일로 설정하였으며 이 값에 20%를 더한 400㎍DFE/일을 권장섭취량으로 설정하였다. 임신부의 경우 200㎍DFE를 추가 설정하였으며 수유부의 경우 모유로 분비되는 양을 고려하여 150㎍DFE를 추가하였다.

5) 결핍증

엽산 결핍은 적혈구와 같은 세포의 생성과정에 영향을 주어 거대적 아구성 빈혈을 일으킨다. 또한 혈중 엽산 농도 감소로 인해 호모시스테인의 농도가 증가하여 고호모시스테인혈증이 나타나며 이로 인해 동맥경화와 같은 심혈관질환의 위험성이 커진다. 이외의 임상 증상으로는 설염, 설사, 성장 장애, 정신적 혼란, 신경이상 등이 있다.

알코올 중독자나 영양흡수 불량자에서 결핍증이 나타나기 쉬우며 체내 요구량이 증가되는 시기인 임신기나 수유기에 결핍증이 나타날 수 있다. 임신 중 엽산 결핍은 유산, 난산, 조산, 사산, 저체중아 출산 등을 일으킬 수 있다.

7 비타민 B_{12}

비타민 B_{12}는 코린 고리(corin ring)의 중앙에 무기질인 코발트를 함유하고 있어 코발라민(cobalamin)이라 명명하였다. 체내 활성이 있는 조효소 형태는 메틸코발라민(methylcobalamin)과 5-디옥시아데노실 코발라민(5-deoxyadenosylcobalamin)이다. 비타민 B_{12}는 대장 내 세균에 의해 합성될 수 있으나 흡수되지 않기 때문에 식품으로 섭취해야 한다.

1) 체내 기능

(1) 메티오닌의 합성

비타민 B_{12}는 엽산과 함께 메티오닌 합성에 조효소로 작용한다. 메틸기가 결합된 5-메틸-THF(5-methyl tetrahydrofolic acid) 형태의 엽산으로 전환되면 메틸기를 제거하여 비타민 B_{12}에 전달되어 메틸코발라민이 합성되고(①) 메틸기는 다시 호모시스테인으로 전달되어 메티오닌이 합성된다(②).

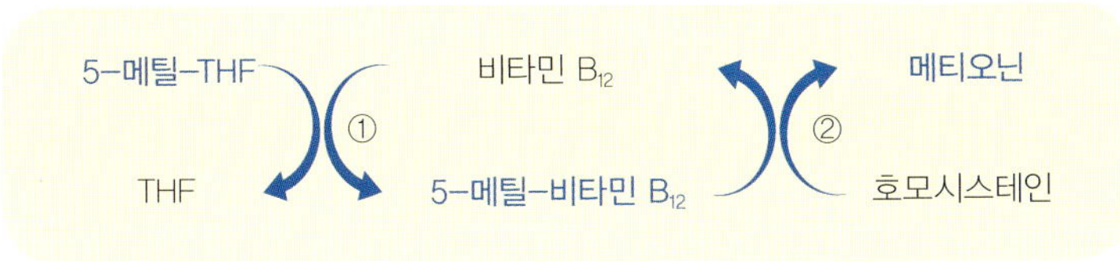

[그림 8-4] 비타민 B_{12} 기능: 메티오닌 합성

따라서 두 영양소는 대사적으로 상호 연관성을 가지며 혈중 호모시스테인에 대한 저하 효과를 갖기 때문에 심혈관 질환의 위험성을 낮추는 데 기여한다.

(2) 세포 분열

비타민 B_{12}는 엽산과 함께 DNA의 합성에 관여한다. DNA는 당, 염기, 인산으로 구성되어 있는데 이중 염기인 퓨린과 피리미딘의 합성에 관여하여 정상적인 세포분열을 돕는다. 따라서 비타민 B_{12} 또는 엽산이 부족하면 세포분열이 제대로 이루어지지 않아 비정상적으로 커진 적아구를 형성하고 이로 인해 거대적 아구성 빈혈을 초래한다([그림 8-3] 참고).

(3) 신경세포 유지 및 기타 기능

비타민 B_{12}는 신경세포에서 절연체 역할을 하는 수초를 정상적으로 유지시킨다. 따라서 비타민 B_{12}가 부족하면 수초가 파괴되고 그로 인해 신경과 근육의 마비를 일으키고 심한 경우에는 사망을 초래한다.

이외에 비타민 B_{12}는 TCA 회로에서 메틸 말로닐 CoA를 숙시닐 CoA로 전환시키는 반응에 필요한 효소의 조효소로 작용하여 정상적으로 대사될 수 있도록 한다.

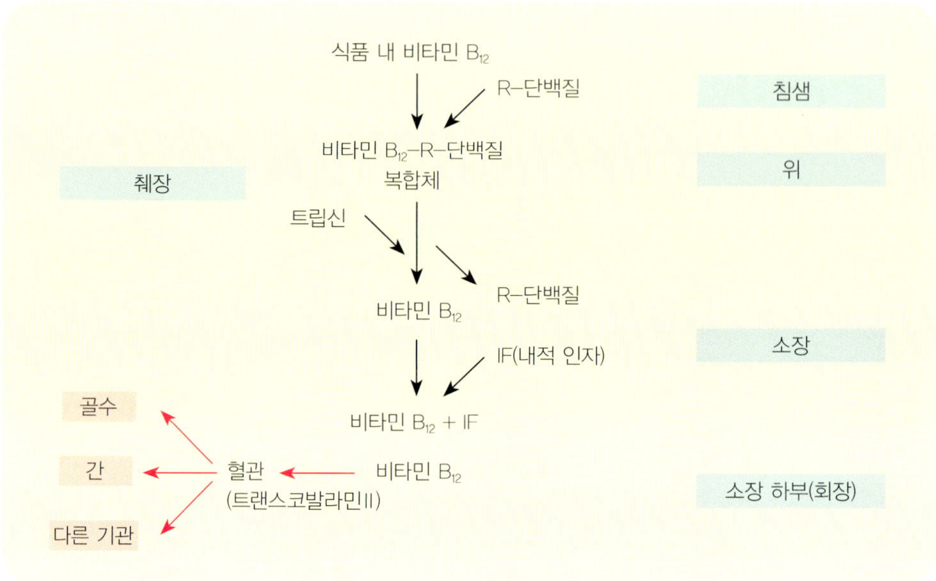

[그림 8-5] 비타민 B_{12} 흡수과정

2) 흡수와 대사

식품 속 비타민 B_{12}는 단백질과 결합된 형태이며 내적 인자의 도움을 받아 능동 수송에 의해 흡수된다. 먼저 식품 내 비타민 B_{12}/단백질은 위산이나 펩신에 의해 유리되고 유리된 비타민 B_{12}는 침샘에서 분비된 R-단백질(R-protein)과 결합한다. 이때 R-단백질은 장내 세균이 비타민 B_{12}를 흡수하여 이용하지 못하도록 막아주는 역할을 하는 것으로 여겨진다. 이후 R-단백질/비타민 B_{12} 복합체는 소장으로 이동하여 췌장액(트립신)에 의해 분리된다. 이때 유리된 비타민 B_{12}는 위벽세포에서 분비되는 당단백질인 내적 인자(IF: Intrinsic Factor)와 다시 결합하여 내적 인자/비타민 B_{12} 복합체를 형성한다. 내적 인자는 비타민 B_{12}가 안전하게 흡수될 수 있도록 보호하고 흡수를 증진시키는 역할을 한다. 이후 내적 인자/비타민 B_{12}는 소장 하부인 회장으로 이동하여 칼슘 존재하에 비타민 B_{12}만 흡수되어 혈액으로 들어간다. 흡수된 비타민 B_{12}는 운반단백질인 트랜스코발라민Ⅱ와 결합한 상태로 각

조직에 운반된다([그림 8-5] 참고).

비타민 B_{12}는 주로 간에 저장되며 체내 저장된 비타민 B_{12}는 잘 손실되지 않고 장간 순환(enterohepatic circulation)을 통해 재흡수된다. 따라서 비타민 B_{12}는 다른 수용성 비타민과 달리 체내 저장성이 우수하고 체외 손실량이 낮은 비타민이다. 재흡수되지 않은 비타민 B_{12}는 소변과 담즙을 통해 대변으로 배설된다.

3) 급원식품

비타민 B_{12}는 동물성 식품에만 존재하며 육류, 가금류, 어패류, 우유, 유제품이 주요 급원식품이다.

4) 영양소 섭취기준

비타민 B_{12}의 평균필요량은 체내 비타민 B_{12}의 저장량이 고갈되어 있는 악성빈혈 환자에서 헤모글로빈, 비타민 B_{12} 농도, 헤마토크리트, 적혈구 수, 평균세포용적 등의 지표들이 비타민 B_{12} 투여로 정상회복하는 데 필요한 양을 근거로 하여 성인 남녀는 2㎍/일로 설정하였다. 권장섭취량은 변이계수 10%를 적용하여 2.4㎍/일로 설정하였으며 임신부의 경우 모체 필요량 증가를 고려하여 0.2㎍을 추가하였으며 수유부의 경우 모유를 통한 분비량을 고려하여 0.3㎍을 추가하여 설정하였다. 상한섭취량은 독성사례가 보고된 바 없어 설정하지 않았다.

5) 결핍증

비타민 B_{12}은 동물성 급원식품에 풍부하기 때문에 동물성 식품을 섭취하는 사람에게서는 결핍증이 잘 나타나지 않지만 식물성 식품만을 섭취하는 채식주의자의 경우 섭취 부족으로 인해 결핍증이 초래될 수 있다. 섭취 부족, 흡수 불량, 유전적 결함 등에 의해 비타민 B_{12} 결핍 시 악성 빈혈이 발생한다. 악성 빈혈은 거대적아구성 빈혈과 신경장애가 나타나는 빈혈로 엽산 결핍에 의한 거대적 아구성 빈혈과 유사하며 이 두 영양소의 결핍은 상호 연관성을 갖는다. 이외에 허약감, 설염, 체중 감소, 식욕 부진, 소화 불량, 설사, 두뇌활동력 감퇴, 기억 상실 증상 등이 나타난다.

8 판토텐산

판토텐산(pantothenic acid)은 pantothen에서 유래하였으며 모든 것으로부터 오는 것을 의미하는 것으로 다양한 식품에 함유되어 있다. 판토텐산은 에너지 대사의 주요한 효소인 코엔자임 A(CoA: coenzyme A)의 구성성분이다.

1) 체내 기능

판토텐산은 코엔자임 A(CoA)와 아실기 운반단백질(ACP: Acyl Carrier Protein)의 구성성분이다. 조효소 CoA는 판토텐산과 ADP(adenosine diphosphate), 시스테인이 결합되어 생성되며 탄수화물, 단백질, 지방 대사에서 아세테이트로부터 아세틸 CoA를 생성한다. 아세틸 CoA는 TCA 회로를 거쳐 에너지를 생성하기도 하며 이산화탄소(CO_2)와 결합하여 지방산을 합성한다. 아세틸 CoA는 신경전달물질인 아세틸콜린의 합성에도 관여하며 헤모글로빈 합성을 도와 빈혈을 예방할 수 있다. 또한 판토텐산은 ACP의 일부로 CoA와 비슷하게 아실 운반체로 작용하여 지방산의 사슬길이 연장과 콜레스테롤 합성에 관여한다.

2) 흡수와 대사

식품에 함유된 판토텐산은 CoA 형태로 존재하며 소장에서 유리되어 능동수송에 의해 흡수되며 과량 섭취한 경우 수동확산에 의해 흡수된다. 흡수된 판토텐산은 다시 인산화 반응을 통해 CoA를 형성하고 단백질과 결합하여 ACP 합성에 사용된다.

판토텐산은 간과 신장에 많이 존재하고 이외 모든 조직에도 저장된다. 과량의 판토텐산 섭취는 소변으로 배설된다.

3) 급원식품

판토텐산은 동물성 식품과 식물성 식품에 널리 분포되어 있다. 특히 육류, 달걀, 전곡, 콩류에 많이 포함되어 있다.

4) 영양소 섭취기준

판토텐산의 영양소 섭취기준은 섭취량과 배설량 간 균형 연구를 근거로 하여 성인 남녀의 충분섭취량을 5mg/일로 설정하였다. 과잉 섭취에 의한 독성 사례는 보고된 바가 없어 상한섭취량은 설정하지 않았다.

5) 결핍증

판토텐산은 다양한 식품에 포함되어 있을 뿐만 아니라 장내 세균에 의해서 합성되기 때문에 결핍증이 거의 일어나지 않는다. 그러나 심한 영양 결핍, 알코올 중독자의 경우 결핍이 나타날 수 있으며 그 증상은 무관심, 피로, 불면증, 구토, 복통, 소화기 장애, 두통, 면역 저하 등이 나타난다.

6) 과잉증

판토텐산 과잉 섭취에 의한 독성은 아직 알려지지 않았다.

9 비오틴

비오틴(biotin)은 황을 함유한 비타민으로 유리 형태인 비오틴과 아미노산인 리신과 결합된 비오시틴(biocytin) 두 가지 형태가 있다. 비오틴은 열과 빛에 안정하나 자외선에 의해 파괴된다.

1) 체내 기능

비오틴은 탄수화물, 단백질, 지질의 대사과정에서 이산화탄소를 붙여주는 카르복실화효소(carboxylase)의 조효소로 작용한다.

① 아세틸 CoA 카르복실화효소: 지방산의 생합성 과정에서 아세틸 CoA가 말로닐 CoA(malonyl CoA)로 전환되는 과정에서 카르복실화효소의 조효소로 작용한다.

② 피루브산 카르복실화효소: 포도당 신생 합성 과정에서 피루브산이 옥살로아세트산으로 전환되는 과정에서 조효소로 작용한다.

③ 메틸크로토닐 CoA 카르복실화효소: 류신(leucine), 이소류신(isoleucine), 트레오닌(threonine), 메티오닌(methi-onine)과 같은 아미노산으로부터 에너지를 생성하는 과정에 관여한다.

2) 흡수와 대사

식품에 함유된 비오틴은 유리 형태와 결합 형태로 존재하며 결합 형태인 비오시틴은 장내 비오틴 분해효소인 비오티니다아제(biotinidase)에 의해 유리되어 소장에서 흡수된다. 흡수된 비오틴은 문맥을 통해 카르복실화 효소가 많은 조직으로 이동된다. 비오틴은 달걀흰자의 아비딘과 결합하여 흡수가 억제되기도 한다. 따라서 다량의 달걀 흰자를 섭취하였을 때 비오틴 결핍증을 초래할 수 있다.

체내 이용된 비오틴은 소변과 대변의 형태로 배설되며 대장 내 세균에 의해서도 비오틴이 합성되기 때문에 섭취량 대비 많은 양의 비오틴을 대변으로 배출한다.

3) 급원식품

비오틴은 동물성, 식물성 식품에 널리 분포한다. 난황, 간, 닭고기, 견과류, 콩류, 우유, 지즈 등이 있나.

4) 영양소 섭취기준

비오틴의 평균필요량에 대한 근거 자료가 불충분하여 충분섭취량을 설정하였다. 성인 남녀 모두 30㎍/일로 설정하였으며 비오틴의 과잉 섭취에 의한 유해성은 보고된 바 없어 상한섭취량은 설정하지 않았다.

5) 결핍증

비오틴은 식품 급원이 다양하고 체내에서 재사용되기 때문에 결핍증은 흔하지 않지만 선천적으로 비오틴 분해효소가 결핍되거나 장기간 비오틴 함량이 낮은 식사를 지속한 경우가 나타날 수 있으며 그 증상으로는 피부발진이나 탈모, 식욕부진, 무기력 등이 있으며 경련과 뇌손상을 일으키기도 한다.

10 비타민 유사물질

1) 콜린

콜린(choline)은 담즙을 의미하는 'chole'에서 유래하였으며 아미노산인 세린으로부터 생성된다. 콜린은 동물성 식품과 식물성 식품에 널리 분포한다. 상추, 땅콩, 간 등에 많이 함유되어 있다. 다른 수용성 비타민처럼 조효소로 작용효과를 갖고 있지 않지만 콜린은 체내에서 메티오닌을 합성할 때 메틸기 공여체(methyl group donor)로 작용하며 신경전달물질인 아세틸콜린이나 세포막과 지단백질의 필수 구성성분으로 작용한다.

콜린은 운반단백질의 도움으로 소장에서 흡수되어 혈관을 통해 간으로 운반된다. 모든 조직에 존재하며 소변의 형태로 배설된다.

2) 카르니틴

카르니틴(carnitine)은 아미노산인 리신과 메티오닌으로부터 간에서 합성되며 에너지 생성을 위해 지방산을 세포질에서 미토콘드리아로 운반시켜 주며 미토콘드리아에서 생성된 대사산물인 유기산을 제거해 주는 역할을 한다. 카르니틴의 주요 급원은 동물성 식품으로 육류, 우유, 유제품 등이 있으며 체내에서도 합성이 가능하다.

3) 이노시톨

이노시톨(inositol)은 포도당과 유사한 구조를 갖는 화합물로 체내에서 합성 가능하다. 이노시톨은 체내 세포질에 주로 존재하며 유리된 이노시톨 3-인산 형태로 있으며 일부는 세포막의 인지질의 구성성분으로 있다. 이노시톨은 세포 내 칼슘의 농도를 증가시켜 신경전달 등의 반응을 일으킨다. 이노시톨은 주로 동물성 식품에 존재하며 식물성 식품에도 존재하나 대부분이 피트산의 성분으로 무기질에 결합한다.

4) 타우린

타우린(taurine)은 황을 함유하는 아미노산인 시스테인과 메티오닌으로부터 합성되며 동물성 식품에만 함유되어 있다. 타우린은 체내에서 항산화 작용, 혈소판 응집, 세포분화 및 성장 등에 관여한다.

5) 리포산

리포산(lipoic acid)은 해당과정에서 피루브산이 아세틸 CoA로 전환되는 반응에서 이산화탄소를 제거할 때 필요하다. 체내에서 충분히 합성되며 육류, 간 등에도 풍부하다.

수용성 비타민의 요약

수용성 비타민 (화학명)	주요 기능	급원 식품	결핍증	과잉증	영양섭취기준
티아민	당질대사의 조효소(TPP)로 탈탄산반응, 펜토오스 인산경로, 신경계 기능	돼지고기, 콩류, 땅콩, 전곡류, 쇠간, 강화곡류	식욕 저하, 메스꺼움 구토, 부종, 심장확대, 각기병	일반적으로 과잉증으로 보고된 바 없음	성인 남자: 1.2mg 성인 여자: 1.1mg
리보플라빈	당질, 지질, 단백질의 에너지 대사에서 조효소(FMN, FAD)로 작용, 전자전달계 작용, 지질분해	낙농제품, 고기, 달걀, 강화곡류, 녹색채소	구순구각염, 설염, 눈이 부시는 현상, 피부염	부작용 거의 없음	성인 남자: 1.5mg 성인 여자: 1.2mg
니아신	당질산화, 지방산 생합성, 전자전달계 작용[NAD(H), NADP(H)]	땅콩류, 육류, 간, 대부분의 단백질 식품	심한 설사, 피부염, 신경장애, 전신쇠약(펠라그라)	구역질, 구토, 설사, 피부홍조	성인 남자: 16㎍NE 성인 여자: 14㎍NE
비타민 B_6	아미노산대사의 조효소(PLP), 트립토판에서 니아신 전환	간, 육류, 가금류, 어류, 콩류, 견과류	지루성 피부염, 빈혈, 신경염	보고된 바 없음	성인 남자: 1.5mg 성인 여자: 1.4mg
판토텐산	에너지대사의 조효소(CoA), 아세틸콜린, 콜레스테롤, 케톤체 합성	동물성 식품, 곡류 등 모든 식품	피로, 불면증, 복통, 수족 마비	무독성, 가끔 설사 유발	성인 남자: 5mg 성인 여자: 5mg
엽산	RNA와 DNA 대사의 조효소(THF), 단일탄소 전달의 조효소	간, 녹색채소, 오렌지주스, 콩류, 견과류	거대적 아구성 빈혈, 설염, 설사, 등 위장계 질환, 성장장애	부작용 거의 없음	성인 남자: 400㎍DFE 성인 여자: 400㎍DFE
비오틴	당질, 지질대사에서 CO_2 운반에 필요한 조효소(비오시틴)	간, 마른 콩류, 오렌지주스, 콩류, 신선한 채소	피부염	무독성	성인 남자: 30㎍ 성인 여자: 30㎍
비타민 B_{12}	엽산대사에 관여, RNA와 DNA 대사의 조효소, 단일탄소 전달	동물성 식품	거대적 아구성 빈혈, 악성 빈혈, 신경계 질환	무독성	성인 남자: 2.4㎍ 성인 여자: 2.4㎍
비타민 C	수산화반응(콜라겐 합성), 항산화제, 철 흡수, 면역기능 강화	과일, 채소류, 브로콜리, 배추, 콜리플라워, 감귤류, 딸기, 키위	괴혈병, 쇠약, 상처회복 지연, 면역체계 손상	신장결석, 설사, 철 과다 흡수	성인 남자: 100mg 성인 여자: 100mg

제 9 장 다량무기질

1. 무기질의 분류
2. 무기질의 일반적 기능
3. 칼슘
4. 인(P)
5. 마그네슘(Mg)
6. 칼륨(K)
7. 나트륨(Na)
8. 염소(Cl)
9. 황(S)

체내의 여러 생리기능을 조절, 유지하는 데 무기질은 중요한 역할을 하며 필요량에 따라 다르다. 인체가 생명을 유지하려면 탄수화물, 지방, 단백질, 비타민, 물 등이 필요하지만 생명을 잃게 되면 재(ash)만 남게 된다. 재를 구성하는 무기질은 매우 적은 양이지만 생명체의 기능에 반드시 필요하고 중요하다.

1 무기질의 분류

흔히 무기질은 체내 필요량에 따라 다량무기질과 미량무기질로 구분하는데, 이 기준은 체내에 얼마나 존재하느냐, 하루에 식사를 통하여 섭취해야 하는 권장량이 100mg 이상 섭취해야 하는 무기질은 다량무기질로 분류하며, 100mg 이하인 무기질은 미량무기질로 분류한다. 칼슘, 인, 칼륨, 황, 나트륨, 염소, 마그네슘은 다량무기질이다, 철, 아연, 구리, 망간, 요오드, 셀레늄은 미량무기질로 분류한다. 인체 내 존재하는 무기질의 종류와 양은 체중 60kg인 사람을 기준으로 보았을 때 [그림 9-1]과 같다.

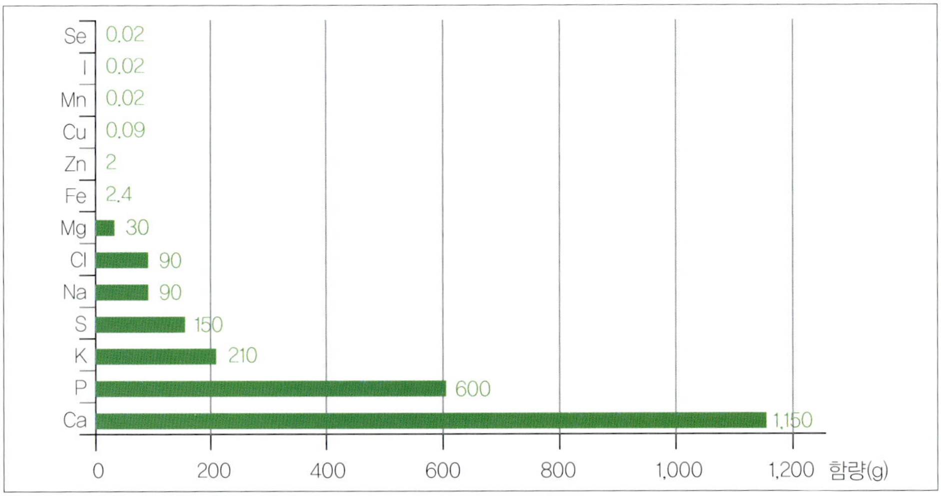

[그림 9-1] 무기질의 체내 함유량

2 무기질의 일반적 기능

무기질은 신체조직을 구성하고, 체내 대사과정을 조절하며, 신경의 자극을 전달해 주는 주요작용을 한다.

1) 신체조직 구성

무기질은 뼈와 치아의 구성성분으로 칼슘, 인, 불소 등은 단단한 조직을 구성하며, 아연, 구리, 망간 등은 연골, 피부, 뼈조직의 연결조직을 구성한다. 근육에는 황과 신경조직에는 인이 들어 있다. 아연은 상처를 회복하는 데 필요하며, 구리가 부족하면 뼈와 혈관이 약화된다. 철은 헤모글로빈, 요오드는 갑상선호르몬인 티록신, 염소는 위산을 구성한다. 그러므로 무기질은 신체 내에서 호르몬, 효소, 비타민 등의 중요한 기능을 하는 구성성분이다.

2) 산·알칼리 균형

무기질은 체액에 녹아 이온의 형태로 존재하며 산 또는 염기 평형을 조절한다. 따라서 나트륨, 칼륨, 마그네슘, 칼슘 등은 Na^{+}, K^{+}, Mg^{2+}, Ca^{2+} 등의 양이온을 형성하여 체액에서 수산기($-OH^{-}$)와 결합하여 수산화나트륨, 수산화칼륨, 수산화마그네슘, 수산화칼슘인 알칼리를 형성한다. 그러나, 염소, 황, 인 등은 Cl^{-}, SO_4^{2-}, PO_4^{3-} 등의 음이온으로 체액의 수소이온($-H^{+}$)과 결합하여 염산, 황산, 인산인 산을 구성한다. 나트륨, 칼륨, 마그네슘, 칼슘 등의 무기질은 주로 과일 및 채소류에 많이 함유되어 있으므로 알칼리성 식품으로 분류되고, 염소, 황, 인 등의 무기질은 곡류, 육류, 달걀 및 가금류 등에 많이 함유되어 산성 식품으로 분류되고 있다.

3) 삼투압 조절

체내의 여러 가지 무기질들은 세포막을 중심으로 체내 대사에 적합한 삼투압을 유지하는 데 관여한다. 물은 혈관 내, 세포 내, 세포 사이에 들어 있고 세포막을 투과하여 세포 내외로 이동하며, 물의 양은 세포액에 녹아 있는 무기질의 농도에 의해서 결정되므로 세포가 영양을 적절히 취하기 위해서는 혈액으로부터 세포 내부로 영양소가 운반되어야 한다. 정상적인 식사는 물이 세포막을 통과하여 신체의 각 부위로 통과할 수 있도록 무기염의 적절한 균형을 이루게 된다.

4) 대사의 촉매작용에 관여

신체 내에서 여러 가지 과정을 촉매하는 효소의 구성성분으로 작용하는 무기질 중 마그네슘은 탄수화물, 지질, 단백질의 분해 및 합성과정에 작용하며, 구리, 칼슘, 망간, 아연 등은 체내의 이화작용 및 동화작용에서 촉매기능을 돕는다. 구리는 소장에서 철의 흡수를 돕고 적혈구 형성에 꼭 필요하며, 칼슘은 비타민 B_{12}가 소장벽을 통과하는 데 관여하고, 나트륨과 마그네슘은 단당류의 흡수를 도와준다.

5) 신경흥분 전달

칼슘은 신경흥분의 전달 및 근육의 수축과 이완을 돕고, 칼륨, 마그네슘, 나트륨은 수축된 근육을 이완시키고 신경을 안정시키는 기능을 도와주므로 무기질의 적절한 균형은 신경자극을 전달한다.

무기질 간의 생체이용성(Bioavailability)

많은 종류의 무기질은 마그네슘, 칼슘, 철, 구리가 2가의 양이온을 갖는 것처럼 크기와 전하가 비슷하다. 비슷한 크기와 전하를 갖는 하나의 무기질은 다른 무기질과 경쟁적인 흡수기전을 가지며 따라서 서로의 생체이용성과 대사에 영향을 미친다. 그러므로 한 가지 무기질의 과량 섭취는 다른 무기질의 흡수와 대사에 영향을 미치므로 단일 무기질 보충제는 섭취하지 않는 것이 좋다. 예를 들어 아연이 많은 식사를 하면 구리의 흡수가 감소된다.

3 칼슘

칼슘은 인체에 가장 함량이 많은 무기질로서 체중의 약 1.5~2%를 차지한다. 칼슘의 99% 이상이 골격과 치아에 존재하며, 1%는 혈액 및 체액에 존재하여 신경과 근육으로 전달되며, 칼슘의 농도변화는 신체기능의 중요한 생물학적 신호체계에 관여한다.

1) 흡수와 대사

식사로 섭취된 칼슘의 30% 정도가 십이지장에서 능동수송에 의하여 흡수되고, 공장과 회장에서는 수동적 확산에 의해서 흡수된다. 칼슘흡수는 개인의 생리적 상태와 성장단계에 의해 차이가 난다.

(1) 흡수를 증가시키는 요인

칼슘의 흡수는 성장기, 임신기, 수유기와 같이 신체의 요구도가 높을수록, 따라서 골격발달이 왕성한 성장기 어린이는 흡수율이 60%까지 증가한다. 혈액 중에 칼슘이온의 농도가 감소할수록, 유당을 섭취하여 젖산 생성으로 장내의 pH가 낮을수록, 단백질 섭취량이 많을수록, 장내의 pH가 낮을수록, 비타민 D가 소장에서 칼슘결합단백질(calcium binding protein)의 합성을 촉진할수록, 식사로 섭취한 칼슘과 인의 비율이 1:1일 때 흡수율이 증가한다.

(2) 흡수를 감소시키는 요인

노년기가 되면 흡수율이 떨어지고, 비타민 D가 결핍되거나, 지방의 과잉 섭취 시, 식이섬유와 녹색채소에 많은 수산을 섭취했을 때, 곡류의 외피에 들어 있는 옥살산과 피틴산은 칼슘과 불용성 염을 형성하여 칼슘흡수를 저해한다.

2) 혈액 칼슘농도의 항상성

혈액 내 칼슘 함량은 9~11mg/100mL의 일정한 농도를 유지하고 있다. 매일의 칼슘 섭취량에 차이가 나도 혈장 칼슘 수준의 항상성은 유지된다.

칼슘의 항상성 유지에 작용하는 주요 호르몬은 부갑상선호르몬, 비타민 D, 칼시토닌이다. 혈액의 칼슘농도가 정상 수준 이하로 낮아지면 부갑상선호르몬이 분비되고, 부갑상선호르몬은 신장에서 칼슘의 재흡수를 증가시키며, 골격세포에서 칼슘을 용출하여 혈중 칼슘의 농도를 높인다. 또한 신장에서 비타민 D는 활성형인 1,25(OH)비타민 D의 생성을 증가시키고, 활성형 비타민 D는 소장에서 칼슘결합단백질(CaBP: calcium binding protein)의 합성을 증가시켜 칼슘의 흡수를 높인다. 반면에 혈액의 칼슘 농도가 상승하면 갑상선에서 칼시토닌이 분비되어 뼈로부터 혈중 칼슘의 용출을 억제하여 부갑상선호르몬과는 반대작용으로 혈중 칼슘농도를 낮춘다.

3) 체내 기능

(1) 골격 구성

뼈는 끊임없이 분해와 재생과정을 거치는 활발한 조직으로, 골격의 성장과 균형은 조골세포와 파골세포의 작용에 의해 이루어진다. 조골세포는 지속적으로 새로운 뼈의 기질을 분비하고, 여기에 무기염이 축적되어 뼈를 생성한다. 파골세포는 무기질을 용해하고 기질을 분해하여 골격의 재흡수를 도와준다. 뼈의 형태는 콜라겐 섬유와 점질다당류이며, 주된 구성요소는 비결정상인 인산칼슘염과 수산화칼슘염의 복합체로 형성된 수산화인회석(hydroxyapatite)이다. 치밀골과 해면골로 구성된 골격은 칼슘의 저장고로도 중요하다. 뼈의 가장자리를 구성하는 치밀골은 석회화된 콜라겐이 관모양의 치밀한 구조를 가지고 있으며, 안쪽의 해면골은 혈액이 통과하는 곳으로 다공성의 스펀지 형태로 되어 있다. 칼슘은 혈액 무기질 농도의 항상성에 관여하며, 해면골에 저장되어 있고, 필요할 때 칼슘을 혈액으로 용출시켜 무기질 항상성에 관여한다.

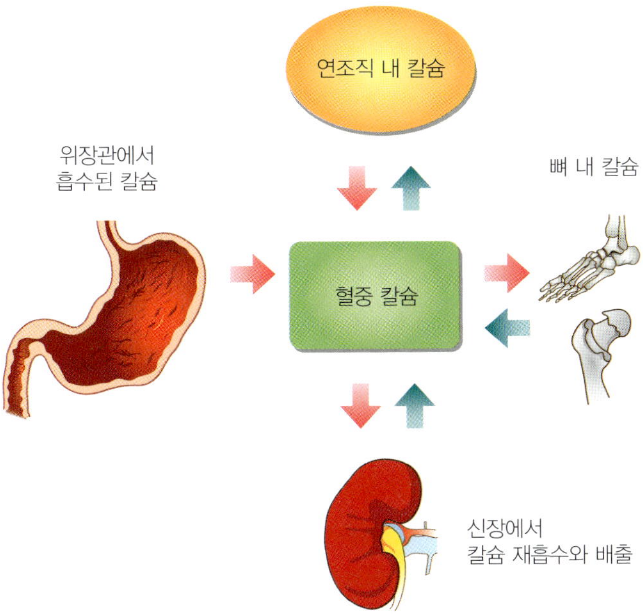

[그림 9-2] 혈중 칼슘의 대사

(2) 근육의 수축작용

근원섬유는 마이오신과 액틴으로 구성되어 있으며, 근육이 수축할 때 액토마이오신을 형성하는 데 칼슘이 필요하다. 또한 심장근육의 수축에도 칼슘이 중요한 기능을 한다.

(3) 신경 흥분 전달

신경세포가 흥분을 전달하려면 시냅스에 신경전달물질이 분비되어야 하는데, 칼슘이 신경전달물질의 방출을 촉진시키며, 다른 이온들이 신경세포 내외로 이동하는 데도 관여한다.

(4) 세포막의 투과성 조절

세포외액의 칼슘은 세포막의 투과성을 조절해 준다. 세포외액의 칼슘농도가 증가하면 막의 투과성이 감소하며, 세포내액의 칼슘농도가 감소하면 투과성이 증가한다. 칼슘이온이 칼슘단백질인 칼모듈린에 결합하면, 특정단백질의 활성을 변화시켜 여러 대사에 영향을 미친다.

(5) 혈액응고

혈중 칼슘이온은 혈액응고 단백질을 활성화하는 데 작용하므로, 혈관 벽에 상처가 생기거나 피부에 상처가 생기면 여러 응고인자가 만들어져 프로트롬빈을 트롬빈으로 전환시킨다. 또한 트롬빈은 피브리노겐을 피브린으로 전환시켜 혈액 응고에 필수적인 역할을 한다.

4) 결핍증

(1) 구루병(rickets)

성장기에 칼슘의 섭취가 부족하면 성장이 지연되고 뼈의 기형으로 구루병이 발생한다. 칼슘 부족으로 뼈의 석회화가 충분히 이루어지지 않으면 뼈가 단단하지 못해 체중을 감당하지 못하여 다리가 휘거나 관절이 확대되며 가슴이 좁아지는 기형의 모습을 보인다. 이러한 구루병은 비타민 D가 부족할 때 더욱 가능성이 높다.

(2) 골연화증(osteomalacia)

잦은 임신이나 장기간 수유, 칼슘이 부족한 식사를 하는 여성에게서 많이 나타난다. 뼈 구성 성분인 무기질의 부족으로 뼈가 연화되어 일어나는 현상이며, 구루병과 같이 뼛속의 칼슘이 많이 빠져나가 뼈의 밀도가 현저히 감소하는 증상으로 비타민 D가 부족할 때 발생 가능성이 높다.

(3) 골다공증(osteoporosis)

노인과 폐경 후 여성에게 흔히 나타나며, 뼈로부터 칼슘용출이 많아지고 골질량이 감소되어 내부조직에 구멍이 생기는 골다공증이 발생된다. 골다공증이 여성에 많이 나타나는 것은 남성보다 골질량이 적고 수명은 길며, 폐경 후 에스트로겐 분비 감소에도 영향을 받기 때문이다. 더불어 노인은 골반뼈 골절이 흔하며, 폐경 후 여성은 척추뼈 골절이 주로 나타난다.

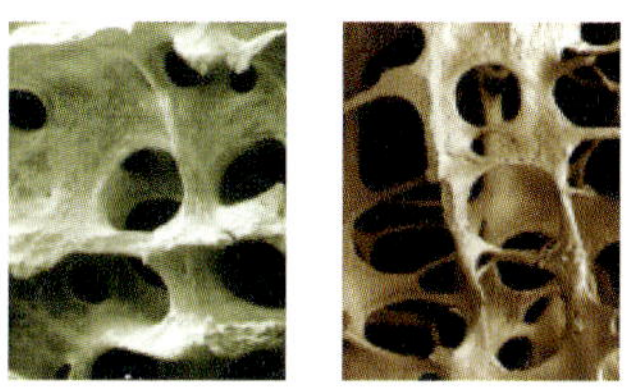

[그림 9-3] 정상 뼈와 골다공 뼈

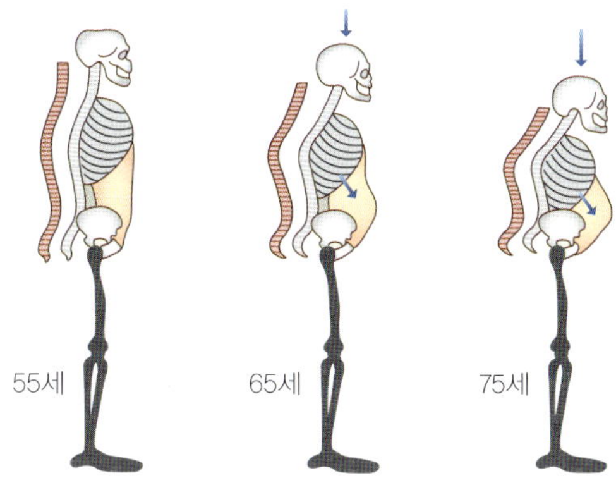

[그림 9-4] 연령에 따른 척추뼈의 변화

5) 과잉증

칼슘을 많이 섭취하면 고칼슘혈증, 신장결석, 우유알칼리 증후군 등이 생길 수 있으며, 칼슘의 이용 효율을 저하시키고 철분과 아연 및 다른 미량무기질의 흡수를 방해할 수 있다. 하루에 2,000mg 정도의 칼슘섭취는 해롭지 않다.

6) 영양섭취 실태와 섭취기준

칼슘은 한국인에게 가장 결핍되기 쉬운 영양소이다. 2010년 국민건강영양조사에 의하면 한국인의 1일 칼슘섭취량은 남자 547mg, 여자 463mg으로 나타났으며 칼슘 부족 섭취비율이 성인 남녀 각각 67.8%, 47.8% 수준이었다. 칼슘은 우유 및 유제품, 뼈째 먹는 생선, 두부 등 제한된 종류의 식품에 많이 함유되어 있으며, 우유 섭취량이 부족한 한국인이 충분량을 섭취하기는 쉽지 않다. 2015년 한국인 영양소 섭취기준에 의하면 19~49세의 성인 남녀의 1일 칼슘 권장섭취량은 남자 800mg, 여자 700mg이고 상한섭취량은 2,500mg이다.

[표 9-1] 칼슘 섭취기준(2015년 영양소 섭취기준)

: 상향조정
: 하향조정
: 새로 제정

성별	연령	칼슘(mg/일)(2015)				칼슘(mg/일)(2010)			
		평균 필요량	권장 섭취량	충분 섭취량	상한 섭취량	평균 필요량	권장 섭취량	충분 섭취량	상한 섭취량
영아	0~5(개월)			210	1,000			200	
	6~11			300	1,500			300	
유아	1~2(세)	390	500		2,500	390	500		2,500
	3~5	470	600		2,500	470	600		2,500
남자	6~8(세)	580	700		2,500	580	700		2,500
	9~11	650	800		3,000	670	800		2,500
	12~14	800	1,000		3,000	800	1,000		2,500
	15~18	720	900		3,000	750	900		2,500
	19~29	650	800		2,500	620	750		2,500
	30~49	630	800		2,500	600	750		2,500
	50~64	600	750		2,000	570	700		2,500
	65~74	570	700		2,000	560	700		2,500
	75 이상	570	700		2,000	560	700		2,500
여자	6~8(세)	580	700		2,500	580	700		2,500
	9~11	650	800		3,000	670	800		2,500
	12~14	740	900		3,000	740	900		2,500
	15~18	660	800		3,000	660	800		2,500
	19~29	530	700		2,500	530	650		2,500
	30~49	510	700		2,500	510	650		2,500
	50~64	580	800		2,000	590	700		2,500
	65~74	560	800		2,000	570	700		2,500
	75 이상	560	800		2,000	570	700		2,500
임신부		+0	+0		2,500	+230	+280		2,500
수유부		+0	+0		2,500	+310	+370		2,500

[표 9-2] 한국인의 1일 칼슘 섭취현황

한국인의 1일 칼슘 섭취현황[1]							
연령		칼슘섭취량 (mg/일)		칼슘부족섭취자 비율(%)[2]		칼슘과잉 섭취자 비율(%)[3]	
		남자	여자	남자	여자	남자	여자
유아	1~2(개월)	561.2	491.6	41.0	40.2	0.8	0.0
	3~5	527.7	469.4	62.8	59.7	0.0	1.2
아동	6~11(세)	559.5	496.8	67.1	76.3	0.0	0.3
청소년	12~18(세)	525.8	430.7	82.8	84.4	0.2	0.0
성인	19~29(세)	546.5	463.1	67.8	47.8	0.2	0.0
	30~49	605.4	473.9	59.1	66.6	0.6	0.1
	50~64	563.3	479.6	59.5	73.4	0.0	0.0
노인	65세 이상	475.5	344.8	74.0	87.2	0.3	0.0

1) 질병관리본부(2014) 2) 2010년 한국인 영양소 섭취기준 평균필요량 미만 섭취자 비율
3) 2010년 한국인 영양소 섭취기준 상한섭취량 이상 섭취자 비율

[표 9-3] 식품 중의 칼슘함량

분류	식품명	1회 분량(g)		1회 분량당 함(mg)	100g당 함(mg)
곡류	메밀국수(건면)	1그릇(익힌 것)	100	8	8
	식빵	큰 것 2쪽	100	28	28
생선 달걀 콩류	멸치(중멸치, 말린 것)	1/4컵	15	299.5	1997
	달걀	1개(중)	50	70	140
	두부	1/5모	80	127.2	159
	꽁치	작은 것 한 토막	50	99	198
	고등어	작은 것 한 토막	50	83.5	167
	동태	1/2토막	50	24	48
	검정콩(말린 것)		20	28.6	143
채소 및 과일류	시금치	1접시	70	28	40
	깻잎	1접시	70	138.6	198
	부추	1접시	70	23.8	34
	숙주나물	1접시	70	10.5	15
	양배추(생것)	1접시	70	26.6	38
	근대(생것)	1접시	70	60.9	87
우유 유제 품류	우유	1컵	200	210	107
	치즈	1장	20	100.6	503
	요구르트(호상)	1/2컵	110	182.6	166
	아이스크림	1/2컵	100	80	80
	요구르트(액상)	3/4컵	150	58.5	39

7) 급원식품

멸치 15g에 칼슘이 299.5mg, 우유 한 잔에는 칼슘이 약 210mg이 들어 있으며, 그밖에 요구르트와 치즈에도 칼슘이 상당량 들어 있다. 우유나 유제품은 칼슘 흡수를 촉진시키는 유당을 함유하며 체내 이용률이 높아 30% 정도 흡수된다. 뼈째 먹는 생선, 굴 및 해조류도 좋은 칼슘 식품이지만 흡수율은 우유보다 낮다. 채소 중 브로콜리, 미나리, 콜리플라워는 흡수율이 50% 이상이지만, 시금치는 5% 정도 흡수된다. 두부는 제조과정에서 칼슘이 간수의 형태로 첨가되어 콩보다 칼슘함량이 높으며, 고구마, 아몬드, 참깨는 20% 정도 흡수된다.

4 인(P)

인은 모든 조직에 존재하며 체내 대사과정에 관여한다. 인의 85%는 골격과 치아에서 칼슘과 결합하여 존재하고, 나머지 15%는 연조직, 혈장 등 여러 세포 내에서 존재한다. 또한 인은 ATP 생성에 필수적이며 탄수화물, 지질, 단백질대사에 중요하다.

1) 흡수 및 대사

인은 인산염 형태로 존재하며 칼슘과 같이 소장의 상부에서 흡수된다. 인의 흡수율은 60~70%이며 칼슘과 비타민 D는 인의 흡수를 높이고, 식사 내 칼슘과 인의 함량이 1:1일 때 흡수가 잘된다. 반면에 마그네슘이나 철 등의 무기질을 다량 섭취 시, 채소 및 곡류에 많은 피틴산은 인과 불용성 염을 만들어 흡수를 저해한다. 그밖에 인의 흡수는 생리적 요구량이 많아지는 성장기, 임신기, 수유기에는 증가하며, 체내 인의 양은 흡수율보다도 신장을 통해 배설 또는 재흡수의 조절이 중요하다. 신장은 인의 재흡수율을 조절하며 인의 항상성을 유지하는 주요 기관으로 비타민 D와 부갑상선호르몬(PTH)이 관여한다. 비타민 D는 인의 재흡수를 증가시키고 PTH는 인의 재흡수를 감소시켜 혈청의 인을 일정 수준으로 유지한다.

2) 생리적 기능

(1) 골격 및 치아 형성

체내에 존재하는 인의 85%는 칼슘과 결합한 인산칼슘의 형태로 골격과 치아를 구성한다.

(2) 에너지 대사조절

탄수화물, 단백질, 지질이 산화되어 에너지를 방출하는 데 필요한 ATP는 인을 함유하고 있으며, 보유 또는 저장하고 있다가 필요할 때 사용한다. 게다가 인은 티아민, 니아신, 피리독신 같은 비타민의 활성화에 필요하고, 활성화된 피리독살인산(PLP)은 아미노산의 흡수를 촉진시키며 아미노산 대사에 중요하다.

(3) 신체의 구성성분

인은 유전과 단백질 합성에 필수적인 핵산(DNA, RNA)과 인지질의 구성성분이며, 세포막과 지단백을 구성하는 요소이다.

(4) 산·염기 평형 조절

혈액과 세포 내에서 인산과 인산염은 혈액의 산과 염기의 평형을 조절하는 완충작용을 한다.

3) 결핍증과 과잉증

(1) 결핍증

인은 동·식물성 식품에 많이 분포되어 있으므로 정상적인 식사를 하는 경우 결핍증이 발생되는 일은 드물다. 그러나 오랜 기간 결핍되면 저인산혈증, 근육과 뼈의 약화 및 통증이 초래된다. 또한 칼슘과 인의 섭취량에 불균형이 오면 어린이는 성장이 위축되거나 뼈가 기형이 되고 치아의 구성이 왜곡될 수 있으며, 성인은 골연화증이나 골다공증을 일으킬 수 있다. 스프루(sprue)나 소아지방변증 같은 장 질환은 인의 흡수가 저해되어 저인산혈증(hypophosphatemia)을 유발할 수 있다.

(2) 과잉증

신장기능부전 및 갑상선기능저하는 고인산혈증(hyper-phosphatemia)으로, 혈청 내 인산이 과잉 축적되면 저칼슘혈증을 나타내며 심하면 근육경련증(tetany)을 초래할 수 있다

4) 영양소 섭취기준 및 급원식품

2015년 한국인 1일 인의 권장섭취량은 성인 남녀 모두 700mg이며 상한섭취량은 3,500mg이다. 인은 자연계에 널리 분포되어 있으며 어육류, 난류, 우유 및 유제품, 육류 등의 동물성 식품이 인의 좋은 급원이지만, 곡류나 현미에도 인이 많이 들어 있으나 흡수율은 낮다.

[표 9-4] 식품 중의 인 함량

분류	식품명	1회 분량(g)		1회 분량당 함(mg)	100g당 함(mg)
곡류	쌀밥	1공기	210	84	40
	식빵	큰 것 2쪽	100	83	83
고기·생선류	쇠고기	1접시	60	85	142
	돼지고기	1접시	60	79	132
	두부	1접시	80	112	140
	꽁치	작은 한 토막	50	117	234
	고등어	작은 한 토막	50	116	232
채소 및 과일류	시금치	1접시	70	34	48
	콩나물	1접시	70	57	81
	배추김치	1접시	40	23	58
	귤(중)	1개	100	12	12
우유 유제품류	우유	1컵	200	180	90
	치즈	1장	20	168	844
	요구르트(호상)	1/2컵	110	105	95
	아이스크림	1/2컵	100	80	80
	요구르트(액상)	3/4컵	150	58.5	39

5 마그네슘(Mg)

마그네슘은 엽록소의 구성성분으로 성인의 체내에는 약 20~35g이 함유되어 있으며 그중 60%가 골격과 치아에 탄산이나 인과 복합체를 구성하고 있으며, 나머지는 주로 근육, 혈액, 간과 같은 연조직에 들어 있다.

1) 흡수 및 대사

마그네슘은 소장에서 주로 흡수되며, 흡수율은 30~40% 정도이다. 마그네슘의 섭취가 부족할 경우 흡수율은 80%까지 증가하나, 칼슘, 인, 피틴산, 알칼리제제를 다량으로 섭취할 경우에는 흡수율은 감소한다. 마그네슘은 거의 담즙을 통해서 배설되고 1/3은 소변으로, 나머지는 대변을 통해 배설된다.

2) 체내 기능

(1) 골격과 치아의 구성성분

마그네슘의 60%는 결정형과 수화물의 형태로 탄산이나 인과 복합체를 이루어 골격과 치아의 표면을 구성한다.

(2) 여러 효소의 보조인자와 활성제

인산기 전이반응을 촉매하는 핵소오스인산화효소, 코엔자임 A(coenzyme A)의 아실화를 촉매하는 티올인산화효소, 아미노산의 활성화를 촉매하는 아미노산 아실합성효소, 글루타민 합성효소 등의 보조인자, 또한 인산염과 피로인산염을 가수분해하는 효소의 활성제로 작용한다. 아울러 ATP 의존성 인산화 반응 시 마그네슘은 ATP와 1:1의 비율로 2가의 복합체를 형성하여 ATP의 구조를 안정시킨다.

(3) 신경자극전달과 근육의 긴장 및 이완작용 조절

마그네슘은 칼슘, 칼륨, 나트륨과 함께 신경자극전달과 근육(심근, 내장근)의 수축 및 이완작용을 조절하는 양이온 중의 하나이다. 마그네슘과 칼슘은 서로 상반되는 작용을 하며, 칼슘은 근육을 긴장시키고 신경을 흥분시키며, 마그네슘은 아세틸콜린의 분비를 감소시키고 분해를 촉진시켜 근육을 이완시키고 신경을 안정화하는 데 기여한다. 또한 마그네슘은 마취제와 항경련제로 이용되고 있다.

3) 결핍증과 과잉증

(1) 결핍증

칼슘과 다르게 마그네슘은 자연계에 널리 분포되어 있으므로 결핍증의 발생은 드물다. 다만 마그네슘의 섭취가 부족하거나 다량이 체외로 방출되면, 혈청 마그네슘이 급속히 저하되어 세포외액의 다른 무기질과 균형이 깨지고 신경자극전달과 근육의 수축 이완작용이 잘 조절되지 않아서 신경이나 근육에 심한 경련이 일어난다. 마그네슘의 결핍증은 흡수 불량, 심한 구토, 설사로 인해 식사를 통한 흡수가 충분하지 않을 때, 이뇨제, 알코올 중독, 신장병, 급성 췌장염, 간경화증 등에 의해 발생된다. 흔히 불규칙적인 심장박동, 근육 약화, 발작, 정신착란을 포함하는 신경성 근육경련, 즉 마그네슘 테타니 증세가 나타난다.

(2) 과잉증

과잉증은 정상적인 식사를 하는 건강한 사람에게는 발생하지 않는다. 과잉증은 신장기능의 저하와 밀접한 관계가 있으며, 혈청 내 마그네슘 수준이 높아지면 고마그네슘혈증이 되어 근육약화, 메스꺼움, 권태 등의 증상을 일으키고 심하면 혼수상태를 초래하고 사망할 수 있다.

4) 영양소 섭취기준 및 급원식품

2015년 한국 성인의 마그네슘 영양소 섭취기준을 살펴보면 19~29세의 권장섭취량은 남자는 350mg, 여자는 280mg이다. 반면 마그네슘의 상한섭취량은 식품 외 급원에만 해당하며 남녀 성인 모두 350mg이 해당된다. 마그네슘은 엽록소의 구성성분으로 식물성 식품이 좋은 급원이며, 동물성 식품, 유제품, 초콜릿, 견과류, 두류, 곡류 등은 특히 마그네슘이 풍부한 식품이다. 전곡과 시금치에는 마그네슘은 많으나 수산, 피틴산이 들어 있어 흡수율을 감소시킨다.

6 칼륨(K)

칼륨은 칼슘, 인 다음으로 체내에 많이 있으며 이 중 95%가 세포내액에 양이온의 상태로 존재한다.

1) 흡수와 대사

식사로 섭취한 칼륨은 소장에서 단순 확산으로 흡수되며 소화액에 포함된 칼륨도 대부분 재흡수된다. 혈액 내 칼륨은 14~20mg/100mL이며 주로 소변으로 배설된다.

2) 생리적 기능

세포내액에 주된 양이온으로 체액의 삼투압과 수분유지에 관여하며, 나트륨, 수소이온과 함께 산, 알칼리의 평형에 영향을 미친다. 혈당이 글리코겐으로 전환될 때, 근육 단백질과 세포 단백질에 질소를 저장하려면 칼륨이 필요하다. 또한 근육의 수축·이완작용에 관여하여 골격근과 심근의 활동에 중요한 역할을 한다.

3) 결핍증과 과잉증

칼륨은 모든 동식물성 식품 내에 분포되어 있으므로 칼륨부족은 매우 드물다. 그러나 칼륨결핍은 지속적인 구토, 설사, 알코올 중독, 위의 절제, 위장질환, 이뇨제의 복용, 저열량 식사, 영양실조인 경우에 나타날 수 있다. 저칼륨혈증

(hypokalemia)의 증상은 식욕부진, 근육약화, 근육경련, 무관심, 정신착란, 불규칙한 맥박 등으로 마지막엔 생명을 위협한다. 한편 신장기능이 약한 경우에는 혈중 칼륨 수준이 상승하여 고칼륨혈증을 일으키고, 근육과민, 혼수, 불규칙적인 심장운동, 호흡곤란, 사지마비 등의 증상을 보여준다.

4) 영양소 섭취기준과 급원식품

칼륨은 성인 및 모든 연령층에서 동일한 수준으로 1일 충분섭취량은 3.5g으로 설정하였다. 대부분 일상식사를 통해 2~4g의 칼륨을 섭취한다. 더운 지방에서 육체노동을 하거나 땀을 많이 흘리는 경우에는 칼륨의 필요량이 증가하며, 콩류, 곡류, 과일과 채소류, 감자, 육류에 많이 함유되어 있다.

7 나트륨(Na)

체내에 널리 분포되어 있으며 세포외액의 중요한 양이온으로 체중의 0.15~0.2%를 차지하고 있으며, 50%는 세포외액, 40%는 골격, 나머지 10%는 세포 내에 들어 있다. 혈액에서는 혈청에 존재하며 310~340mg/100mL 수준이다.

1) 흡수와 대사

나트륨은 소장에서 능동수송으로 흡수되며, 여분의 나트륨은 신장을 통해 배설된다. 더운 날씨에는 피부를 통하여 땀으로 배설된다. 또한 나트륨은 담즙이나 췌액 등의 소화액에도 함유되어 있는데 대부분 재흡수된다. 혈중 나트륨 농도가 감소되면 알도스테론의 분비가 촉진되어 신장에서 나트륨의 재흡수를 촉진시켜 체내 나트륨과 수분량을 높여준다.

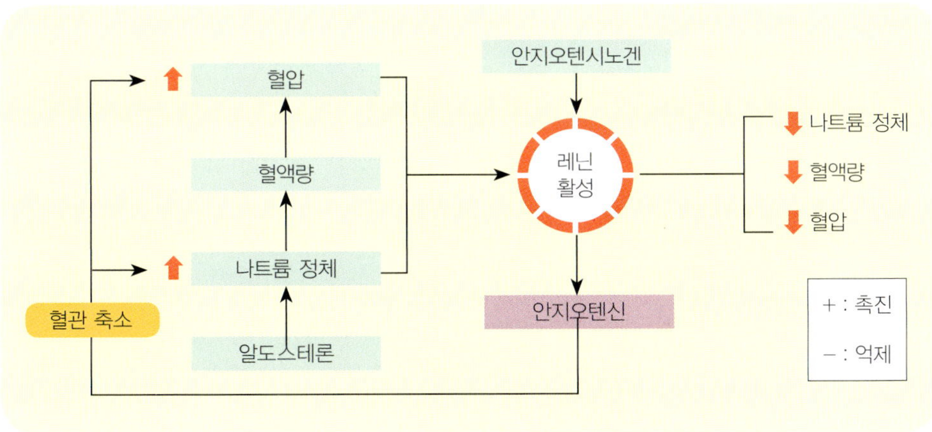

[그림 9-5] 알도스테론과 체내 나트륨 조절

2) 생리적 기능

나트륨은 칼륨이온과 체액의 삼투압을 조절하며, 체내에서 염소이온, 중탄산이온(HCO_3^-)과 산, 염기 평형에 관여한다. 근육의 전기화학적 자극을 전달하여 근육의 흥분성과 과민성을 유지시키며, 신경을 자극하고 신경의 충격을 근육에 전달하여 근육 섬유의 수축을 일으킨다. 또한 소장 점막세포에서 당질과 아미노산이 흡수될 때 Na−K펌프 기전에 관여한다.

3) 결핍증과 과잉증

체내에는 신장의 호르몬에 의해 최소량이 보유되므로 부족증상은 거의 안 일어난다. 하지만 오랫동안 심한 설사, 구토, 땀, 부신피질의 기능부전 등에 의해 체내 나트륨 함량이 감소되면 세포외액 내 나트륨 농도가 낮아져 세포외액이 세포 내로 이동하여 혈액량이 감소되고 혈압이 저하된다. 나트륨이 결핍되면 성장감소, 식욕부진, 모유분비의 감소, 근육경련, 메스꺼움, 설사, 두통 등의 증세가 나타나지만, 장기간 과잉 섭취하면 고혈압과 부종이 발생된다.

4) 영양소 섭취기준과 급원식품

한국 성인 남녀의 나트륨 충분섭취량은 1.5g, 상한섭취량을 2.0g으로 설정하였으며, WHO/FAO에서는 식사관련 만성질환 예방을 위한 목표량을 1일 2,000mg(식염 5g)으로 제시하였다. 우리나라의 식사지침은 짠 음식을 피하고 싱겁게 먹을 것을 권장하고 있으나 2015년 건강행태 및 만성질환 통계보고서에 의하면 성인 남성은 목표 섭취량 대비 245%, 성인 여성은 169% 이상으로 매우 높은 섭취량을 보여주었다. 나트륨은 육류, 생선, 닭고기, 유제품, 달걀에 비교적 많이 들어 있으며, 곡류, 콩류, 견과류, 과일, 채소에는 적게 함유되어 있다. 게다가 식품을 가공할 때 나트륨을 첨가하므로 간장, 김치, 젓갈, 각종 장아찌, 감자칩 등과 같은 가공식품은 나트륨의 함량이 매우 높다.

한국인의 염분 과잉 섭취

한국인의 소금섭취량은 하루에 13g 정도로 WHO의 권장섭취량보다 2.7배나 많은 실정이다. 식약청은 칼국수, 라면 등의 국물에 나트륨 함량이 많으므로 국이나 찌개의 국물 섭취에 유의할 필요가 있음을 지적하였고, 권장규격을 초과하는 제품현황을 공시하고 있다. 이와 함께 장아찌와 장류 등 나트륨이 많은 전통식품을 염두에 두면서 현명한 식생활을 할 필요가 있다.

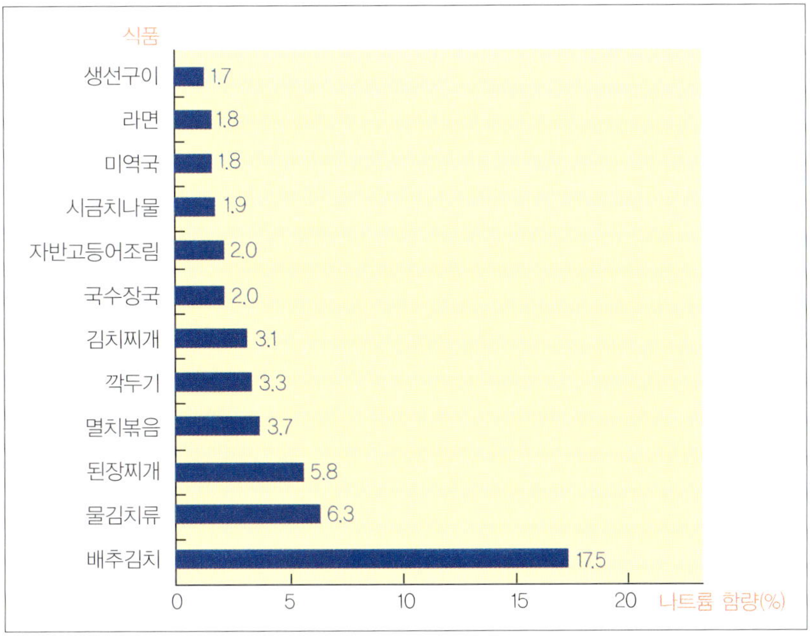

[그림 9-6] 우리나라 사람들의 식사에서 섭취되는 나트륨의 주요 급원

8 염소(Cl)

염소는 강한 소독제이며, 세포외액에 존재하는 가장 중요한 음이온으로 위산인 염산(HCl)의 구성성분이다.

1) 흡수와 대사

염소는 나트륨, 칼륨과 함께 소장에서 쉽게 흡수되며, 주로 신장을 통해 배설된다. 나트륨과 같이 알도스테론에 의해 조절되며 신세뇨관에서 재흡수된다.

2) 생리적 기능

체액의 수분 평형과 삼투압 조절에 관여하며, 수소이온과 결합하여 위액을 만

들고 펩시노겐을 펩신으로 전환시키는 등 효소를 활성화시킨다. 또한 면역반응과 신경자극전달, 산과 알칼리 평형유지에 관여한다.

3) 결핍증과 과잉증

식사를 통해 소금의 형태로 섭취하므로 결핍증은 잘 나타나지 않는다. 그러나 빈번한 구토, 탈수, 위장질환, 하제나 토제의 부적절한 사용 등에 의해 염소의 부족증세가 나타나며, 반면에 과량의 염소이온은 나트륨 이온의 작용을 증가시켜 고혈압의 원인이 될 수 있다.

4) 영양소 섭취기준과 급원식품

한국 성인 남녀의 충분섭취량은 2.3g이며, 대부분 모든 식사에서 나트륨과 함께 공급되므로 나트륨의 섭취가 적절하면 염소도 충분히 공급된다.

9 황(S)

대부분의 무기질이 체내에서 이온형태로 작용하는데, 황은 비타민이나 아미노산의 구성성분으로 존재하고, 체내의 모든 세포 내에서 발견된다.

1) 흡수와 대사

황은 체내에서 설프하이드릴기(−SH)나 이황화 결합(−S−S−)의 형태로 여러 물질을 구성하고 있다. 식품 중의 황은 거의 유기물의 형태(예: 함황아미노산 등)로 소장벽을 통해 흡수되며 소량 들어 있는 무기형태로는 거의 흡수되지 않는다. 세포 내에서 함황 아미노산은 황산을 생성하고 무기염(SO_4^{2-})의 형태로 체외로 배출되며, 소변에 배설되는 황의 85~90%가 무기염의 형태로 배설된다. 반면에 저단백 식사를 하면 황의 배설량이 감소된다.

2) 생리적 기능

황은 아미노산인 메티오닌, 시스테인, 시스틴의 구성성분으로 결체조직, 피부, 손톱, 모발 등에 다량 포함되어 있다. 콘드로이틴 황화염(연골, 건, 골격, 피부, 심장판막)과 같은 점성 다당류의 성분이며, 간, 신장, 활액막, 뇌의 백질 같은 곳에 풍부하게 들어 있는 황지질의 성분이다. 또한 황은 호르몬인 인슐린, 항응혈성 물질인 헤파린, 보조효소로 작용하는 티아민, 비오틴, 리포산, 코엔자임 A의 구성성분이며, 글루타티온 성분으로 생체 내에서 산화, 환원반응에 관여한다. 더불어 황산염은 체내의 산과 알칼리 평형에 관여하며, 페놀류, 크레졸류 등과 같은 인체에 해로운 물질과 결합하여 소변으로 배설시킨다.

3) 결핍증과 과잉증

결핍증은 메티오닌의 결핍으로 인하며, 증상은 빈혈, 저단백혈증, 내출혈, 간세포의 괴사, 성장의 지연, 음의 질소 평형 등이다. 과잉증은 잘 알려지지 않았다.

4) 영양소 섭취기준과 급원식품

황의 영양소 섭취기준은 아직 설정되지 않았으며, 함황아미노산이 풍부한 식사를 하면 충분히 공급받을 수 있다. 황이 풍부한 식품은 육류, 우유, 달걀 및 콩류 등이 있다.

무기질 보충제: 알고 바르고 사용합시다

우리 몸이 요구하는 무기질 필요량을 충족시키려면 균형된 식사를 통해 결핍증이나 과잉증이 나타나지 않도록 알맞게 섭취하는 것이 가장 바람직하다. 그런데 간혹 평상시 식사로는 어떤 무기질은 권장섭취량이나 충분섭취량에 비해 매우 부족한 양을 섭취하는 경우가 있는데, 이럴 때 보충제의 사용이 도움된다. 예를 들어 우유를 소화시키지 못하는 평상시 식사를 통해 칼슘 섭취가 매우 부족할 수 있으며, 임신한 여성이 철분을 권장섭취량만큼 섭취하기 어려울 때가 있다. 이 경우 칼슘이나 철분의 보충제를 이용하면 섭취가 용이해진다.

그러나 보충제를 과량으로 섭취하면 무기질의 불균형이나 건강상의 위해가 나타날 수 있으므로 상한섭취량을 초과하지 않는 범위 내에서 알맞게 섭취하는 것이 매우 중요하다.

따라서 이러한 무기질 보충제를 사용할 때 주의해야 할 점은 첫째, 용량을 바르게 알고 섭취하는 것이다. 보충제 한 포장에 순수한 무기질 성분이 얼마나 포함되어 있는지를 확인해야 한다. 둘째, 상한섭취량을 초과하여 섭취하지 않도록 하는 것이다. 지속적으로 1일 상한섭취량을 초과하여 섭취하면 과잉증의 위험에 노출될 수 있다는 사실을 잊지 말아야 한다.

[표 9-5] 다량 무기질 요약

종류	주요 작용	권장섭취량	결핍증	과잉증	급원식품
칼슘	골격 구성 근육 수축이완 신경자극 전달 세포막 투과성 조절 혈액 응고	평균필요량: 남 600mg 여 510mg 권장섭취량: 남 750mg 여 650mg	구루병 골연화증 골다공증	고칼슘혈증 신장결석 우유 알칼리 증후군	우유 및 유제품, 뼈째 먹는 생선, 두부, 해조류
인	골격 구성 산·염기 평형 조절 핵산구성성분 효소활성화	평균필요량: 580mg 권장섭취량: 700mg	저인산혈증 근육약화 및 통증	고인산혈증 저칼슘혈증	어육류, 난류, 유제품, 곡류, 탄산음료
마그네슘	골격 구성 효소 필수인자 신경, 근육기능 유지	권장섭취량: 남 340mg 여 280mg	신부전 허약 근육통	구역질 호흡둔화	식물성 식품, 두류, 곡류
나트륨	세포외액의 양이온 수분평형 조절 산·알칼리평형 조절 신경자극 전달 포도당 흡수	최소필요량: 500mg 충분섭취량: 1.5g 목표량: 2g 이하	식욕부진 근육경련 무기력	고혈압 고칼슘뇨증	식탁염, 장류, 가공식품, 김치, 젓갈, 장아찌
칼륨	세포내액의 양이온 수분평형 조절 산·알칼리평형 조절 신경자극 전달 글리코겐 합성	최소필요량: 2g 충분섭취량: 4.7g	식욕부진 근육약화 마비	근육약화 부정맥 호흡곤란	채소 및 과일류, 우유, 두류, 육류, 전곡

제 10 장

미량무기질

1. 철분(Fe)
2. 아연(Zn)
3. 구리(Cu)
4. 요오드(I)
5. 셀레늄(Se)
6. 망간
7. 크롬
8. 불소

1 철분(Fe)

철분은 체중 kg당 45mg 정도 함유되어 있어 성인의 체내에 약 3~4g 존재한다. 철분은 대략 다섯 가지 형태로 체내에 분포한다. 헤모글로빈 철분은 신체 내 철분의 약 67%가 헤모글로빈의 헴(heme) 부분을 구성하며, 신체 내 철분의 약 27%가 간, 비장, 골수에 대부분 페리틴(ferritin)의 형태로 들어 있다. 조직 내에는 약 3.5%의 철분이 근육색소인 미오글로빈(myoglobin)으로 들어 있으며, 0.2%의 철분이 열량생산을 위한 산화효소의 주요 구성체로 되어 있다. 불안정한 형태로 약 2.2%의 철분은 체내에서 풀을 이루며 존재하고, 이동 시 철분 운반단백질인 트랜스페린과 결합하여 매우 적은 양이 혈액 내에 존재한다.

1) 흡수

철분은 소장상부인 십이지장과 공장에서 주로 흡수되며, 함께 섭취하는 음식의 종류에 따라 달라진다. 동물성 식품에 들어 있는 철분 중 40%는 헴철, 나머지 60%가 비헴철이며, 곡류와 채소 등의 식물성 식품은 모두 비헴철의 형태만 들어 있다. 흡수율은 헴철이 15~20% 정도로 비헴철의 5~10%에 비해 높다. 비헴철은 유기분자와 결합한 제2철(Fe^{3+})로 존재하는데 이는 위의 산성용액에서 용해되며 제1철(Fe_2^{+})로 환원된 후 주로 십이지장에서 흡수된다. 그러나 헴철은 제1철의 형태로 존재하므로 소장에서 쉽게 흡수되고 비헴철보다 상대적으로 흡수가 빠르며, 식사의 영향을 별로 받지 않는다. 철분의 흡수율은 철분의 체내 요구량이 많은 성장기 어린이, 사춘기, 가임기 여성, 임신 후반기 여성, 외상에 따른 출혈로 인한 철분결핍 환자의 경우에 높아진다.

(1) 철분의 흡수를 증진시키는 인자

① 아스코르브산과 유기산

아스코르브산은 제2철을 제1철로 환원시켜 철분의 흡수를 돕는다. 철결핍성 빈혈 환자에게 아스코르브산 투여 시 철분 섭취량을 증가시키는 것보다 철분 흡수가 더 효과적이었으며, 비타민 C, 구연산, 젖산과 같은 유기산은 철분의 흡수를 증가시킨다. 따라서 비헴철의 함량이 높은 식품은 비타민 C 등과 같이 섭취하는 것이 효과적이다.

② 동물성 단백질

쇠고기, 돼지고기, 닭고기, 생선 등의 동물성 단백질은 철분의 흡수를 촉진한다. 육류는 철분, 특히 헴철을 다량 함유하여 비헴철의 흡수를 도와주므로 곡류나 채소와 육류를 함께 섭취하면 비헴철의 흡수를 증가시킨다.

③ 위산

위산은 3가의 철이온을 2가 이온으로 안정화시켜 철분흡수율을 높이며, 위내 산도가 높을수록 철분의 용해도가 증가하여 철분의 흡수율이 높아진다. 노인과 같이 위산분비가 적고 제산제와 같은 알칼리 제재를 복용하는 경우에는 철분 흡수가 감소한다. 또한 악성빈혈 환자도 철분흡수율이 낮아서 결핍되기 쉽다.

④ 신체의 요구증가

성장기 어린이, 가임기 여성, 임신부, 철결핍성 빈혈환자, 체내 철 저장량이 감소하면 철분의 요구도가 높아지며 흡수율도 증가한다. 또한 고산지대에 사는 사람, 훈련을 받는 운동선수도 철분의 흡수율이 증가한다.

(2) 철분의 흡수를 방해하는 인자

① 철분과 결합하는 식이 성분

인산염, 곡류의 껍질에 많은 피틴산, 시금치, 근대, 무청에 많은 수산과 같은 성분은 철분과 결합하여 불용성 복합체를 형성해서 철분의 흡수를 방해한다. 차나 커피 중에 많은 탄닌도 비헴철과 결합하여 철분의 흡수를 낮춰주며, 식이섬유도 철분 이온과 결합하여 철분의 흡수율을 저해한다.

② 위산분비 감소

위 절제수술을 하면 철분의 환원에 필요한 위산 분비세포가 감소하여 흡수가 감소된다. 노인이 되면 위액분비가 감소하여 철분의 흡수율이 감소한다.

③ 감염 및 위장질환

감염상태, 설사, 지방변증 등 흡수불량상태에서 철분의 흡수가 낮아진다.

④ 다른 무기질의 과잉 섭취

칼슘, 아연, 망간 등의 섭취가 많으면 흡수에 대한 경쟁이 일어나며, 특히 칼슘이나 아연 등의 다량 섭취 시 철분의 흡수를 감소시킨다.

⑤ 저장 철분량이 높은 상태

저장 철분량이 많으면 소장점막을 통해 흡수되는 철분의 양이 감소되며, 남성 및 폐경기 이후의 여성은 철분의 소모가 적거나 상대적으로 체내 저장량이 높아지므로 철분의 흡수가 낮아진다.

[표 10-1] 철 흡수에 영향을 주는 인자

흡수를 증가시키는 인자	흡수를 저해하는 인자
저장철의 고갈 헴철 생리적 철 요구량 증가(성장, 임신) 육류, 어류, 가금류 비타민 C 위산	저장철의 증가 위산분비 저하 피틴산 옥살산 탄닌 다른 무기질의 다량 섭취

2) 대사

철분은 단백질 수용체인 아포페리틴(apoferritin)과 결합하여 트랜스페린 형태로 철분을 이동시키며, 골수로 운반된 철은 헤모글로빈을 합성하여 조혈기능에 사용되며 10~20%는 간, 비장, 골수로 가서 페리틴으로 저장된다. 적혈구는 120일 정도 혈액에서 머문 후 간이나 비장에서 분해되며 이때 분리된 철분은 새로운 적혈구를 형성하는 데 재사용된다. 흡수된 철분이 배설되는 경로는 담즙, 장점막세포의 탈락, 땀, 소변을 통하여 이루어지며, 특히 여성의 월경, 출산, 외과적 수술과 같은 출혈의 경우에 철분의 손실이 많다.

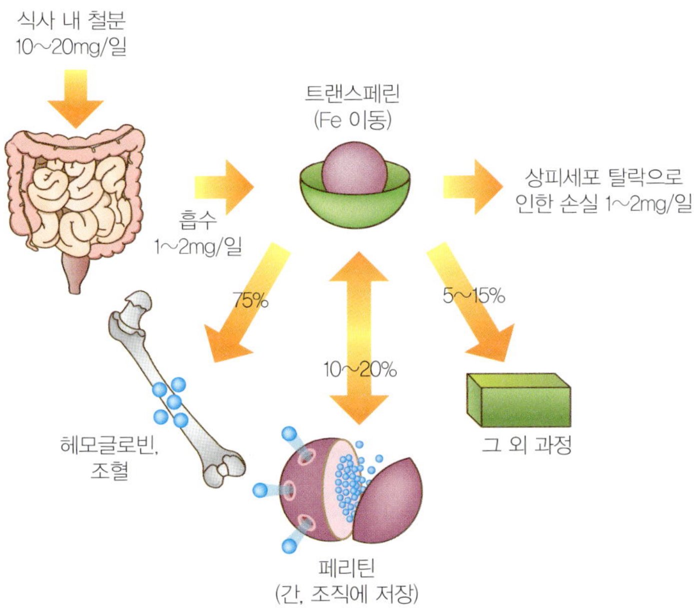

[그림 10-1] 철분의 흡수 및 대사

3) 생리적 기능

(1) 산소의 전달과 저장

철은 체내에서 폐로 들어온 산소를 각 조직의 세포로 운반하는 헤모글로빈의 구성요소이며, 체내 철의 65% 이상이 헤모글로빈에 결합되어 있다. 또한 체내 철분의 약 10%는 미오글로빈을 구성하여 근육조직에 산소를 저장한다.

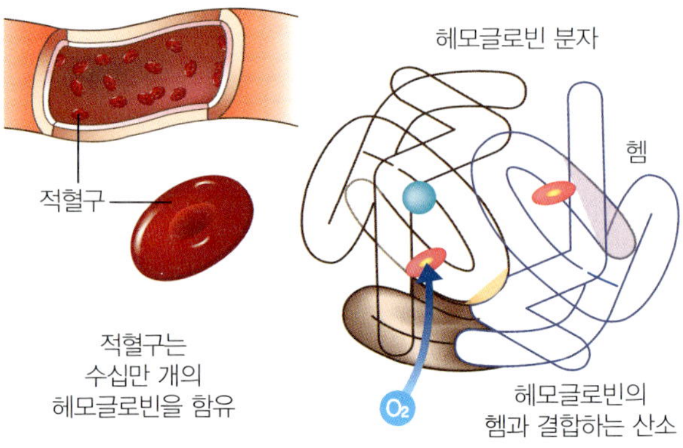

[그림 10-2] 적혈구와 헤모글로빈

(2) 효소와 조효소

철은 미토콘드리아 전자전달계에 관여하는 사이토크롬 효소의 구성체로 Fe^{2+} → Fe^{3+}의 산화·환원반응을 통하여 에너지의 저장 및 전자전달계의 기능을 한다. 이외에도 과산화효소, NADH 탈수소효소, 숙신산 탈수소효소는 철분을 함유하는 효소로서 산화대사에 관여하며, 그 외의 철분은 정상적인 면역반응, 신경전달물질의 합성 및 기능에 작용한다.

4) 결핍증과 과잉증

(1) 결핍증

철 결핍증은 주로 6개월~4세의 영유아, 사춘기 청소년, 가임기 여성, 철분의 요구가 증가하는 임산부에게서 흔히 나타난다. 증세는 혈액의 산소운반능력의 감소하여 창백한 피부, 무기력증, 빈번한 호흡, 심박수 증가, 저혈압, 비장의 확대, 근육약화, 추위에 대한 민감도 증가, 피곤함 등을 보여 준다. 그 외에도 작업수행능력의 저하, 감염에 대한 저항력 감소, 어린이의 경우 성장지연 및 집중력과 학습능력의 감소 등이 나타난다. 철결핍성 빈혈은 철저장량의 감소로 혈청 페리틴의 농도가 감소하고, 생화학적인 변화를 동반하는 혈청 내 트랜스페린 포화도의 감소, 적혈구 합성 감소, 골수에서는 미성숙 적혈구의 방출이 증가한다. 철분 결핍이 심해지면 헤모글로빈 농도와 헤마토크릿치가 정상 이하로 낮아지며, 크기가 작고 혈색소 농도가 낮은 소적혈구성 저색소성(microcytic hypochromic) 빈혈이 나타난다.

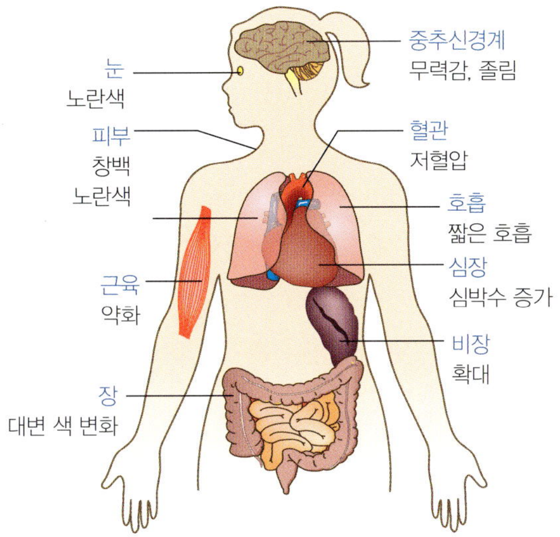

[그림 10-3] 철결핍성 빈혈 증세

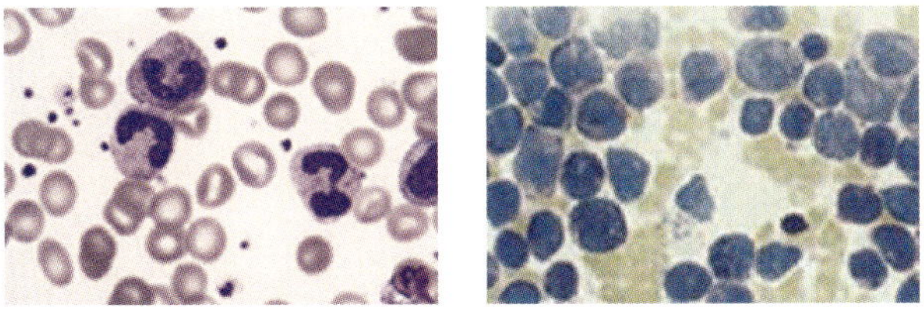

정상적인 적혈구: 색깔과 크기가 정상 철결핍성 빈혈 시의 적혈구: 크기가 작고 창백함

[그림 10-4] 철결핍성 빈혈의 적혈구

(2) 과잉증

철의 독성은 철 영양제의 과잉 섭취 시 취학 전 아동에서 나타나기 쉬우며, 만성 과잉증은 철 흡수가 비정상적으로 높은 혈생소증에서 일어나며, 간, 피하, 췌장, 심장에 철의 과잉 축적으로 간기능 장애, 인슐린분비 장애로 인한 당뇨병, 심기능장애 등을 보여 주며, 아연과 구리의 흡수를 저해할 수 있다.

5) 영양소 섭취기준과 급원식품

철분의 권장섭취량은 철분 손실량, 식사로부터의 섭취량, 위장관에서의 흡수율 등 다양한 요인을 고려하여야 한다. 신체 내 철분 대사연구에 의하면 1일 평균 철분의 손실량은 체중 kg당 14㎍ 정도로 성인 남자는 약 1mg, 여자는 0.7mg 정도이다. 2015년 성인 남자의 권장섭취량은 10mg, 여자는 14mg, 상한섭취량은 45mg을 제시하였다. 임산부는 기본적 손실량과 태아의 조직에 보유된 철, 헤모글로빈의 양 팽창에 충분한 철을 기초로 10mg을 추가하였고, 수유부는 성인과 동일한 양으로 제시하였다. 2014년 국민건강영양조사에 의하면 성인 남자는 평균 20.8mg, 여자는 14.5mg을 섭취하여 남녀 모두 권장섭취량 이상으로 섭취하는 것으로 나타났다. 철의 급원식품으로는 쇠 간, 달걀, 새우, 육류, 시금치, 파래, 깻잎과 같은 녹색채소 및 코코아 등이 있다.

[표 10-2] 식품 중의 철 함량

식품명	1회 분량(g)		1회 분량당 함량(mg)	100g당 함량(mg)
굴		80g	4.48	5.6
돼지고기		60g	1.92	3.2
쇠고기		60g	1.80	3.0
달걀	1개	50	1.35	2.7
새우		50	0.8	1.6
팥		20	1.38	6.9
간장		15	0.85	5.7
청국장		50	1.85	3.7
시금치	1접시	70	2.10	3.0
무청	1접시	70	1.68	2.4
쑥갓	1접시	70	1.54	2.2
미나리	1접시	70	0.77	1.1
버섯	1접시	30	0.3	1.0
고구마	중 1/2개	90	0.81	0.9
감자	중 1개	130	1.04	0.8
당근	1접시	70	0.56	0.8
복숭아		100	6.9	6.9
살구		100	4.9	4.9
포도	중 15알	100	3.0	3.0

식품명	1회 분량(g)		1회 분량당 함량(mg)	100g당 함량(mg)
밀가루		35	1.2	3.4
쌀(백미)		90	0.72	0.8
식빵	큰 것 2쪽	100	0.7	0.7
땅콩		10	0.2	1.9
호두		10	0.2	2.1

[표 10-3] 철분 섭취기준(2015년 영양소 섭취기준)

: 상향조정
: 하향조정
: 새로 제정

성별	연령	철(mg/일)(2015)				철(mg/일)(2010)			
		평균 필요량	권장 섭취량	충분 섭취량	상한 섭취량	평균 필요량	권장 섭취량	충분 섭취량	상한 섭취량
영아	0~5(개월) 6~11	5	6	0.3	40 40	5.0	6	0.3	40 40
유아	1~2(세)	4	6		40	4.8	6		40
	3~5	5	6		40	5.4	7		40
남자	6~8(세)	7	9		40	6.3	8		40
	9~11	8	10		40	8.5	11		40
	12~14	11	14		40	11.0	14		40
	15~18	11	14		45	11.8	15		45
	19~29	8	10		45	7.7	10		45
	30~49	8	10		45	7.4	10		45
	50~64	7	10		45	7.1	9		45
	65~74	7	9		45	6.9	9		45
	75 이상	7	9		45	6.9	9		45
여자	6~8(세)	6	8		40	6.3	8		40
	9~11	7	10		40	8.0	10		40
	12~14	13	16		40	10.0	13		40
	15~18	11	14		45	12.9	17		45
	19~29	11	14		45	10.8	14		45
	30~49	11	14		45	10.5	14		45
	50~64	6	8		45	6.1	8		45
	65~74	6	8		45	5.8	8		45
	75 이상	5	7		45	5.8	8		45
임신부		+8	+10		45	+7.8	+10		45
수유부		+0	+0		45	0	0		45

[표 10-4] 한국인의 1일 철 섭취 현황

한국인의 1일 철 섭취현황[1]					
연령		철 섭취량(mg/일)		철 부족섭취자 비율(%)[2]	
		남자	여자	남자	여자
유아	1~2(세) 3~5	8.8 9.7	7.5 9.9	22.5 14.0	26.9 20.3
아동	6~11(세)	13.9	12.3	11.1	15.2
청소년	12~18	19.7	13.3	21.7	50.0
성인	19~29 30~49 50~64	20.8 22.2 22.4	14.5 16.3 17.6	10.0 4.2 2.1	38.6 27.2 4.4
노인	65 이상	18.6	14.9	7.3	9.6

1) 질병관리본부(2014)
2) 2010년 한국인 영양소 섭취기준 평균필요량 미만 섭취자 비율

2 아연(Zn)

성인의 체내에는 아연이 약 1.5~2.0g의 미량원소이며, 거의 모든 세포에 존재한다. 체내에서 아연이 가장 많이 함유되어 있는 부위는 뼈와 전립선이다. 인체조직과 기관 내 아연의 농도는 식품 섭취에 크게 영향을 주지 않으나, 뼈, 고환, 머리카락, 혈액 내 아연은 식품 섭취량에 따라 달라지며, 여러 효소의 구성성분으로 핵산 합성, 면역기능에 중요한 역할을 한다.

1) 흡수와 대사

식사로 섭취한 아연의 약 20~30%가 체내로 흡수되며, 여러 가지 요인에 의해 좌우된다. 동물성 단백질과 히스티딘, 시스테인 등의 아미노산에 의해 흡수가 촉진되고, 피틴산, 옥살산, 식이섬유, 구리, 철, 칼슘 등은 흡수를 감소시키는 인자다.

아연의 영양상태가 불량하면 흡수율은 높아지며, 아연이 장점막세포로 흡수될 때 메탈로티오네인(metallothionein)과 결합하여 아연의 항상성을 조절하며, 모유에는 이 단백질이 들어 있어 아연의 흡수가 쉽게 이루어진다. 아연은 ATP의 도움을 받아 장점막 세포를 통과 후, '아연 풀(zinc pool)'과 평형을 이루어 고분자단백질과 메탈로티오네인으로 이동하거나 혈장으로 이동된다. 흡수된 아연은 문맥을 통하여 알부민이나 아미노산과 결합하여 간으로 운반되어 축적된다. 말초순환계의 아연의 약 2/3는 글로불린, 트랜스페린, 셀룰로플라즈민(ceruloplasmin), 헤파토글로빈 등과 결합되어 있다. 혈장 내 아연농도는 식사를 통한 아연섭취량에 따라 달라지며, 밤과 낮의 주기에 따라 변화되기도 하고, 스트레스를 받으면 감소한다. 아연은 주로 대변을 통하여 배설되며 소변으로 배설되는 양은 적다.

2) 생리적 기능

(1) 효소의 구성성분

아연은 200가지 이상의 효소 보조인자로서 작용하므로 체내에서 중요한 대사과정이나 반응을 조절하는 데 필요하다. 충분한 양의 아연을 섭취해야만 체내 대사가 적절히 이루어지며, 예로, 탄산탈수소효소(carbonic anhydrase)는 혈액과 조직 내에서 산과 알칼리의 균형을 유지하며, 혈액에 의한 이산화탄소의 이동에 관여하고, 수소 이온을 방출하여 염산이 위액으로 분비되도록 도와준다. 또한, 아연은 알칼라인 포스파테이즈(alkaline phosphatase)의 구성체로서 골격의 석회화에 관여하며, 인슐린과 복합체를 이루어 탄수화물 대사에도 중요하다.

(2) 성장 및 면역기능

아연은 DNA와 RNA의 세포 내 단백질 합성에 관여하며, 아연이 결핍되면 DNA 합성이 감소되어 성장이 지연되고, RNA의 분해속도도 증가된다. 또한 아연은 상처회복을 돕고, 림프구의 변형 및 면역력에 영향을 미치며, 간에 저장되어 있는 비타민 A를 이동시키는 등 다양한 기능으로 체내에서 성장과 생식에 필수적이다. 세포 내 아연은 세포막에 결합된 형태로 세포막의 기능과 안정성에 중요하다.

(3) 미각 기능

아연은 미각을 유지하는 데 필요하다.

3) 결핍증과 과잉증

(1) 결핍증

아연 결핍증은 아연의 대사와 생화학적인 기능의 변화로 나타난다. 식이섬유와 피틴산을 많이 섭취하는 중동지역에서 청소년들의 성숙의 지연과 함께 발육부진의 왜소현상이 나타났는데, 아연을 보충해 준 후 증세가 호전되었다. 특히 동물성 식품의 섭취가 부족한 저소득층, 당뇨병, 흡수불량, 간경변증, 악성 빈혈, 암, 동맥경화증 및 피임약 복용 여성에게서도 아연 결핍증세가 나타나는데 아연을 섭취하면 증세는 호전된다. 아연은 철분과 상호작용으로 아연이 결핍되면 철결핍성 빈혈이 나타난다. 결핍증세는 성장장애와 식욕 감퇴가 보편적이며, 미각이 둔해지고 청소년들의 성적 성숙과 발달이 지연된다. 또한 상처의 치료가 지연되며, 탈모, 설사, 정신적 우울감이 나타나기도 한다. 동물실험 결과에서, 임신 중 아연 결핍은 유산이나 기형아를, 임신 말기에 어미 쥐의 아연 결핍은 출산 후 새끼 쥐의 지적 능력을 감소시키며, 공격적 성격을 유발한다. 아연 결핍의 민감한 대상은 임신부, 어린이, 노인이다.

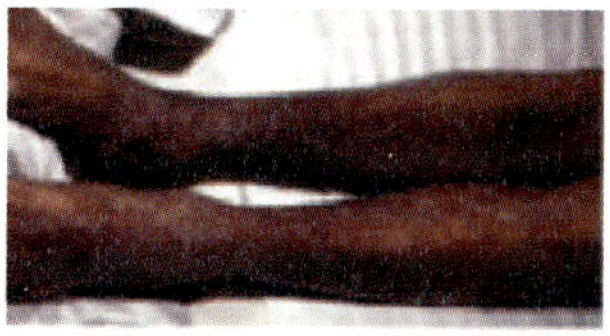
왼쪽: 치료 전 다리 피부

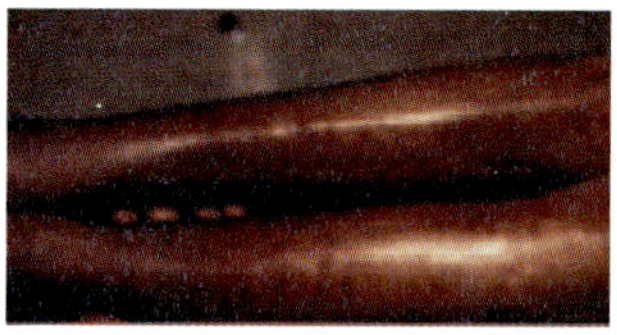
오른쪽: 치료 후 다리 피부

[그림 10-5] 지방흡수 불량증을 가진 환자에게 아연을 보충하였을 때 다리피부의 각질 변화

(2) 과잉증

아연 과잉 섭취의 급성적인 독성은 흔하지 않다. 아연으로 도금된 그릇에서 오염된 음료나 음식을 먹고 나타날 수 있으며, 위의 통증, 구토, 설사 등의 증세가 나타난다. 1일 100~300mg 이상의 아연을 섭취하면 2차적 구리결핍증을 초래할 수 있으며, 위장장애 및 면역기능의 감소 등의 증상을 나타낸다.

4) 영양소 섭취기준과 급원식품

2015년 우리나라 성인의 1일 아연 권장섭취량은 남자 10mg, 여자 8mg으로 설정하였다. 아연을 만성적으로 과다 섭취 시 구리 대사의 균형저해가 일어나므로 상한섭취량은 성인기준 35mg으로 설정하였다. 아연은 식물과 동물의 조직 내에 널리 분포하고 있으며, 주로 쇠고기를 비롯한 육류, 굴, 게와 조개류, 달걀, 해조류, 곡류의 외피에 많이 들어 있으나, 채소와 과일류의 아연 이용률은 낮은 편이다.

[표 10-5] 식품 중의 아연 함량

식품명	1회 분량(g)		1회 분량당 함량(mg)	100g당 함량(mg)
굴		80	3.2	4
돼지고기(앞다리, 날것)	1접시	60	1.698	2.83
쇠고기(한우, 안심)	1접시	60	1.086	1.81
달걀	1개	50	0.45	0.9
새우(꽃새우, 날것)		50	2.06	1.56
팥(말린 것)		20	0.998	4.99
시금치	1접시	70	0.35	0.5
쑥갓	1접시	70	0.126	0.18
미나리	1접시	70	0.091	0.13
당근	1접시	70	0.105	0.15
쌀(백미)		90	1.35	1.5
식빵	큰 것 2쪽	100	0.75	0.75
땅콩(말린 것, 중립종)		10	0.327	3.27
호두(말린 것)		10	0.309	3.09

3 구리(Cu)

성인의 체내에는 75~150mg의 구리가 함유되어 있으며, 뇌, 심장, 신장, 간, 안구, 모발 등에 농축되어 있다. 혈액 내에는 130~230㎍/100mL의 농도로 대부분 구리의 이동 단백질인 셀룰로플라즈민과 결합되어 존재한다.

1) 흡수와 대사

섭취한 식품의 종류에 따라 구리의 약 25~40%가 체내로 흡수된다. 구리는 주로 소장의 상부에서 흡수되며, 메탈로티오네인에 의해 조절된다. 메탈로티오네인의 생합성은 아연, 구리, 카드뮴에 의해 촉진되며, 구리와 아연은 흡수될 때 서로 경쟁한다. 구리는 다른 미량원소들처럼 식사로 많은 양을 섭취하면 적게 흡수되고, 적은 양을 섭취하면 흡수율이 증가한다. 임신 중에는 구리의 흡수가 촉진되며, 위산은 흡수율을 높여주나, 피틴산은 구리와 염을 형성하여 흡수를 방해한다. 더불어 칼슘, 아연, 카드뮴, 황, 몰리브덴의 농도가 높아도 구리의 흡수가 방해되어 혈액과 간의 구리 수준이 낮아진다. 흡수된 구리는 알부민이나 유리 아미노산과 결합하여 간으로 이동되며 주로 간에 저장된다. 구리의 배설은 주로 담즙과 장관에서 이루어지며, 사람은 1일 평균 1.7mg 정도의 구리를 담낭을 통하여 배설하고, 소변으로는 5~50㎍으로 매우 적은 양을 배설한다.

2) 생리적 기능

(1) 철의 흡수 및 이용증진

구리는 적혈구의 성숙에 필요하며, 저장된 철분과 장관 내 철분을 헤모글로빈 생성 장소로 운반해 준다. 구리에 의존적인 효소인 페록시데이즈(ferroxidase)는 제1철이 제2철로 전환되어 철분의 흡수와 이용을 돕는다.

(2) 결합조직 정상유지

구리는 골격형성과 심장순환계의 결합조직을 정상으로 유지하고, 콜라겐과 엘라스틴의 상호 연결에 중요한 라이실 산화효소(lysyloxidase)의 일부분이다. 또한 간에서 콜레스테롤로부터 담즙산을 만드는 모노옥시제네이즈(monooxy-genase)의 활성에 관여하여 콜레스테롤 대사에 영향을 준다. 따라서 구리가 결합되면 혈청 내 콜레스테롤이 증가하여 관상동맥성 심장 질환을 일으키게 된다.

(3) 금속효소의 구성성분

뇌에서 신경전달물질인 도파민과 노르에피네프린의 농도에 구리가 작용하며, 수퍼옥사이드 디스뮤테이즈(SOD: Superoxide Dismutase)와 카탈라아제(catalase)의 촉매 작용을 한다. 수퍼옥사이드 디스뮤테이즈는 구리와 아연을 포함하고 있는 효소로서 호기성 대사과정에 발생하는 유리 독성기를 제거한다.

3) 결핍증과 과잉증

(1) 결핍증

구리의 결핍증세는 일반적인 식사를 하면 일어나지 않지만, 구리가 적게 함유된 유아식을 먹는 저체중 미숙아, 아연의 섭취량이 높을 때, 설사, 소화불량 등이 결핍증이 발생된다. 미숙아는 체내에 저장된 구리의 양이 정상아보다 적고, 우유에 구리의 함량이 낮아서 빈혈과 골격의 변화가 나타난다. 동물의 경우 케라틴 형성 장애, 멜라닌 색소 부족, 골격의 무기질 감소와 성장 부진, 순환기계통의 장애, 털의 탈색, 생식능력의 감퇴 등의 증상이 나타난다.

(2) 과잉증

구리를 다량 섭취 시 구토, 오심, 복통, 설사로 시작하여 심해지면 혼수, 간세포 손상, 사망에 이를 수 있다. 유전적인 결함인 윌슨병은 구리가 간, 뇌, 신장, 눈의 망막에 다량 축적되어 성장이 지연되고 뇌의 손상 등 조직의 기능이 원활하지 못하게 되지만, 출생 후 구리를 소변으로 배설시키는 약제를 처방하면 조직의 축적과 손상을 낮출 수 있다.

4) 영양소 섭취기준과 급원식품

우리나라 성인의 2015년 아연의 권장섭취량은 800㎍을 설정하였다. 구리는 자연식품 내에 널리 분포되어 있으며, 소간, 돼지간, 달걀, 굴, 가재, 패류, 두류 외 초콜릿, 코코아, 종실류, 통밀 등에 많고, 채소, 우유에는 적게 함유되어 있다. 식이섬유의 다량섭취는 식품 내 구리의 이용을 감소시키지만, 일상적인 식이섬유의 섭취량은 문제 되지 않는다.

4 요오드(I)

체내에는 15~20mg의 요오드가 있으며, 이들의 약 70~80%는 갑상선에 존재하고 나머지는 근육, 피부, 골격, 다른 내분비선에 들어 있다. 요오드는 갑상선호르몬의 주성분으로 요오드가 결핍되면 갑상선종에 걸린다.

1) 흡수와 대사

식품 내 요오드는 소장 상부에서 거의 100% 흡수되며, 단백질과 결합하여 혈액을 통하여 갑상선과 신장으로 이동된다. 그중 약 30%는 갑상선호르몬 합성에 이용되고, 나머지는 섭취 2~3일 후 소변으로 배설된다. 혈장 갑상선호르몬 농도가 저하되면, 뇌하수체에서 갑상선자극호르몬(TSH: Thyroid-Stimulating Hormone)이 분비되며, 갑상선 세포의 요오드 유입을 촉진하여 갑상선호르몬의 합성을 촉진한다.

2) 생리적 기능

요오드는 인체의 대사과정에서 갑상선호르몬의 합성에 관여하며, 갑상선 내 요오드의 함량은 8.0~10.0mg이고, 95%는 타이로 글로불린(thyroglobulin)과 결합되어 있다. 갑상선 호르몬의 주된 기능은, 체온 유지를 위하여 기초대사를 증가시켜서 열 생산을 자극한다. 또한 단백질 합성을 도와 유아기와 학령기 어린이의 성장 발달에 필요하며, 건강 유지와 생식에도 중요하다.

3) 결핍증과 과잉증

(1) 결핍증

요오드가 결핍되면 갑상선이 비대해지는 갑상선종이 발병된다.

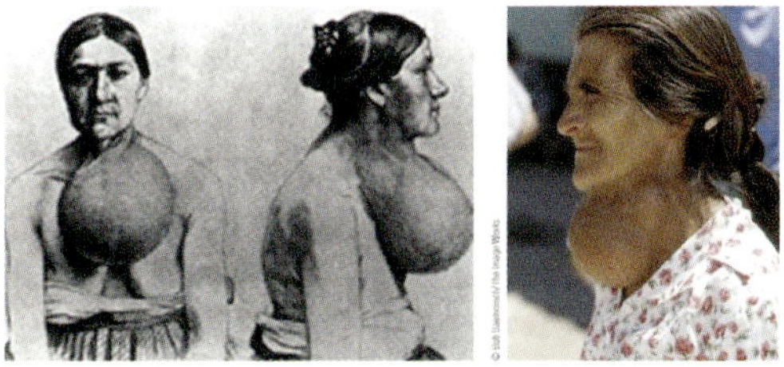

[그림 10-6] 요오드결핍증의 임상 예

출처: 김숙희 외(2011)

주로 토양에 요오드의 함량이 적은 내륙지방인 알프스지역, 히말라야, 영국의 템스계곡, 미국의 북서쪽 등 해조류의 섭취가 적은 지역에서 나타난다. 요오드가 적은 식사 시 갑상선호르몬을 정상적으로 생산할 수 없으며, 혈액 내 갑상선호르몬 함량이 낮아지면, 시상하부에서 TRF(Thyrotrophin Releasing Factor)가 배출되어 갑상선자극호르몬(TSH)의 생산을 자극한다. 다량의 TSH는 갑상선을 계속 자극시켜 갑상선이 비대해진다. 갑상선종은 요오드의 섭취 부족뿐만 아니라 설파제나 리튬과 같은 약제를 복용하면 이들 약제가 갑상선호르몬의 분비와 조직 대사를 방해하여 나타나기도 하며, 식품이나 음료수 내에 들어 있는 갑상선종 유발물질(goitrogen)이 갑상선호르몬의 합성이나 활성을 방해한다. 갑상선종 유발물질은 겨자류의 종자나 양배추, 무청, 콜리플라워 등에 들어 있으나, 가열에 의해 파괴된다. 또한 임신 중 모체의 요오드 결핍은 태아의 두뇌 발달 저하, 감각운동의 조정

장애, 심한 경우 크레틴병 증세가 나타난다. 크레틴병은 2가지 형태로, 신경성 크레틴병은 지적장애, 운동 조정기능 장애, 귀머거리 증세가 나타나지만, 기능부전적인 크레틴병은 지적 장애, 외소현상 등이 수반된다.

(2) 과잉증

하루에 3mg 이상 요오드를 섭취하는 것은 해로운 수준이며, 일반적인 식사로 섭취하는 요오드는 1일 1mg 이하의 수준이다. 일본 홋카이도 해안지역 주민들, 황해 연안에 사는 중국인들은 1일 50~80mg의 요오드를 섭취하기도 하는데 이들 중에 갑상선종을 나타내는 경우가 있었다. 요오드를 과잉 섭취하면 갑상선기능항진증, 바세도우씨병 같은 질환이 발생되며 기초대사율이 항진되고 자율신경계에 장애가 나타난다.

4) 영양소 섭취기준과 급원식품

2015년 성인의 요오드 권장섭취량을 1일 150㎍으로 설정하고, 상한섭취량을 2,400㎍으로 제시하였다. 요오드의 좋은 급원식품은 해조류와 해산물이며 곡류와 채소류는 재배된 토양의 종류에 따라 함유된 요오드의 수준이 다르다. 현재 우유 및 유제품이나 그 외 가공식품에 많은 양의 요오드가 발견되는데, 이는 기구 세척에 사용된 화학물질이나 식품첨가제 등을 통하여 요오드가 잔류되고 있다. 갑상선종 예방에 요오드가 효과적임이 알려진 이후 스위스, 캐나다, 콜롬비아, 미국 등의 나라에서는 식탁염에 요오드가 강화된 소금을 권장하고 있다.

5 셀레늄(Se)

셀레늄은 체내에 약 1.5mg의 미량원소로 간, 심장, 비장에 많이 들어 있고, 지방조직을 제외한 모든 조직에 분포되어 있다.

1) 흡수와 대사

식이의 셀레늄은 보통 메티오닌과 시스테인에 결합되어 있으며, 흡수율은 50% 정도로 철, 아연에 비해 체내 이용률이 높다.

2) 생리적 기능

셀레늄은 항산화효소인 글루타티온 과산화효소(glutathione peroxidase)의 성분으로 과산화물에 의한 세포를 보호해 주며, 유리 래디칼의 생성을 억제하여 암의 예방에 도움을 준다. 또한 면역증진, 바이러스성질환의 예방, 노화방지 및 뇌, 심장, 췌장, 기관지, 관절, 갑상선 등 많은 기관에 관여하며, 약물을 대사시키는 효소의 활성에도 영향을 준다.

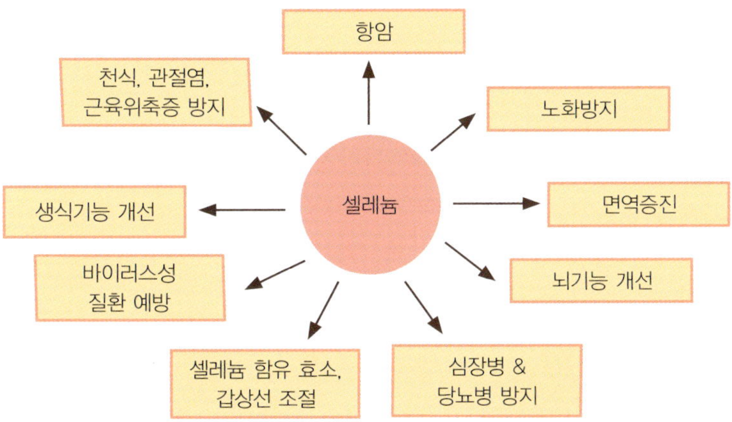

[그림 10-7] 셀레늄의 항산화 기능과 건강증진

3) 결핍증과 과잉증

셀레늄의 결핍증세는 중국 케샨지역에서 흔한 케샨병으로, 증세는 심장근육이 경화되고 섬유화되는 현상이다. 한편, 정맥주사로 영양을 받는 환자들에게서 혈액 내 셀레늄 수준이 저하되고 글루타티온 과산화효소의 활성이 감소되는 증상이 나타나며, 혈액 내 셀레늄 함량의 저하와 폐암으로 인한 사망률 증가는 직접적인 상관관계가 있다고 보고되었다. 또한 식사를 통한 셀레늄의 섭취는 비타민 E의 항산화성과 관련하여 암 발생을 낮춰준다.

셀레늄을 과잉 섭취하면 탈모, 손톱소실, 피부손상, 치아부식, 신경계 장애, 발진, 간경변 등이 나타난다.

4) 영양소 섭취기준과 급원식품

2015년 성인 1인당 1일 셀레늄의 권장섭취량은 60㎍, 상한섭취량은 400㎍으로 제시하고 있다. 셀레늄은 육어류, 내장류 해산물, 종실류, 견과류, 우유 및 유제품 등에 많이 들어 있다. 곡류 등 식물성 식품의 셀레늄은 토양의 셀레늄 함량에 따라 다르며 채소 및 과일류에는 셀레늄 함량이 낮다.

6 망간

망간은 체내에 약 20mg 정도 있으며, 주로 간, 골격, 뇌하수체, 신장, 췌장에 존재한다. 세포 내에서는 핵이나 미토콘드리아에 들어 있다.

1) 흡수와 대사

식이에서 망간은 약 5% 정도가 흡수되며, 소화관 내에서 칼슘, 인, 철분의 농도가 높으면 흡수율이 감소되나, 알코올은 흡수를 증가시킨다. 망간의 일부는 Mn^{2+}로 흡수되어 소량은 Mn^{3+}로 산화된 후 혈액에서 특수단백질인 트랜스망가민(transmangamin)과 결합하여 간 외 다른 조직으로 이동된다. 주로 담즙을 통하여 장관으로 배설되고, 소변을 통한 배설은 거의 적다.

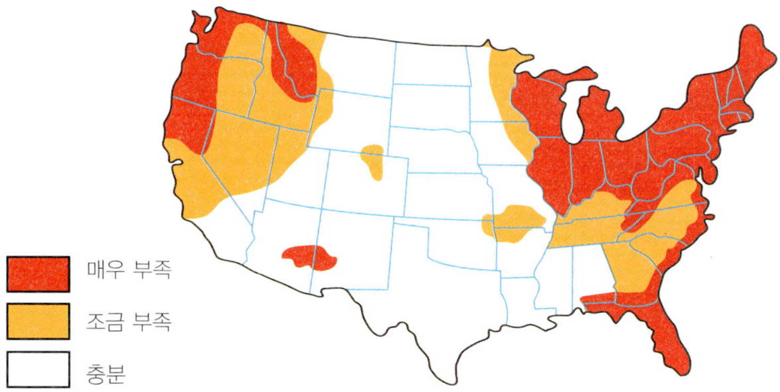

[그림 10-8] 미국의 셀레늄 함유량 분포

2) 생리적 기능

망간은 간과 췌장의 기능을 조절하는 요소이며, 대사반응을 촉매하는 효소의 구성체로서 해당작용 및 TCA 회로에 관여하며, 지방산과 콜레스테롤의 합성에 보조인자로 작용한다.

3) 결핍증과 과잉증

결핍증세는 성장 지연, 생식 부전, 골격 이상, 세포 구성체의 구조적 이상이 나타나고, 임상 증상은 혈액응고 지연, 저콜레스테롤혈증, 손톱과 모발의 성장속도 감소, 체중 감소 및 모발의 탈색 등이 있다. 탄광촌의 광부들에게서 간혹 과잉증이 나타나며, 간이나 중추신경계에 망간이 축적되고 심한 근육계의 장애가 일어난다. 그 외에도 생식기능과 면역기능 저하, 신장염, 췌장염, 간 손상이 주된 증세로 나타난다.

4) 영양소 섭취기준과 급원식품

2015년 성인의 충분섭취량은 남자 4.0mg, 여자 3.5mg을 설정하였고, 상한섭취량은 11mg으로 제시하였다. 곡류, 두류, 종자류, 잎채소, 차, 커피 등과 같은 식물성 식품은 망간의 좋은 급원이며 동물성 식품은 비교적 적다.

7 크롬

크롬이 인체에서 중요함이 밝혀진 것은 최근에 인식되었으며, 당뇨병 및 심장병과 관련성이 크다고 알려져 있다. 크롬은 피부, 부신, 뇌 및 근육에 들어 있으며, 체내에 6mg 정도 소량 존재한다.

1) 흡수와 대사

식사로 섭취한 크롬은 소장에서 흡수되고, 주로 신장을 통해 소변으로 배설된다. 건강한 성인의 혈장 정상농도는 0.26~0.28ng/mL이며, 이보다 낮은 농도는 결핍상태를 의미한다. 또한, 체내 크롬 함량을 반영하여 모발의 크롬 함량이 200ng/g 이하이면 크롬 결핍상태를 의미한다. 크롬의 흡수율은 1~2%로 매우 낮으며, 여러 가지 식사요인의 영향을 받는다. 아미노산, 옥살산은 흡수를 증가시키나, 피틴산은 흡수를 낮춰주고, 단순당질은 크롬의 배설을 높여준다. 혈액 내에서 트랜스페린과 알부민에 결합하여 이동한다.

2) 생리적 작용

크롬은 내당인자(glucose tolerance factor)로 알려진 복합체를 구성하여 인슐린을 활성화하며, 세포막에 인슐린이 쉽게 결합하게 한다. 또한, 크롬은 HDL-콜레스테롤은 높여주고, LDL-콜레스테롤은 감소시키는 효과가 보고 있으나 그 기전은 불확실하다.

3) 결핍증과 과잉증

크롬이 결핍되면 당내성의 저하, 인슐린 저항력의 감소로 혈당이 상승하여 당뇨가 발생되며, 중추 및 말초신경계의 장애, 성장 지연, 혈중콜레스테롤과 중성지방

수준 증가, 각막손상, 불임 등의 증상이 나타난다. 크롬을 공급하면 기능이 정상으로 회복되기도 한다.

4) 영양소 섭취기준과 급원식품

2015년 크롬의 영양소 섭취기준이 처음 제정되었으며, 식사로부터 섭취하게 되는 1일 평균 트롬의 섭취량(13.4±1.1㎍/1,000kcal)을 근거로 충분섭취량을 설정하였다. 성인 1인당 1일 크롬의 충분섭취량은 남자 35㎍, 여자 25㎍으로 제시하였으며, 임산부는 5㎍을 추가하였고, 수유부는 10㎍으로 제시하였다. 크롬은 육류, 간, 도정하지 않은 곡류, 효모 속에 많이 함유되어 있으나 과일, 채소 및 우유에는 함량이 낮다.

[표 10-6] 크롬 섭취기준(2015년 영양소 섭취기준)

연령		크롬(㎍/일) 충분섭취량	
영아	0~5(개월)	0.2	
	6~11	5.0	
유아	1~2(세)	12	
	3~5	12	
		남	여
아동	6~8(세)	20	15
	9~11	25	20
청소년	12~14	35	25
	15~18	40	25
성인	19~29	35	25
	30~49	35	25
	50~64	35	25
노인	65~74	35	25
	75 이상	35	25
임산부		+5	
수유부		+20	

: 상향 조정
: 하향 조정
: 새로 제정

8 불소

20세기 초반 역학조사에서 불소 부족과 충치 발생률 간의 상관관계가 관찰되어, 불소의 중요성이 인식되었다. 불소는 체내에서 95%가 뼈와 치아에 존재하며, 뼈에 있는 불소의 농도는 연령 및 섭취량에 따라 증가된다.

1) 흡수와 대사

불소는 위와 소장에서 80~90% 흡수되며, 대부분 소변으로 배설된다. 또한 불소의 섭취량이 증가하면 골격과 치아 내에 축적되는 양도 높아진다. 반면에 마그네슘은 불소의 장내 흡수를 방해하고 골격과 치아에 축적되는 양을 감소시켜 생체 내 이용률을 저하시키며, 특히 골격이 발달하는 성장기에 뚜렷하게 나타난다. 충치예방과 치료의 효과는 불소 정제나 식품보다 음료수에 첨가된 불소가 훨씬 효과적이다. 식품을 통한 불소의 흡수율은 50~70%인 데 비하여, 음료수 속의 불소는 거의 완전히 흡수되므로, 여러 나라에서 수돗물에 불소를 첨가하고 있다.

2) 생리적 기능

불소의 주된 기능은 충치 발생을 방지하며, 충치의 주원인은 섭취한 음식물이 미생물의 산에 의해서 치아 에나멜층이 부식되어 나타난다. 불소는 치아에 존재하는 칼슘-인산염의 수산기와 대치됨으로써 플루오르아파타이트(fluorapatite)를 형성하여 충치발생을 낮춰주므로, 성장기 어린이에게 불소공급을 충분히 주면 충치를 일으키는 미생물의 작용을 억제한다. 또한, 불소함량이 높은 지역에서, 폐경 후 여성 골다공증의 발생을 방지하였으며, 골다공증 환자에게 불소를 섭취시키면 통증, 골밀도와 칼슘 평형에 효과가 있다는 보고도 있다.

3) 결핍증과 과잉증

불소가 부족하면 충치가 발생하고, 노인이나 폐경기 여성은 골다공증의 위험이 높다. 불소가 첨가된 음료수 및 치약을 이용하면 충치 예방에 효과적이다. 반면, 불소를 과잉 섭취하면 치아에 반점이 생기기도 한다. 장기간의 과잉 섭취 하루 20mg 이상 섭취하면 불소증이 유발되며 골격 건강, 신장기능, 근육과 신경기능에 영향을 미친다.

4) 영양소 섭취기준과 급원식품

우리나라 불소 섭취기준은 충분섭취량으로 제시하고 있으며, 설정기준은 식수에 불소가 충치 예방에 적정농도인 1mg/L 함유되어 있는 미국인의 체중당 불소섭취량을 기준으로 책정하였다. 성인 남자는 1일 3.5mg, 성인 여자는 3.0mg, 상한섭취량은 11mg으로 제정하였다. 불소는 거의 모든 식품에 들어 있으며, 생선, 해조류, 불소가 첨가된 식수, 차(茶), 뼈째 먹는 생선류와 동물의 뼈도 좋은 급원이지만 모유와 우유에는 양이 적다.

[표 10-7] 미량 무기질 요약

종류	주요 작용	권장섭취량	결핍증	과잉증	급원식품
철	헤모글로빈·미오글로빈 성분, 골수에서 조혈작용을 도움, 효소의 구성성분, 면역기능 유지	10mg (성인 남자) 14mg (성인 여자)	체내 철함량 감소, 철결핍성 빈혈(피부 창백·피로·허약·호흡곤란·식욕부진·어린이의 경우 성장장애)	혈색소증(심장·췌장 등에 철이 축적되며 심부전·당뇨병 등 유발 가능)	육류(쇠간), 어패류, 가금류, 콩류, 시리얼, 녹색채소
아연	100여 개 효소의 구성 요소, 성장·면역·생체막 구조와 기능의 정상 유지, 핵산 합성	9mg (성인 남자) 8mg (성인 여자)	성장지연, 왜소증, 상처회복 지연, 식욕부진, 미각·후각 감퇴, 피부염	철·구리 흡수 저하, 면역기능 억제	패류(굴·게 등), 육류, 우유, 요구르트
구리	철의 흡수·이용을 도움. 결합조직의 건강에 기여, 금속제 효소의 성분	800㎍	빈혈, 뼈의 손실, 성장장애, 심장질환	복통·오심·구토, 혼수, 간질환, 윌슨병	육류(간·내장), 패류(굴·가재), 배아

종류	주요 작용	권장섭취량	결핍증	과잉증	급원식품
요오드	갑상선호르몬의 성분 및 합성	150㎍	–	갑상선기능부전증(권태감·기초대사율저하·추위에 민감 등), 갑상선종, 크레틴병(성장장애)	해조류(미역·김 등), 해산물, 요오드 강화식염
불소	충치예방 및 억제, 골다공증 방지	2.0~3.0mg (충분섭취량)	충치유발, 골다공증	불소증, 위장장애	해조류, 어류, 자연수
망간	금속계 효소의 구성요소, 효소의 활성화	3.0~3.5mg (충분섭취량)	동물의 경우 성장장애·생식장애·지질 및 당질 대사 이상	신경근육계 증세, 정신장애	곡류, 콩류, 채소
셀레늄	글루타티온 과산화효소의 성분, 항산화 작용(비타민 E 절약)	55㎍	근육약화, 성장장애, 심근장애, 심장기능저하	구토, 설사, 피부손상, 신경계 손상	새우, 패류, 어류, 견과류
크롬	당내인성인자의 성분으로 인슐린 작용 및 당질대사에 관여	–	성장지연, 콜레스테롤·지질대사 이상	산업체에서 크롬에 과다노출되면 피부염·기관지 종양 발생	고기, 전곡

제 11 장

물

1. 체내 수분의 분포
2. 체내 수분의 균형 유지
3. 체내 수분의 불균형
4. 체내 수분의 역할
5. 수분의 섭취량

물은 무색, 무취, 무미로 자연계에 널리 분포하고 있으며 영양소와 무기질을 녹여 세포 내 생화학적 반응에 관여하는 것으로 생물의 생존에 필수적인 중요 물질이나 에너지원으로는 사용되지 않는다.

1 체내 수분의 분포

성인의 체내 수분 보유량은 체중의 약 60~70%를 차지하며 일반적으로 남자가 여자보다, 비만한 사람이 마른 사람보다, 노인보다 연령이 낮을수록 체내 수분 보유율이 높다. 이는 근육조직이 지방조직보다 수분 보유율이 약 3배 정도 더 높은 데 기인한 것으로 근육량의 적음과 지방량의 증가는 수분 보유량의 감소와 직결되기 때문이다.

세포 내 체수분은 세포내액(ICF: Intracellular Fluid, 62.5%)과 세포외액(ECF: Extracellular Fluid, 37.5%)으로 이루어져 있으며 세포외액은 혈장(20%)과 간질액(80%)으로 구성되어 있다.

세포내액은 체중의 약 40%(총 체액량의 2/3)를 차지하며 성장과 대사활동을 조절하는 데 필요한 단백질이 있어 세포의 화학적 기능에 관여한다. 또한 나트륨과 칼륨의 비율은 1:10으로 칼륨의 양이 많이 존재한다.

세포외액은 체중의 약 20%(총 체액량의 1/3)를 차지하며 세포의 영양분, 수분, 전해질을 전달하는 기능과 노폐물 운반, 산소와 이산화탄소의 운반, 체온조절에 관여한다. 세포외액에서의 나트륨과 칼륨의 비율은 28:1로 세포내액과 반대로 나트륨의 양이 많이 존재한다.

체액은 확산과 삼투, 능동수송이라는 과정을 통해 세포막을 통과하여 세포 안과 밖으로 서로 지속적으로 이동하나 세포내액과 세포외액의 총량은 항상 균형을 유지한다. 그 이유는 체내 세포들의 크기의 변화가 일어나지 않도록 해야 하기 때문이다.

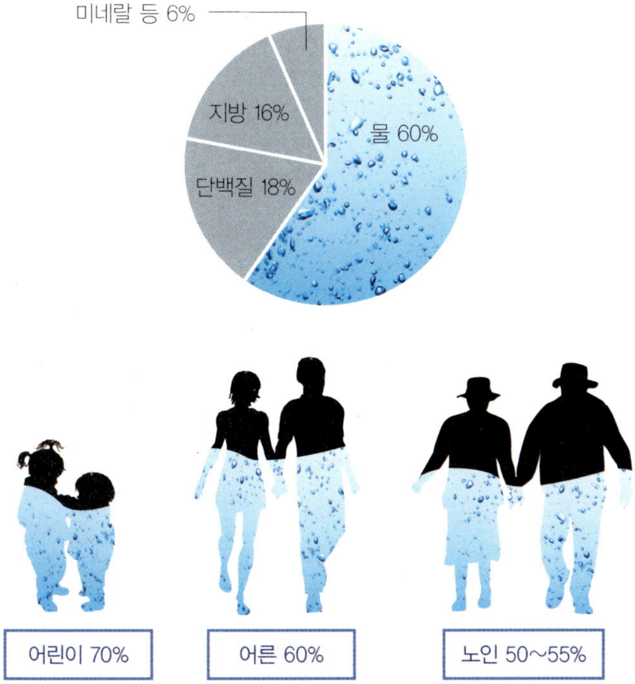

[그림 11-1] 인체 내 수분 분포

2 체내 수분의 균형 유지

체내의 수분균형 유지 방법은 갈증을 통해 수분을 보충하는 방법과 체내 호르몬에 의해 균형을 유지하는 방법이 있다.

체중을 기준으로 체내 수분이 1~2% 정도 손실 시, 갈증을 느끼게 되는데 수분이 보충되지 못할 때에는 손실량이 클수록 [그림 11-2]와 같은 다양한 증상의 동반과 함께 12% 정도 손실 시에는 사망에 이르게 된다.

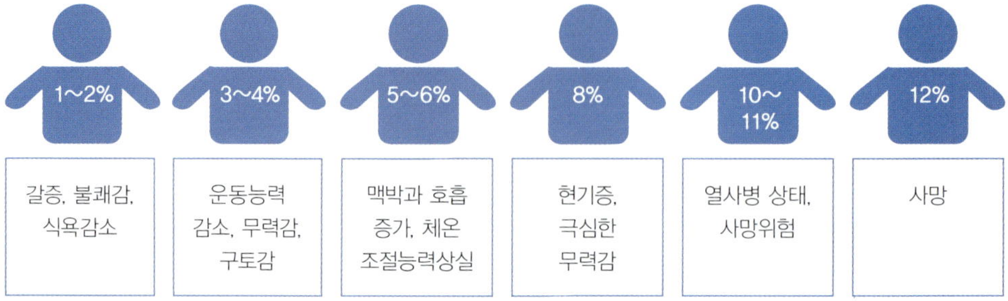

[그림 11-2] 수분의 손실된 체중 비율(%)에 따른 증상

1) 수분 균형에 관여하는 호르몬

(1) 항이뇨 호르몬(ADH: Anti-Diuretic Hormone)

시상하부에서 생산되어 뇌하수체 후엽에서 분비하는 호르몬으로 신장에서 수분의 재흡수를 증가하여 소변의 배설량을 감소시키는 역할을 한다.

(2) 알도스테론(aldosterone)

부신피질호르몬으로 신장에서 나트륨이온의 재흡수와 칼륨이온의 배출 증가를 통해 체내 염분과 수분 평형조절의 역할을 한다.

3 체내 수분의 불균형

건강한 사람은 대체적으로 수분의 섭취량과 수분의 배설량을 조절하여 수분균형을 유지한다. 그러나 세포내액과 세포외액에서의 수분결핍과 과다로 인해 체내 수분의 불균형이 나타나기도 한다.

1) 세포외액에서의 수분 불균형

(1) 세포외액의 결핍

세포외액이 결핍되었을 때에는 출혈이나 과도한 발한, 구토, 설사, 수분섭취의 부족, 나트륨의 과다한 섭취 등으로 인해 저혈압과 호흡증가, 체중감소, 핍뇨, 갈증, 불안, 두통, 체온상승과 같은 증상이 나타나게 된다.

이를 해결하기 위해선 충분한 수분과 전해질의 공급이 요구되며 진토제와 지사제의 투여도 때에 따라 필요하다.

(2) 세포외액의 과다

세포외액이 과다할 때는 신장이나 혈관의 질환이 있거나 수분의 과잉 공급 시, 또는 고단백 용액의 빠른 체내 투여 시 나타나는 현상으로 나트륨이 증가되어 있는 상태이다.

이때에는 부종이나 체중 증가, 호흡 곤란, 혈압 상승, 청색증 등의 증상이 나타나게 된다. 이를 해결하기 위해서는 이뇨제나 강심제의 투여, 나트륨과 수분의 섭취 제한, 단백질 부족에 의한 부종 시에는 단백질의 섭취가 요구된다.

2) 세포내액에서의 수분 불균형

(1) 세포내액의 결핍

세포내액이 결핍되었을 때에는 음식물과 수분의 공급 부족 또는 심한 질환이나 혼수, 수분 배설이 증가된 상태(예: 설사, 구토, 화상, 고열, 발한), 고장액의 체내 주입 시에 나타날 수 있으며 갈증, 발열, 핍뇨 등의 증상이 나타나므로 등장액의 체내 주입이 요구된다.

(2) 세포내액의 과다

항이뇨 호르몬의 지속적인 투여나 수분의 과다 섭취 시, 또는 0.45% 생리식염수와 같은 저삼투성 용액의 정맥 내 과다투여 시 세포의 부종상태로 두통, 혈압상승,

서맥, 불안, 흥분과 같은 증상이 나타난다. 이때에는 수분을 제한하거나 등장액을 이용하여 손상을 예방한다.

4 체내 수분의 역할

1) 대사작용의 역할

체내 수분은 섭취하는 식품과 음료수 내에 존재하는 수분, 섭취하는 물 그리고 에너지 대사 부산물로 생성되어 체내 재흡수되는 수분으로 공급받으며 인체 내 유입된 수분은 모든 기관의 대사 시 혈액과 조직액의 순환을 원활하게 하여 세포의 대사작용을 높인다.

2) 산소와 체내 영양소 운반 역할

산소와 음식물을 통해 유입된 비타민, 미네랄, 아미노산, 포도당 등의 영양소들을 용해시켜 혈액, 림프액, 세포간질액을 통해 운반하여 소화 흡수한다.

3) 노폐물 운반 역할

신진대사과정 중 생성된 노폐물(암모니아, 전해질, 탄산가스 등)을 운반하여 소변이나 대변, 호흡, 피부를 통한 땀을 통해 수분 배출이 이루어진다.

4) 체온조절 역할

체내의 열을 땀으로 발산시켜 체온 유지를 돕는다.

5) 혈액의 완충액 역할

체내 혈액의 pH를 중성 또는 약알칼리성으로 평형상태를 유지한다.

6) 윤활제와 충격흡수제 역할

관절을 부드럽게 하고 눈, 척추 및 관절 내부의 충격 흡수제로도 작용한다.

5 수분의 섭취량

체내에서는 수분의 불균형 현상이 나타나더라도 체액의 항상성 조절 메커니즘 과정에 의해 보완된다. 그러나 개인의 대사 상태나 환경, 활동의 정도에 따라 개개인의 수분 필요량이 다르므로 일일 섭취기준을 충분섭취량으로 설정하고 있다.

수분 필요량은 여러 가지 요인에 따라 차이를 보인다.

첫째, 나이에 따라 차이를 보일 수 있다. 유아와 어린이는 성인에 비해 단위체중당 체표면적이 커서 수분증발량이 많고 신장에서의 소변 농축력 또한 성인에 비해 적으므로 성인보다 어릴수록 수분 필요량이 크다. 노인들은 수분 보유력이 감소하므로 충분한 수분 섭취가 요구되기도 한다.

둘째, 체온에 따라서 차이를 보일 수 있다. 체온의 상승은 피부의 수분 증발을 증가시키므로 수분 필요량이 달라질 수 있기 때문이다.

셋째, 임신이나 수유와 같은 특정상태에서는 혈액량의 증가나 모유생성을 위해 증가할 수 있다.

넷째, 알코올이나 카페인의 섭취는 이뇨작용을 일으켜 수분 배출을 증가시키므로 수분 필요량이 증가된다.

일일 수분 섭취량은 일일 음식 내의 수분량과 액체로 섭취하는 수분량을 의미한다. 음식 내 수분량은 연령과 성별에 따라 에너지 필요추정량이 다르므로 이에 일상식(물과 음료 제외) 수분 함량비(kcal당 0.53mL)를 곱해 산출하고 액체로 섭취하는 수분량은 국민건강영양조사의 물과 음료(주류 포함) 섭취량의 중앙값과 우유 섭취량 200mL를 합해서 산출하였고 섭취량은 [표 11-1]과 같다.

[표 11-1] 한국인의 일일 수분 섭취기준

성별	연령	수분(mL/일)					
		음식	물	음료	충분섭취량		상한섭취량
					액체	총 수분	
영아	0~5(개월)				700	700	
	6~11	300			500	800	
유아	1~2(세)	300	538	0	800	1,100	
	3~5	400	587	0	1100	1,500	
남자	6~8(세)	900	705	0	900	1,800	
	9~11	1,100	749	0	1,000	2,100	
	12~14	1,300	756	0	1,000	2,300	
	15~18	1,400	891	0	1,200	2,600	
	19~29	1,400	975	34	1,200	2,600	
	30~49	1,300	1,017	105	1,200	2,500	
	50~64	1,200	929	44	1,000	2,200	
	65~74	1,100	746	24	1,000	2,100	
	75 이상	1,100	517	11	1,000	2,100	
여자	6~8(세)	800	636	0	900	1,700	
	9~11	1,000	643	0	900	1,900	
	12~14	1,100	684	0	900	2,000	
	15~18	1,100	651	0	900	2,000	
	19~29	1,100	766	24	1,000	2,100	
	30~49	1,000	779	15	1,000	2,000	
	50~64	1,000	764	12	900	1,900	
	65~74	900	506	3	900	1,800	
	75 이상	800	398	0	900	1,800	
임신부						+200	
수유부					+500	+700	

출처: 한국영양학회(2015). 한국인 영양소 섭취기준

부록

1. 한국인 영양 섭취기준
2. 식품교환표

1. 한국인 영양 섭취기준

2015 한국인 영양소 섭취기준–에너지 적정비율

영양소		에너지적정비율			
		1~2세	3~18세	19세 이상	비고
탄수화물		55~65%	55~65%	55~65%	
단백질		7~20%	7~20%	7~20%	
지질	총 지방	20~35%	15~30%	15~30%	
	n–6계 지방산	4~10%	4~10%	4~10%	
	n–3계 지방산	1% 내외	1% 내외	1% 내외	
	포화지방산	–	8% 미만	7% 미만	
	트랜스지방산	–	1% 미만	1% 미만	
	콜레스테롤	–	–	300 mg/일 미만	

출처: 보건복지부(2015)

2015 한국인 영양소 섭취기준 – 당류

총 당류 섭취량을 총 에너지섭취량의 10~20%로 제한하고 특히 식품의 조리 및 가공 시 첨가되는 첨가당은 총 에너지섭취량의 10% 이내로 섭취하도록 한다. 첨가당의 주요 급원으로는 설탕, 액상과당, 물엿, 당밀, 꿀, 시럽, 농축과일주스 등이 있다.

출처: 보건복지부(2015)

2015 한국인 영양소 섭취기준 에너지와 다량 영양소

성별	연령	에너지(kcal/일)				탄수화물(g/일)				지방(g/일)				n-6계 지방산(g/일)			
		필요 추정량	권장 섭취량	충분 섭취량	상한 섭취량	평균 필요량	권장 섭취량	충분 섭취량	상한 섭취량	평균 필요량	권장 섭취량	충분 섭취량	상한 섭취량	평균 필요량	권장 섭취량	충분 섭취량	상한 섭취량
영아	0~5(개월)	550						60				25				2.0	
	6~11	7(1)						90				25				4.5	
유아	1~2(세)	1,000															
	3~5	1,400															
남자	6~8(세)	1,7(1)															
	9~11	2,100															
	12~14	2,5(1)															
	15~18	2,7(1)															
	19~29	2,6(1)															
	30~49	2,400															
	50~64	2,200															
	65~74	2,0(1)															
	75 이상	2,0(1)															
여자	6~8(세)	1,5(1)															
	9~11	1,8(1)															
	12~14	2,0(1)															
	15~18	2,0(1)															
	19~29	2,100															
	30~49	1,900															
	50~64	1,8(1)															
	65~74	1,6(1)															
	75 이상	1,6(1)															
임신부[1]	+0																
	+340																
	+450																
수유부	+340																

출처: 보건복지부(2015)

성별	연령	n-3계 지방산(g/일)				단백질(g/일)				식이섬유(g/일)				수분(mL/일)					
		평균 필요량	권장 섭취량	충분 섭취량	상한 섭취량	평균 필요량	권장 섭취량	충분 섭취량	상한 섭취량	평균 필요량	권장 섭취량	충분 섭취량	상한 섭취량	평균 필요량	권장 섭취량	충분 섭취량	상한섭취량		상한 섭취량
																	액체	총 수분	
영아	0~5(개월)			0.3				10									700	700	
	6~11			0.8		10	15					10					500	800	
유아	1~2(세)					12	15					15					800	1,100	
	3~5					15	20					20					1,100	1,500	
남자	6~8(세)					25	30					20					900	1,800	
	9~11					35	40					25					1,000	2,100	
	12~14					45	55					25					1,000	2,300	
	15~18					50	65					25					1,200	2,600	
	19~29					50	65					25					1,200	2,600	
	30~49					50	60					25					1,200	2,500	
	50~64					50	60					25					1,000	2,200	
	65~74					45	55					25					1,000	2,100	
	75 이상					45	55					25					1,000	2,100	
여자	6~8(세)					20	25					20					900	1,700	
	9~11					30	40					20					900	1,900	
	12~14					40	50					20					900	2,000	
	15~18					40	50					20					900	2,000	
	19~29					45	55					20					1,000	2,100	
	30~49					40	50					20					1,000	2,000	
	50~64					40	50					20					900	1,900	
	65~74					40	45					20					900	1,800	
	75 이상					40	45					20					900	1,800	
임신부[1]	+0					+12	+15					+5						+200	
	+340					+25	+30					+5						+200	
수유부	+340					+20	+25					+5					+500	+700	

1) 에너지 임신부 1,2,3 분기별 부가량, 단백질 임신부 2,3 분기별 부가량

성별	연령	메티오닌+시스테인(g/일)				류신(g/일)				이소류신(g/일)			
		평균 필요량	권장 섭취량	충분 섭취량	상한 섭취량	평균 필요량	권장 섭취량	충분 섭취량	상한 섭취량	평균 필요량	권장 섭취량	충분 섭취량	상한 섭취량
영아	0~5(개월)			0.4				1.0				0.6	
	6~11	0.3	0.4			0.6	0.8			0.3	0.4		
유아	1~2(세)	0.3	0.4			0.6	0.8			0.3	0.4		
	3~5	0.3	0.4			0.7	0.9			0.3	0.4		
남자	6~8(세)	0.5	0.6			1.1	1.3			0.5	0.6		
	9~11	0.7	0.8			1.5	1.9			0.7	0.8		
	12~14	1.0	1.2			2.1	2.6			1.0	1.2		
	15~18	1.1	1.3			2.4	3.0			1.1	1.3		
	19~29	1.0	1.3			2.3	3.0			1.0	1.3		
	30~49	1.0	1.3			2.3	2.9			1.0	1.3		
	50~64	1.0	1.2			2.2	2.7			1.0	1.2		
	65~74	0.9	1.1			2.1	2.6			0.9	1.2		
	75 이상	0.9	0.6			2.0	2.6			0.9	1.1		
여자	6~8(세)	0.5	0.7			1.0	1.2			0.5	0.8		
	9~11	0.6	1.0			1.4	1.7			0.6	0.7		
	12~14	0.8	1.0			1.8	2.3			0.8	1.0		
	15~18	0.8	1.1			1.9	2.3			0.8	1.0		
	19~29	0.8	1.0			1.9	2.4			0.8	1.1		
	30~49	0.8	1.0			1.8	2.3			0.8	1.0		
	50~64	0.8				1.8	2.2			0.8	1.0		
	65~74	0.7				1.7	2.1			0.8	0.9		
	75 이상	0.7				1.6	2.0			0.7	0.9		
임신부		+0.3	+0.3			+0.6	+0.7			+0.3	+0.3		
수유부		+0.3	+0.4			+0.9	+1.1			+0.5	+0.6		

성별	연령	발린(g/일)				리신(g/일)				페닐알라닌+티로신(g/일)			
		평균 필요량	권장 섭취량	충분 섭취량	상한 섭취량	평균 필요량	권장 섭취량	충분 섭취량	상한 섭취량	평균 필요량	권장 섭취량	충분 섭취량	상한 섭취량
영아	0~5(개월)			0.6				0.7				0.9	
	6~11	0.3	0.5			0.6	0.8			0.5	0.7		
유아	1~2(세)	0.4	0.5			0.6	0.7			0.5	0.7		
	3~5	0.4	0.5			0.6	0.8			0.6	0.7		
남자	6~8(세)	0.6	0.7			1.0	1.2			0.9	1.1		
	9~11	0.9	1.1			1.4	1.5			1.3	1.6		
	12~14	1.2	1.5			2.0	2.4			1.7	2.2		
	15~18	1.4	1.7			2.2	2.7			2.0	2.4		
	19~29	1.3	1.6			2.4	3.0			2.7	3.4		
	30~49	1.3	1.6			2.3	2.9			2.7	3.3		
	50~64	1.2	1.5			2.2	2.8			2.6	3.2		
	65~74	1.2	1.5			2.1	2.7			2.4	3.1		
	75 이상	1.1	1.4			2.1	2.6			2.4	3.0		
여자	6~8(세)	0.6	0.7			0.9	1.2			0.8	1.0		
	9~11	0.8	1.0			1.2	1.5			1.1	1.4		
	12~14	1.1	1.3			1.7	2.1			1.5	1.8		
	15~18	1.1	1.3			1.7	2.1			1.5	1.9		
	19~29	1.1	1.3			2.0	2.5			2.2	2.8		
	30~49	1.0	1.3			1.9	2.4			2.2	2.7		
	50~64	1.0	1.0			1.8	2.3			2.1	2.6		
	65~74	0.9	1.0			1.7	2.2			2.0	2.5		
	75 이상	0.9	1.1			1.6	2.0			1.9	2.3		
임신부		+0.3	+0.4			+0.3	+0.4			+0.8	+1.0		
수유부		+0.5	+0.6			+0.4	+0.4			+1.5	+1.9		

성별	연령	트레오닌(g/일)				트립토판(g/일)				히스티딘(g/일)			
		평균 필요량	권장 섭취량	충분 섭취량	상한 섭취량	평균 필요량	권장 섭취량	충분 섭취량	상한 섭취량	평균 필요량	권장 섭취량	충분 섭취량	상한 섭취량
영아	0~5(개월)			0.5				0.2				0.1	
	6~11	0.3	0.4			0.1	0.1			0.2	0.3		
유아	1~2(세)	0.3	0.4			0.1	0.1			0.2	0.3		
	3~5	0.3	0.4			0.1	0.1			0.2	0.3		
남자	6~8(세)	0.5	0.6			0.1	0.2			0.3	0.4		
	9~11	0.7	0.9			0.2	0.2			0.5	0.6		
	12~14	1.0	1.3			0.3	0.3			0.7	0.9		
	15~18	1.1	1.4			0.3	0.4			0.8	0.9		
	19~29	1.1	1.4			0.3	0.3			0.8	1.0		
	30~49	1.1	1.3			0.3	0.3			0.7	0.9		
	50~64	1.0	1.3			0.3	0.3			0.7	0.9		
	65~74	1.0	1.2			0.2	0.3			0.7	0.9		
	75 이상	1.0	1.2			0.2	0.3			0.7	0.8		
여자	6~8(세)	0.5	0.6			0.1	0.2			0.3	0.4		
	9~11	0.6	0.8			0.2	0.2			0.4	0.5		
	12~14	0.9	1.1			0.2	0.3			0.6	0.7		
	15~18	0.9	1.1			0.2	0.3			0.6	0.7		
	19~29	0.9	1.1			0.2	0.3			0.6	0.8		
	30~49	0.9	1.1			0.2	0.3			0.6	0.8		
	50~64	0.8	1.0			0.2	0.3			0.6	0.7		
	65~74	0.8	1.0			0.2	0.2			0.5	0.7		
	75 이상	0.7	0.9			0.2	0.2			0.5	0.7		
임신부		+0.3	+0.4			+0.1	+0.1			+0.2	+0.2		
수유부		+0.4	+0.6			+0.2	+0.2			+0.2	+0.3		

2015 한국인 영양소 섭취기준 – 지용성 비타민

성별	연령	비타민 A(㎍ RAE/일)				비타민 D(㎍/일)				비타민 E(mg α–TE/일)				비타민 K(㎍/일)			
		평균 필요량	권장 섭취량	충분 섭취량	상한 섭취량	평균 필요량	권장 섭취량	충분 섭취량	상한 섭취량	평균 필요량	권장 섭취량	충분 섭취량	상한 섭취량	평균 필요량	권장 섭취량	충분 섭취량	상한 섭취량
영아	0~5(개월)			350	600			5	25			3				4	
	6~11			450	600			5	25			4				7	
유아	1~2(세)	200	300		600			5	30			5	200			25	
	3~5	230	350		700			5	35			6	250			30	
남자	6~8(세)	320	450		1,000			5	40			7	300			45	
	9~11	420	600		1,500			5	60			9	400			56	
	12~14	540	750		2,100			10	100			10	400			70	
	15~18	620	850		2,300			10	100			11	500			80	
	19~29	570	800		3,000			10	100			12	540			75	
	30~49	550	750		3,000			10	100			12	540			75	
	50~64	530	50		3,000			10	100			12	540			75	
	65~74	500	700		3,000			15	100			12	540			75	
	75 이상	500	700		3,000			15	100			12	540			75	
여자	6~8(세)	290	400		1,000			5	40			7	300			45	
	9~11	380	550		1,500			5	60			9	400			55	
	12~14	470	650		2,100			10	100			10	400			65	
	15~18	440	600		2,300			10	100			11	500			65	
	19~29	460	650		3,000			10	100			12	540			65	
	30~49	450	650		3,000			10	100			12	540			65	
	50~64	430	600		3,000			10	100			12	540			65	
	65~74	410	550		3,000			15	100			12	540			65	
	75 이상	410	550		3,000			15	100			12	540			65	
임신부		+50	+70		3,000			+0	100			+0	540			+0	
수유부		+350	+490		3,000			+0	100			+3	540			+0	

2015 한국인 영양소 섭취기준-수용성 비타민

성별	연령	비타민 C(mg/일)				티아민(mg/일)				리보플라빈(mg/일)				니아신((mg NE/일)[1]				
		평균 필요량	권장 섭취량	충분 섭취량	상한 섭취량	평균 필요량	권장 섭취량	충분 섭취량	상한 섭취량	평균 필요량	권장 섭취량	충분 섭취량	상한 섭취량	평균 필요량	권장 섭취량	충분 섭취량	상한[2] 섭취량	상한[3] 섭취량
영아	0~5(개월)			35				0.2				0.3				2		
	6~11			45				0.3				0.4				3		
유아	1~2(세)	30	35		350	0.4	0.5			0.5	0.5			4	6		10	180
	3~5	30	40		500	0.4	0.5			0.5	0.6			5	7		10	250
남자	6~8(세)	40	55		700	0.6	0.7			0.7	0.9			7	9		15	350
	9~11	55	70		1,000	0.7	0.9			1.0	1.2			9	12		20	500
	12~14	70	90		1,400	1.0	1.1			1.2	1.5			11	15		25	700
	15~18	80	105		1,500	1.1	1.3			1.4	1.7			13	17		30	800
	19~29	75	100		2,000	1.0	1.2			1.3	1.5			12	16		35	1,000
	30~49	75	100		2,000	1.0	1.2			1.3	1.5			12	16		35	1,000
	50~64	75	100		2,000	1.0	1.2			1.3	1.5			12	16		35	1,000
	65~74	75	100		2,000	1.0	1.2			1.3	1.5			12	16		35	1,000
	75 이상	75	100		2,000	1.0	1.2			1.3	1.5			12	16		35	1,000
여자	6~8(세)	45	60		700	0.6	0.7			0.6	0.8			7	9		15	350
	9~11	60	80		1,000	0.7	0.9			0.8	1.0			9	12		20	500
	12~14	75	100		1,400	0.9	1.1			1.0	1.2			11	15		25	700
	15~18	70	95		1,500	1.0	1.2			1.0	1.2			11	14		30	800
	19~29	75	100		2,000	0.9	1.1			1.0	1.2			11	14		35	1,000
	30~49	75	100		2,000	0.9	1.1			1.0	1.2			11	14		35	1,000
	50~64	75	100		2,000	0.9	1.1			1.0	1.2			11	14		35	1,000
	65~74	75	100		2,000	0.9	1.1			1.0	1.2			11	14		35	1,000
	75 이상	75	100		2,000	0.9	1.1			1.0	1.2			11	14		35	1,000
임신부		+10	+10		2,000	+0.4	+0.4			+0.3	+0.4			+3	+4		35	1,000
수유부		+35	+40		2,000	+0.3	+0.4			+0.4	+0.5			+2	+3		35	1,000

성별	연령	비타민 B_6(mg/일)				엽산(μg/일)				비타민 B_{12}(μg/일)				판토텐산(mg/일)				비오틴(μg/일)			
		평균 필요량	권장 섭취량	충분 섭취량	상한 섭취량	평균 필요량	권장 섭취량	충분 섭취량	상한 섭취량	평균 필요량	권장 섭취량	충분 섭취량	상한 섭취량	평균 필요량	권장 섭취량	충분 섭취량	상한 섭취량	평균 필요량	권장 섭취량	충분 섭취량	상한 섭취량
영아	0~5(개월)			0.1				65								1.7				5	
	6~11			0.3				80								1.9				7	
유아	1~2(세)	0.5	0.6		25	120	150		300	0.8	0.9					2				9	
	3~5	0.6	0.7		3.5	150	180		400	0.9	1.1					2				11	
남자	6~8(세)	0.7	0.9		45	180	220		500	1.1	1.3					3				15	
	9~11	0.9	1.1		55	250	300		600	1.5	1.7					4				20	
	12~14	1.3	1.5		60	300	360		800	1.9	2.3					5				25	
	15~18	1.3	1.5		65	320	400		900	2.2	2.7					5				30	
	19~29	1.3	1.5		100	320	400		1,000	2.0	2.4					5				30	
	30~49	1.3	1.5		100	320	400		1,000	2.0	2.4					5				30	
	50~64	1.3	1.5		100	320	400		1,000	2.0	2.4					5				30	
	65~74	1.3	1.5		100	320	400		1,000	2.0	2.4					5				30	
	75 이상	1.3	1.5		100	320	400		1,000	2.0	2.4					5				30	
여자	6~8(세)	0.7	0.9		45	180	220		500	1.1	1.3					3				15	
	9~11	0.9	1.1		55	250	300		600	1.5	1.7					4				20	
	12~14	1.2	1.4		60	300	360		800	1.9	2.3					5				25	
	15~18	1.2	1.4		65	320	400		900	2.0	2.4					5				30	
	19~29	1.2	1.4		100	320	400		1,000	2.0	2.4					5				30	
	30~49	1.2	1.4		100	320	400		1,000	2.0	2.4					5				30	
	50~64	1.2	1.4		100	320	400		1,000	2.0	2.4					5				30	
	65~74	1.2	1.4		100	320	400		1,000	2.0	2.4					5				30	
	75 이상	1.2	1.4		100	320	400		1,000	2.0	2.4					5				30	
임신부		+0.7	+0.8		100	+200	+220		1,000	+0.2	+0.2					+1				+0	
수유부		+0.7	+0.8		100	+130	+150		1,000	+0.3	+0.4					+2				+5	

1) 1mg NE(니아신 당량) = 1mg 니아신 = 60mg 트립토판. 2) 니코틴산/니코틴아미드. 3) Dietary Folate Equivalents, 가임기 여성의 경우 400μg/일의 엽산보충제 섭취를 권장함. 엽산의 상한섭취량은 보충제 또는 강화식품의 형태로 섭취한 μg/일에 해당됨

2015 한국인 영양소 섭취기준– 다량 무기질

성별	연령	칼슘(mg/일)				인(mg/일)				나트륨(mg/일)				
		평균 필요량	권장 섭취량	충분 섭취량	상한 섭취량	평균 필요량	권장 섭취량	충분 섭취량	상한 섭취량	평균 필요량	권장 섭취량	충분 섭취량	상한 섭취량	목표 섭취량
영아	0~5(개월)			210	1,000			100				120		
	6~11			300	1,500			300				370		
유아	1~2(세)	390	500		2,500	380	450		3,000			900		
	3~5	470	600		2,500	460	550		3,000			1,000		
남자	6~8(세)	580	700		2,500	490	600		3,000			1,200		
	9~11	650	800		3,000	1,000	1,200		3,500			1,400		2,000
	12~14	800	1,000		3,000	1,000	1,200		3,500			1,500		2,000
	15~18	720	900		3,000	1,000	1,200		3,500			1,500		2,000
	19~29	650	800		2,500	580	700		3,500			1,500		2,000
	30~49	630	800		2,500	580	700		3,500			1,500		2,000
	50~64	600	750		2,000	580	700		3,500			1,500		2,000
	65~74	570	700		2,000	580	700		3,500			1,300		2,000
	75 이상	570	700		2,000	580	700		3,000			1,100		2,000
여자	6~8(세)	580	700		2,500	450	550		3,000			1,200		2,000
	9~11	650	800		3,000	1,000	1,200		3,500			1,400		2,000
	12~14	740	900		3,000	1,000	1,200		3,500			1,500		2,000
	15~18	660	800		3,000	1,000	1,200		3,500			1,500		2,000
	19~29	530	700		2,500	580	700		3,500			1,500		2,000
	30~49	510	700		2,500	580	700		3,500			1,500		2,000
	50~64	580	800		2,000	580	700		3,500			1,500		2,000
	65~74	560	800		2,000	580	700		3,500			1,300		2,000
	75 이상	560	800		2,000	580	700		3,000			1,100		2,000
임신부		+0	+0		2,500	+0	+0		3,000			1,500		2,000
수유부		+0	+0		2,500	+0	+0		3,500			1,500		2,000

성별	연령	염소(mg/일)				칼륨(mg/일)				마그네슘(mg/일)			
		평균 필요량	권장 섭취량	충분 섭취량	상한 섭취량	평균 필요량	권장 섭취량	충분 섭취량	상한 섭취량	평균 필요량	권장 섭취량	충분 섭취량	상한 섭취량
영아	0~5(개월)			180				400				30	
	6~11			560				700				55	
유아	1~2(세)			1,300				2,000		65	80		65
	3~5			1,500				2,300		85	100		90
남자	6~8(세)			1,900				2,600		135	160		130
	9~11			2,100				3,000		190	230		180
	12~14			2,300				3,500		265	320		250
	15~18			2,300				3,500		335	400		350
	19~29			2,300				3,500		295	350		350
	30~49			2,300				3,500		305	370		350
	50~64			2,300				3,500		305	370		350
	65~74			2,000				3,500		305	370		350
	75 이상			1,700				3,500		305	370		350
여자	6~8(세)			1,900				2,600		125	150		130
	9~11			2,100				3,000		180	210		180
	12~14			2,300				3,500		245	290		250
	15~18			2,300				3,500		285	340		350
	19~29			2,300				3,500		235	280		350
	30~49			2,300				3,500		235	280		350
	50~64			2,300				3,500		235	280		350
	65~74			2,000				3,500		235	280		350
	75 이상			1,700				3,500		235	280		350
임신부				2,300				+0		+32	+40		350
수유부				2,300				+400		+0	+0		350

2015 한국인 영양소 섭취기준– 미량 무기질

성별	연령	철(mg/일)				아연(mg/일)				구리(μg/일)				불소(mg/일)			
		평균 필요량	권장 섭취량	충분 섭취량	상한 섭취량	평균 필요량	권장 섭취량	충분 섭취량	상한 섭취량	평균 필요량	권장 섭취량	충분 섭취량	상한 섭취량	평균 필요량	권장 섭취량	충분 섭취량	상한 섭취량
영아	0~5(개월)			0.3	40			2				240				0.01	0.6
	6~11	5	6		40	2	3					310				0.5	0.9
유아	1~2(세)	4	6		40	2	3		6	220	280		1,500			0.6	1.2
	3~5	5	6		40	3	4		9	250	320		2,000			0.8	1.7
남자	6~8(세)	7	9		40	5	6		13	340	440		3,000			1.0	2.5
	9~11	8	10		40	7	8		20	440	580		5,000			2.0	10.0
	12~14	11	14		40	7	8		30	570	740		7,000			2.5	10.0
	15~18	11	14		45	8	10		35	650	840		7,000			3.0	10.0
	19~29	8	10		45	8	10		35	600	800		1,0000			3.5	10.0
	30~49	8	10		45	8	10		35	600	800		1,0000			3.0	10.0
	50~64	7	10		45	8	9		35	600	800		1,0000			3.0	10.0
	65~74	7	9		45	7	9		35	600	800		1,0000			3.0	10.0
	75 이상	7	9		45	7	9		35	600	800		1,0000			3.0	10.0
여자	6~8(세)	6	8		40	4	5		13	340	440		3,000			1.0	2.5
	9~11	7	10		40	6	8		20	440	580		5,000			2.0	10.0
	12~14	13	16		40	6	8		25	570	740		7,000			2.5	10.0
	15~18	11	14		45	7	9		30	650	840		7,000			2.5	10.0
	19~29	11	14		45	7	8		35	600	800		1,0000			3.0	10.0
	30~49	11	14		45	7	8		35	600	800		1,0000			2.5	10.0
	50~64	6	8		45	6	7		35	600	800		1,0000			2.5	10.0
	65~74	6	8		45	6	7		35	600	800		1,0000			2.5	10.0
	75 이상	5	7		45	6	7		35	600	800		1,0000			2.5	10.0
임신부		+8	+10		45	+2.0	+2.5		35	+100	+130		1,0000			+0	10.0
수유부		+0	+0		45	+4.0	+5.0		35	+370	+480		1,0000			+0	10.0

성별	연령	망간(mg/일)				요오드(μg/일)				셀레늄(μg/일)				몰리브덴(μg/일)				크롬(μg/일)			
		평균 필요량	권장 섭취량	충분 섭취량	상한 섭취량	평균 필요량	권장 섭취량	충분 섭취량	상한 섭취량	평균 필요량	권장 섭취량	충분 섭취량	상한 섭취량	평균 필요량	권장 섭취량	충분 섭취량	상한 섭취량	평균 필요량	권장 섭취량	충분 섭취량	상한 섭취량
영아	0~5(개월)			0.01				130	250			9	45							0.2	
	6~11			0.8				170	250			11	65							5.0	
유아	1~2(세)			1.5	2.0	55	80		300	19	23		75				100			12	
	3~5			2.0	3.0	65	90		300	22	25		100				100			12	
남자	6~8(세)			2.5	4.0	75	100		500	30	35		150				200			20	
	9~11			3.0	5.0	85	110		500	39	45		200				300			25	
	12~14			4.0	7.0	90	130		1,800	49	60		300				400			35	
	15~18			4.0	9.0	95	130		2,200	55	65		300				500			40	
	19~29			4.0	11.0	95	150		2,400	50	60		400	25	30		550			35	
	30~49			4.0	11.0	95	150		2,400	50	60		400	20	25		550			35	
	50~64			4.0	11.0	95	150		2,400	50	60		400	20	25		550			35	
	65~74			4.0	11.0	95	150		2,400	50	60		400	20	25		550			35	
	75 이상			4.0	11.0	95	150		2,400	50	60		400	20	25		550			35	
여자	6~8(세)			2.5	4.0	75	100		500	30	35		150				200			15	
	9~11			3.0	5.0	85	110		500	39	45		200				300			20	
	12~14			3.5	7.0	90	130		2,000	49	60		300				400			25	
	15~18			3.5	9.0	95	130		2,200	55	65		300				400			25	
	19~29			3.5	11.0	95	150		2,400	50	60		400	20	25		450			25	
	30~49			3.5	11.0	95	150		2,400	50	60		400	20	25		450			25	
	50~64			3.5	11.0	95	150		2,400	50	60		400	20	25		450			25	
	65~74			3.5	11.0	95	150		2,400	50	60		400	20	25		450			25	
	75 이상			3.5	11.0	95	150		2,400	50	60		400	20	25		450			25	
임신부				+0	11.0	+65	+90			+3	+4		400				450			+5	
수유부				+0	11.0	+130	+190			+9	+10		400				450			+20	

2. 식품교환표

곡류군의 식품과 1일 교환 단위량

구분	식품명	목측량	무게
밥	쌀밥	1/3공기(소)	70
	보리밥	1/3공기(소)	70
	현미밥	1/3공기(소)	70
	쌀죽	2/3공기(소)	140
알곡류 및 가루제품	기장		30
	녹두		70
	녹말가루	5큰술	30
	미숫가루	1/4컵(소)	30
	밀가루	5큰술	30
	백미	3큰술(=1/5쌀컵)	30
	보리(쌀보리)	3큰술	30
	완두콩	1/2컵(소)	70
	율무	3큰술	30
	차수수	3큰술	30
	차조	3큰술	30
	찹쌀	3큰술	30
	팥	3큰술	30
	현미	3큰술	30
떡류	가래떡	썬 것 11~12개	50
	백설기		50
	송편(깨)		50
	시루떡		50
	인절미	3개	50
	절편	1개(5.5X5X1.5cm)	50
	증편		50

구분	식품명	목측량	무게
빵류	식빵	1쪽(11X10X1.5cm)	35
	모닝빵	1개(중)	35
	바게트빵	2쪽(중)	35
국수류	냉면(건조)		30
	당면		30
	마른 국수		30
	메밀국수(건조)		30
	메밀국수(생것)		40
	삶은 국수	1/2공기	90
	스파게티(건조)		30
	스파게티(삶은 것)		90
	쌀국수(건조)		30
	쌀국수(조리된 것)		90
	우동(생면)		70
	쫄면(건조)		30
	칼국수류(건조)		30
감자류 및 전분류	감자	1개(중)	140
	고구마	1/2개(중)	70
	돼지감자		140
	찰옥수수(생것)	1/2개	70
	토란		140
묵류	도토리묵	1/2모(6X7X4.5cm)	200
	녹두묵		200
	메밀묵		200
기타	강냉이(옥수수)	1.5공기(소)	30
	누룽지(건조)	지름 11.5cm	30
	마		100
	밤	3개(대)	60

구분	식품명	목측량	무게
기타	오트밀		30
	은행	1/3컵(소)	60
	콘프레이크	3/4컵(소)	30
	크래커	5개	20

저지방 어육류군 식품과 1교환단위량

구분	식품명	목측량	무게
고기류	닭고기(껍질, 기름제거한 살코기)	1토막(소) (탁구공 크기)	40
	닭부산물(모래주머니)		40
	돼지고기(기름기 전혀 없는 살코기)	로스용1장 (12X10.3cm)	40
	소간		40
	쇠고기(사태, 홍두깨 등)	로스용1장 (12X10.3cm)	40
	오리고기		40
	육포	1장(9X6cm)	15
	칠면조		40
생선류	가자미	1토막(소)	50
	광어	1토막(소)	50
	대구	1토막(소)	50
	동태	1토막(소)	50
	미꾸라지(생것)	1토막(소)	50
	병어	1토막(소)	50
	복어	1토막(소)	50
	아귀	1토막(소)	50
	연어	1토막(소)	50
	옥돔(반건조)	1토막(소)	50

구분	식품명	목측량	무게
생선류	적어	1토막(소)	50
	조기	1토막(소)	50
	참도미	1토막(소)	50
	참치	1토막(소)	50
	코다리	1토막(소)	50
	한치	1토막(소)	50
	홍어	1토막(소)	50
건어물류 및 가공품	건오징어채		15
	게맛살	1 2/3개	50
	굴비	1/2토막	15
	멸치	잔 것 1/4컵(소)	15
	뱅어포	1장	15
	북어	1/2토막	15
	어묵(짠 것)	1/3개(5.5cm)	50
	쥐치포	1/2개(1.2X7cm)	15
젓갈류	명란젓		40
	어리굴젓		40
	창란젓		40
기타 해산물	개불		70
	굴	1/3컵(소)	70
	꼬막조개		70
	꽃게	1마리(소)	70
	낙지	1/2컵(소)	100
	날치알		50
	대하(생것)		50
	멍게	1/3컵(소)	70
	문어	1/3컵(소)	70
	물오징어	몸통 1/3등분	50

구분	식품명	목측량	무게
기타 해산물	미더덕	3/4컵(소)	100
	새우(깐 새우)	1/4컵(소)	50
	새우(중하)	3마리	50
	전복	2개(소)	70
	조갯살	1/3컵(소)	70
	해삼	1 1/3컵(소)	200
	홍합	1/3컵(소)	70

중지방 어육류군 식품과 1교환단위량

구분	식품명	목측량	무게
고기류	돼지고기(안심)		40
	샐러드햄		40
	소곱창		40
	쇠고기(등심, 안심)	로스용 1장 (12X10.3cm)	40
	쇠고기(양지)		40
	햄(로스)	2장(8X6X0.8cm)	40
콩류 및 가공품	검정콩	2큰술	20
	낫또	1개(작은 포장 단위)	40
	대두(노란콩)		20
	두부	1/5모(420g 포장두부)	80
	순두부	1/2봉(지름 5X10cm)	200
	연두부	1/2개	150
	콩비지	1/2봉, 2/3공기(소)	150
생선류	갈치	1토막(소)	50
	고등어	1토막(소)	50
	과메기(꽁치)		50
	꽁치	1토막(소)	50

구분	식품명	목측량	무게
생선류	도루묵		50
	메로		50
	민어	1토막(소)	50
	삼치	1토막(소)	50
	임연수어	1토막(소)	50
	장어	1토막(소)	50
	전갱이	1토막(소)	50
	준치	1토막(소)	50
	청어	1토막(소)	50
	훈제연어		50
가공품	어묵(튀긴 것)	1장(15.5X10cm)	50
알류	달걀	1개(중)	55
	메추리알	5개	40

고지방 어육류군 식품과 1교환단위량

구분	식품명	목측량	무게
고기류 및 가공품	개고기		40
	닭고기(껍질 포함)	닭다리 1개	40
	돼지갈비		40
	돼지족, 돼지머리		40
	런천미트	5.5X4X1.8cm	40
	베이컨	$1^{1/4}$장	40
	비엔나소시지	5대	40
	삼겹살		40
	소갈비	1토막(소)	40
	소꼬리		40
	프랑크소시지	$1^{1/3}$개	40

구분	식품명	목측량	무게
생선류 및 가공품	고등어조림	1/3컵(소)	50
	꽁치통조림	1/3컵(소)	50
	뱀장어	1토막(소)	50
	유부	5장(초밥용)	30
	참치통조림	1/3컵(소)	50
	치즈	1.5장	30

채소군 식품과 1교환단위량

구분	식품명	목측량	무게
채소류	가지	지름3cmX길이10cm	70
	고구마줄기	익혀서 1/3컵	70
	고비		70
	고사리(삶은 것)	1/3컵	70
	고춧잎		70
	곰취		70
	근대	익혀서 1/3컵	70
	깻잎	20장	40
	냉이		70
	늙은 호박(생것)	4X4X6cm	70
	늙은 호박 호박고지		7
	단무지		70
	단호박	1/10개(지름 10cm)	40
	달래		70
	당근	4X5cm 또는 1/3(대)	70
	대파		40
	더덕		40
	도라지		40

구분	식품명	목측량	무게
채소류	돌나물		70
	돌미나리		70
	두릅		70
	마늘		7
	마늘쫑	3개(6.5~7cm)	40
	머위		70
	무	지름8cmX길이1.5cm	70
	무말랭이	불려서 1/3컵	70
	무청(삶은 것)		70
	미나리	익혀서 1/3컵	70
	배추	알배기배추 15X6cm, 3잎(중)	70
	부추	익혀서 1/3컵	70
	붉은 양배추	1/5개(9X4X6cm)	70
	브로콜리		70
	상추	12장(소)	70
	샐러리	길이 6cmX6개	70
	숙주	익혀서 1/3컵	70
	시금치	익혀서 1/3컵	70
	쑥		40
	쑥갓	익혀서 1/3컵	70
	아욱	잎넓이 20cm 5장 (익혀서 1/3컵)	70
	애호박	지름 6.5cm X 두께 2.5cm, 1/3(중)	70
	양배추		70
	양상추		70
	양파		70
	연근	썬 것 5쪽	40

구분	식품명	목측량	무게
채소류	열무		70
	오이	1/3개(중)	70
	우엉		70
	원추리		70
	자운영(싹)		70
	죽순(생것)		70
	죽순(통조림)		70
	참나물		70
	청경채		70
	취나물(건조)		7
	치커리		70
	케일	잎넓이 30cm $1\frac{1}{2}$장	70
	콜리플라워, 꽃양배추		70
	콩나물	익혀서 2/5컵	70
	파프리카(녹색)	1개(대)	70
	파프리카(적색)		70
	파프리카(주황색)		70
	풋고추	7~8개(중)	70
	풋마늘		70
	피망	2개(중)	70
해조류	곤약		70
	김	1장	2
	매생이		20
	미역(생것)		70
	우수가사리, 우무		70
	톳(생것)		70
	파래(생것)		70
버섯류	느타리버섯(생것)	7개(8cm)	50

구분	식품명	목측량	무게
버섯류	만가닥버섯(건조)		50
	송이버섯(생것)	2개(소)	50
	양송이버섯(생것)	3개(지름4.5cm)	50
	팽이버섯(생것)		70
	표고버섯(건조)		7
	표고버섯(생것)	3개(대)	50
김치류	갓김치		50
	깍두기	사방 1.5cm, 크기 10개	50
	나박김치		70
	동치미		70
	배추김치	6-7개(4.5cm)	50
	총각김치	2개	50
채소주스	당근주스	1/4컵(소)	50

지방군의 식품과 1교환 단위량

구분	식품명	목측량	무게
견과류	검정깨(건조)		
	참깨(건조)	1큰술	
	땅콩	8개(1큰술)	
	아몬드	7개	
	잣	50알(1큰술)	
	캐슈너트(조미한 것)		
	피스타치오	10개	
	해바라기씨	1큰술	
	호두	1.5개(중)	
	호박씨(건조, 조미한 것)		
	흰깨(건조, 볶은 것)		

구분	식품명	목측량	무게
드레싱	마요네즈, 라이트마요네즈	1작은술	
	사우전드, 이탈리안 드레싱	2작은술	
	프렌치 드레싱	2작은술	
식물성 기름	들기름	1작은술	
	미강유	1작은술	
	옥수수기름	1작은술	
	올리브유		
	홍화씨기름	1작은술	
	참기름	1작은술	
	카놀라유	1작은술	
	콩기름	1작은술	
	포도씨유		
	해바라기유		
고체성 기름	땅콩버터		
	마가린	1작은술	
	버터	1작은술	
	쇼트닝	1작은술	

우유군의 식품과 1교환 단위량

구분	식품명	목측량	무게
일반우유	두유(무가당)	1컵(팩)	200
	락토우유	1컵(팩)	200
	일반우유	1컵(팩)	200
	전지분유	5큰술	25
	조제분유	5큰술	25
저지방우유	저지방우유(2%)	1컵(팩)	200

과일군의 식품과 교환단위량

구분	식품명	목측량	무게
감	단감	1/3개(중)	
	연시, 홍시	1개(중), 1/2개(대)	
	곶감	1/2개(소)	
감귤류	귤		
	금귤	7개	
	오렌지	1/2개(대)	
	유자		
	자몽	1/2개(소)	
	한라봉		
	귤(통조림)		
대추	대추(생것)		
	대추(건조)	5개	
두리안	두리안		
딸기	딸기	7개(중)	
	산딸기		
리치	리치		
망고	망고		
매실	매실		
무화과	무화과(생것)		
	무화과(건조)		
멜론	멜론(머스크)		
바나나	바나나(생것)	1/2개(중)	
	바나나(건조)		
배	배	1/4개(대)	
복숭아	복숭아(백도)	1개(소)	
	복숭아(천도)	2개(소)	
	복숭아(황도)	1/2개(중)	
	백도(통조림), 황도(통조림)	반절 1쪽	

구분	식품명	목측량	무게
사과	사과(후지)	1/3개(중)	
살구	살구		
석류	석류		
블루베리	블루베리		
	블루베리(통조림)		
수박	수박	1쪽(중)	
앵두	앵두		
올리브	올리브(생것)		
	올리브(건조)		
자두	자두	1개(특대)	
참외	참외	1/2개(중)	
체리	체리	1개(중)	
키위	키위		
토마토	방울토마토	2개(소)	
	토마토		
파인애플	파인애플		
	파인애플(통조림)		
파파야	파파야		
포도	청포도		
	포도	19알(소)	
	포도(거봉)	11개	
	포도(건조)		
프루트칵테일	프루트칵테일(통조림)		
주스	배주스		
	사과주스	1/2컵(소)	
	오렌지주스(무가당)	1/2컵(소)	
	토마토주스	1/2컵(소)	
	포도주스		
	파인애플주스	1/2컵(소)	

참고문헌

감화영 등(2016). 영양판정. 경기: 교문사.

강남이, 권순형, 김경민, 김순미, 정혜경, 조미숙(2013). NEW 영양생리학[제2개정판]. 지구문화사.

강재헌(2013). 당류 과잉 섭취와 비만 등 만성질환과의 연관성 분석 및 당 저감화 모델 개발. 식품의약품안전처 용역연구개발 최종보고서.

구재옥 외(2017). 이해하기 쉬운 영양학. 경기: 파워북.

김선효 외(2016). 기초영양학. 경기: 파워북.

김선효, 이경애, 이현(2016). 기초영양학. 경기: 파워북.

김숙희 등(2006). 고급영양학. 서울: 라이프사이언스.

김숙희, 김선희, 이상선, 정진은, 강명희, 김혜영, 김우경, 이다희(2011). 건강한 삶을 위한 영양학. 서울: 신광출판사.

김순경, 선우재근(2007). 중년 여성의 식사섭취상태와 갱년기증상 관련요인분석, 대한지역사회 영약학회지, 12(1), 25-3.

김태영, 김향숙(2009). 학교우유급식 참여 여부에 따른 초등학생의 칼슘 섭취실태 비교. 한국 식생활문화학회지, 24(1), 106-115.

대한영양사협회(2010). 식품교환표.

박태선 외(2013). 현대인의 생활영양. 경기: 교문사.

변기원 외(2015). 이해하기 쉬운 생화학. 경기: 파워북.

변기원 외(2017). 영양소대사의 이해를 돕는 고급영양학. 경기: 교문사.

변기원, 이보경, 권종숙, 김경민, 김숙희(2016). 영양소대사의 이해를 돕는 고급영양학. 경기: 교문사.

보건복지부(2014). 국민건강·영양조사.

보건복지부(2015). 국민건강통계.

보건복지부(2015). 국민건강통계. 보건복지부 질병관리본부.

보건복지부, 농림축산식품부, 식품의약품안전처(2016). 건강한 식생활 위해 국민공통 식생활 지침 제정 보도자료.

보건복지부, 질병관리본부(2016). 2015 국민건강통계.

보건복지부, 한국영양학회(2015). 한국인 영양소 섭취기준.

서광희, 서정숙, 이복희, 이승교, 최미숙(2013). 임상영양사를 위한 NEW 고급영양학. 경기: 지구문화사.

서광희, 서정숙, 이승교, 정현숙(2012). New 영양학. 경기: 지구문화사.

손숙미, 허귀엽(2006). 고혈압 환자의 식이관련 위험요인 분석에 관한 연구. 대한지역사회영양 학회지, 11(5), 661-672.

식품의약품안전처(2014). 가공식품을 통한 당류 섭취량 증가추세: 2010~2012년 우리 국민의 당류 섭취량 분석 결과 발표. 식품의약품안전처 보도자료.

유춘희, 이정숙, 이일하, 김선희, 이상선, 강순아(2004). 한국 남자의 연령별 골밀도에 영향을 미치는 영양요인 분석. 한국영양학회지, 37(2), 132-142.

유현희, 최은선(2016). 임상영양학. 서울: 창지사.

윤미은, 류혜숙, 박현진, 오현경, 이순희(2014). 보건영양학. 경기: 지구문화사.

윤옥현, 이영순, 이경자, 최경순, 오순덕, 이정실(2012). 포인트 식사요법. 경기: 교문사.

이연숙, 구재옥,ww, 강영희, 권종숙(2017). 이해하기 쉬운 인체생리학(개정판). 경기: 파워북.

이주희 이홍미, 한성림, 김혜경, 박경애(2016). 대사를 중심으로 한 생화학. 경기: 교문사.

이주희, 이홍미, 한성림, 김혜경, 박경애, 김영호(2013). 꼭 알아야 할 생화학. 경기: 교문사.

이행신, 권성옥, 연미영, 김도희, 이지연, 남지운, 박승주, 연지영, 이순규, 이혜영, 권오상(2014). 한국인의 총 당류 섭취실태 평가: 2008~2011년 국민건강영양조사 자료를 이용하여. J Nutri Health 47(4), 268-276.

임현숙, 정은숙(2003). 초경 전후 사춘기 여성의 철 영양에 관한 연구. 한국영양학회지, 36(6), 640 -652.

장유경, 박혜원, 변기원, 이보경, 권종숙(2016). 기초 영양학. 경기: 교문사.

정혜경, 장영은(2007). 액상철분제제 및 시리얼보충이 사회복지시설 아동의 철분영양상태에 미친 영향 비교. 한국영양학회지, 40(4), 362-370.

조경숙, 김희경, 박순옥, 배영숙, 황옥남 외(2010). 성인간호학. 서울: 현문사.

조양혁, 권성춘, 김종연, 김진혁, 문창현 외(2011). 기초생리학. 서울: 범문에듀케이션.

질병관리본부(2015). 2015년 건강행태 및 만성질환 통계보고서.

최영선, 박혜련, 김혜영, 장순옥, 이혜성(2006). 최신 영양학(개정판). 서울: 도서출판 효일.

최영선, 박혜련, 김혜영, 장순옥, 이혜성(2017). 최신 영양학(개정판). 서울: 도서출판 효일.

최혜, 김정희, 김초일, 장경자, 민혜선(2016). 21세기 영양학원리. 경기: 교문사.

최혜미, 이주희, 김초일, 송경희, 장경자, 임혜선, 임경숙(2017). 21세기 영양학. 경기: 교문사.

최혜미(2011). 21세기 영양학(제4판). 경기: 교문사.

최혜미, 김정희, 김초일, 장경자, 민혜선, 임경숙, 변기원, 이홍미, 김경원, 김희선, 김현아(2012). 21세기 영양학 원리. 경기: 교문사.

통계청(2015). http://kostat.go.kr/wnsearch/search.jsp 2014년 사망원인통계(전국편).

한국보건산업진흥원(2014). 2014년 국민영양통계Ⅰ: 국민건강영양조사 제6기 2차년도 영양조사 부문에 근거.

한국영양학회(2015). 2015 한국인 영양소 섭취기준.

한국영양학회, 보건복지부(2015). 한국인 영양섭취기준(개정판).

허채옥 외(2012). 기초 영양학. 경기: 수학사.

Bleys J, Navas-Acien A, Guallar, E.(2008). Serum selenium levels and all-cause, cancer, and cardiovascular mortality among US adults, *Arch Intern Med*, *169*(4), 404-410.

Brown KM, Arthur JR.(2001). Selenium, selenoproteins and human health: a Review. *Public Health Nutr*, *4*, 593-599.

Catharine Ross.(2005). *Modern nutrition health & disease*. London: Lippincott Williams & Wilkins.

Cohen HW, Hailpern SM, Fang J, Alderman MH. (2006). Sodium intake and mortality in the NHANES Ⅱ follow-up study. *Am J Med*, *119*(275), e7-14.

Ellie Whitney, Sharon Radyn Rolfes(2005). *Understanding nutrition*(10th ed.). CA: Thomson Wadsworth.

Gordon M, Wardlaw, Anne M. Smith(2011). *Contemporary nutrition*(8th ed.). NY: McGraw-Hill International Edition.

Gropper SS·Smith JL, Groff JL(2005). *Advanced nutrition and human motabolism*(4th ed), Wadsworth(A Division of Thompson Learning Inc.). 378-410.

Hawkes WC, Keim NL.(2003). Dietary selenium intake modulates thyroid hormone and energy metabolism in men. *J. Nutr*, *133*, 343-3448.

Nelms M.(2007). Nutrition Therapy and Pathophysiology Brooks Cole Co. 2007.

Sizer F, Whitney E.(2008). Nutrition: Concepts and Controversies(11th ed). CA: Thompson Wadworth Pub.

Walker CF, Kordas K, Stoltzfus RJ, Black RE. Interactive effects of iron and zinc on biochemical and functional outcomes in supplementation trials. Am J Clin Nutr. 2005; 82:5-12

Wardlaw GM, Kissel M.(2009). *Perspectives in nutrition*(8th ed.). NY: McGraw-Hill College.

Wardlaw GM · insel PM ed(2005). *Perspectives in nutrition*(6th ed.). NY: McGraw-Hill College.

Whitney En, Cataldo CB, Rolfes SR(2002). *Understanding normal and clinical nutrition*(6th ed.), Wadsworth, 396-427.

Williams SR. (2001). *Basic nutrition and diet therapy*. Mosby, 114-127.

저자소개

김 미 자

충남대학교 식품영양학과 이학박사
대전과학기술대학교 식품영양과 교수

고 영 은

충남대학교 식품영양학과 이학박사
한국생명공학연구원 박사 후 연구원

김 지 영

연세대학교 식품영양학과 이학박사
고려대학교 보건과학과 연구교수

노 정 숙

부산대학교 식품영양학과 이학박사
동명대학교 식품영양학과 조교수

서 은 희

경남대학교 식품생명학과 공학박사
경남대학교 식품영양학과 조교수

유 경 옥

충남대학교 식품영양학과 이학박사
우송대학교 외식조리영양학부 식품영양전공 교수

황 혜 정

부경대학교 식품생명과학과 이학박사
동부산대학교 식품영양과 교수

기초 영양학

초판 1쇄 인쇄 2017년 11월 25일
초판 1쇄 발행 2017년 11월 30일

지 은 이 | 김미자 고영은 김지영 노정숙 서은희 유경옥 황혜정
펴 낸 이 | 김기섭
책임편집 | 강보영
펴 낸 곳 | 창지사 www.changjisa.com
08589 서울시 금천구 가산디지털 1로 83 파트너스타워 1차 9층
전화(02) 719-2211~3
팩스(02) 701-9386
등 록 | 1977년 4월 28일·제1-421호

ISBN 978-89-426-0985-7 (93590)

값 20,000원

「이 도서의 국립중앙도서관 출판예정도서목록(CIP)은 서지정보유통지원시스템 홈페이지 (http://seoji.nl.go.kr)와 국가자료공동목록시스템(http://www.nl.go.kr/kolisnet)에서 이용하실 수 있습니다.(CIP제어번호: CIP2017031784」